# 赤外線加熱工学
# ハンドブック

監修 小岩昌宏
編集 アルバック理工㈱

アグネ技術センター

**写真1**（本文 p.17）
表3.4　超高温用　楕円反射面・集光炉
　3.1　ライン集光炉
　　型式：VHT-E14L

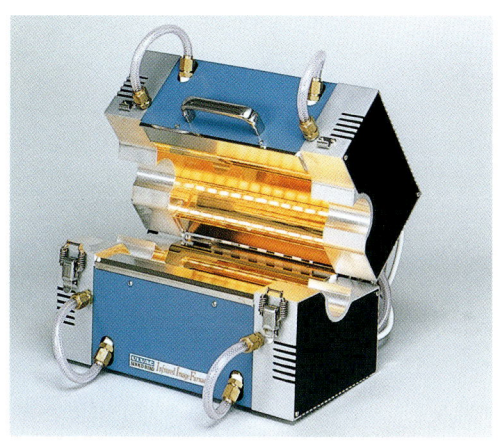

**写真2**（本文 p.17）
表3.4　超高温用　楕円反射面・集光炉
　3.2　円筒炉
　　型式：VHT-E48VHT

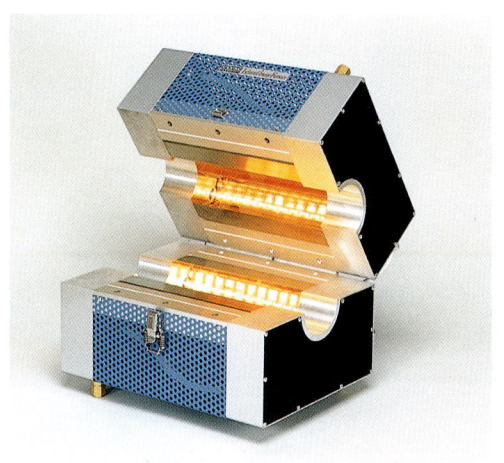

**写真3**（本文 p.17）
表3.4　超高温用　楕円反射面・集光炉
　3.2　円筒炉
　　型式：VHT-E68VHT

**写真 4**（本文 p.14）
表 3.1　楕円反射面・集光炉
　1.1　ライン集光炉
　　型式：E110L

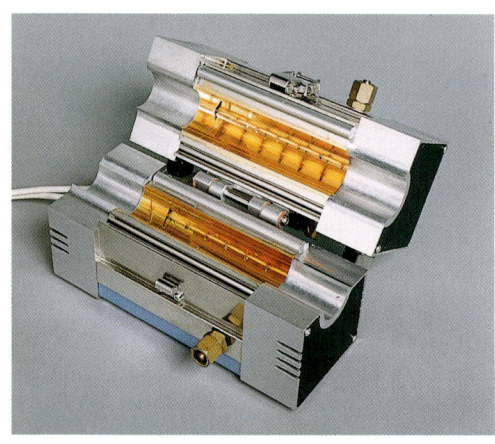

**写真 5**（本文 p.14）
表 3.1　楕円反射面・集光炉
　1.2　管状　円筒炉
　　型式：E25

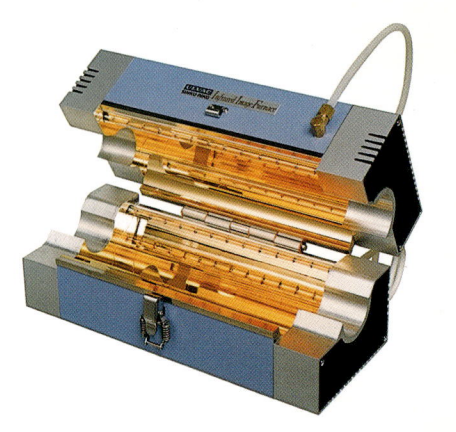

**写真 6**（本文 p.14）
表 3.1　楕円反射面・集光炉
　1.2　管状　円筒炉
　　型式：E410

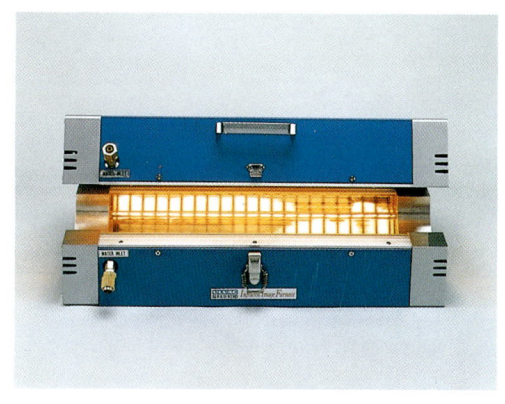

写真 7（本文 p.15）
表 3.2　放物反射面円筒炉
　2.1　管状炉
　　型式：P616C

写真 8（本文 p.15）
表 3.2　放物反射面円筒炉
　2.1　管状炉
　　型式：P810C

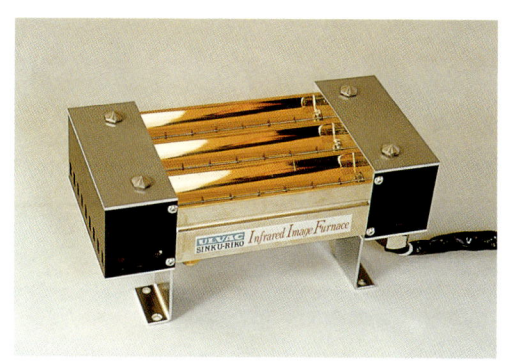

写真 9（本文 p.16）
表 3.3　放物反射面平板炉
　2.3　平板炉
　　型式：Ps35V

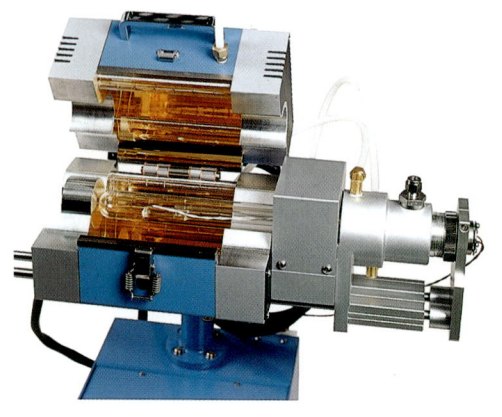

**写真 10** 応用例
赤外線ゴールドイメージ炉 E45P に SSA-45 用試料系を構築例

**写真 11** 応用例
平板型,赤外線ゴールドイメージ炉を使用した,薄板鋼板の赤外線高速熱処理シミュレータ装置の構築例

**写真 12** 応用例
平板型,赤外線ゴールドイメージ炉を使用した,半導体および汎用装置としての構築例

# 監修のことば

　材料研究においては，試料の作成，物性測定に際して，所定の雰囲気中で制御された温度環境を実現することが要求される．赤外線加熱は，清浄雰囲気下での急速加熱冷却をはじめさまざまの要求に応え得る加熱方法であり広く利用されてきた．

　本書はアルバック理工株式会社が多年にわたって広汎なユーザーの要求にしたがって種々の機器開発にあたってきた経験の集大成というべきものである．その前半には，同社技術陣による「赤外線加熱炉の原理と特徴」，「赤外線加熱炉の構造と性能」の記述がある．後半には，同社の機器ユーザーの利用体験に基づく各種の報告があり，「半導体・電子技術」，「鉄鋼・金属製造技術」，「単結晶」，「ガス分析」，「引っ張り試験」など多岐に及んでいる．

　本書によって，赤外線加熱の特徴が理解され，その利点を生かした利用方法がいっそう広まることを期待したい．

　　2003 年 10 月

　　　　　　　　　　　　　　　　　　　　　　　　　　　　小岩昌宏

# まえがき

　創立40周年記念事業として，赤外線を利用した加熱に関する「赤外線加熱工学ハンドブック」を，京都大学名誉教授小岩昌宏先生に監修をお願いして発刊いたしました．
　本書は赤外線を利用した加熱に携わっていらっしゃいます多くの先生やメーカーの技術者の方々に赤外線を利用した加熱についてのご寄稿お願いし，それらをアプリケーション毎にまとめたものです．また，赤外線に関する多くの資料・公式や諸常数を可能な限り収集しました．
　今まで赤外線に限定したこの種の刊行物はなかったように思います．従来，問題の考察を行うに当たって，多くの書籍や文献を当たらねばなりませんでした．

　本書で取り上げております赤外線は近赤外線です．近赤外線の工業的応用は近年益々活発になっております．コールド・ウォールで急速加熱ができる大きな特長があります．その一方，制御が非常に難しい加熱法です．
　本書により，赤外線加熱を利用した研究や，赤外線加熱を利用した生産活動に多くの示唆を与えると共に，問題解決に便宜を与えるものと確信しております．

　監修をお願いしました小岩昌宏先生始め，お忙しい中，快くお受けいただき貴重な報文をご寄稿下さった諸先生方に衷心よりお礼申し上げます．
　特にメーカーの技術者の方には，生産技術やノウハウに関わる問題もあり，内容に制限があり書きにくかったことが多々あったことと思いますが，あえてお願

いを快く受けて頂き，ご寄稿頂きましたことに対し，あらめてお礼申し上げます．
　今後ともアルバック理工に対し，ご支援ご指導を賜りますようお願い申し上げる次第です．

　編集には細心の注意を払いましたが，内容に誤字等何かお気づきの点が御座いましたら，弊社 RH 事業部（E-mail; notebook@ulvac-riko.co.jp）までご連絡頂けましたら幸甚です．

　　　2003 年 10 月 1 日

　　　　　　　　　　　　　　　　　　　アルバック理工株式会社
　　　　　　　　　　　　　　　　　　　代表取締役社長　　西島　忠

# はじめに

　1970年代のはじめ，アルバック理工㈱で私どもが「赤外線イメージ炉」の魅力に惹かれて開発に取り組んでから，はや30余年が経過した．この間，多くのユーザの方々からこの炉に対するニーズに半ばお応えする形で多くの種類の「赤外線イメージ炉」を製作させて頂いた．お陰で半導体の製造工程ではRTA (rapid thermal annealing) をはじめCVDの加熱源として広く利用されるようになり，また薄鋼板の全自動製造工程では熱処理シミュレータとして赤外線加熱炉が広く利用されるようになった．確かに「赤外線イメージ炉」は他の加熱形式では不可能に近い急速加熱・冷却や精密な温度制御が可能で，この加熱法を利用したいろいろな実験や測定が数多く実現した．

　昨年，2002年の10月アルバック理工の創立40周年，そして赤外線イメージ炉の開発30周年の記念の年にあたり，これを機に「赤外線イメージ炉」をいろいろな面で活用頂いた多くのユーザの方々に，「赤外線イメージ炉はかく働きぬ」を書いて頂いた（本書の第Ⅲ章）．これらの「赤外線イメージ炉」の活用術は実際の実験計画をたてる場合や製造プロセス上の課題にたちむかう場合などに，有用なヒントやアイデアになり得ると思い，現在までの「赤外線イメージ炉」の多様な活用をまとめた次第である．

　赤外線といえば遠赤外や赤外線検出などをイメージされるかもしれないが，本書では「赤外線加熱」という用語は「タングステン・フィラメントを熱源としたランプによる放射加熱」の意に使用している．このランプから放射する光の波長は，ランプの定格電圧での使用の場合，0.72〜5.0 μmの範囲の近赤外から中赤

外の領域を占めて，太陽光にほぼ近い近赤外線で，遠赤外（波長が 25 μm 以上の赤外領域）の光はほとんど含まれていない．したがって本書では「近赤外線による加熱とその関連技術」に限定していることをあらかじめおことわりしておく．

ランプから放射する赤外線をいろいろな形の反射面，たとえば楕円の場合，ランプを楕円の焦点に配置するとランプからの光を楕円のもう一つの焦点，第二焦点に集光させることができ，この位置におかれた物体を強力に加熱することができる．また放物面の反射面と組めば，均一加熱に近い加熱条件を作ることもできる．このようにランプからの放射赤外線を可視光のような光と考えて，いろいろな反射面と組み合わせて赤外線を集光したり，均一化したりする加熱形式を本書では「赤外線イメージ加熱」と呼んでいる．また「赤外線ランプと反射面とから構成される加熱炉」を「赤外線イメージ炉」または単に「赤外線炉」と呼んでいる．

赤外線イメージ炉は温度制御器（温度センサを含む），被加熱物を炉内に保持するためのホルダ，被加熱物の雰囲気を大気以外の雰囲気に保つための石英ガラス容器，雰囲気調整装置，および冷却水循環装置などと組み合わせて，「赤外線イメージ加熱システム」を構成して，いろいろな熱処理に利用することができる．

本書の「第Ⅰ章　赤外線イメージ炉とはなにか」では，赤外線ランプと反射面の組み合せによる多くの種類の赤外線イメージ炉とその加熱法，標準的な性能が紹介されている．次の「第Ⅱ章　赤外線イメージ炉の応用」ではいろいろな分野での赤外線イメージ炉の特長を生かした応用例が示されているから，使用に際して参考になるものと思われる．最後の「第Ⅲ章　研究報告集」ではユーザの方々による赤外線イメージ炉の実際に使用した研究成果の報告が各分野にわたって集録されている．

『赤外線加熱工学ハンドブック』出版委員会

# 目　　次

監修のことば ... i
まえがき ... ii
はじめに ... iv
執筆者一覧 ... xi

## 第Ⅰ章　赤外線イメージ炉とはなにか ... 1
1　赤外線ランプ ... 3
　1.1　赤外線ランプの構造 ... 3
　1.2　ハロゲン・サイクル ... 4
　1.3　赤外線ランプの赤外線放射 ... 5
　1.4　赤外線ランプによる急熱・急冷 ... 6
　1.5　赤外線ランプの寿命 ... 7
　1.6　直管型ランプの分類，型名 ... 7
2　反射面体 ... 9
3　赤外線イメージ炉の仕様 ... 11
　3.1　ライン集光炉 ... 12
　3.2　楕円反射面・円筒炉 ... 12
　3.3　超高温用の楕円反射面・円筒炉 ... 12
　3.4　放物反射面・円筒炉 ... 13
　3.5　放物反射面・平板炉 ... 13
　3.6　点集光炉 ... 13
4　熱電対による赤外線イメージ炉の温度制御 ... 19
　4.1　熱電対のつけ方 ... 19
　4.2　手動のオープン制御 ... 19
　4.3　PID制御 ... 20
　4.4　Pの調節 ... 20
　4.5　Iの調節 ... 21
　4.6　Dの調節 ... 21

|  |  |  |
|---|---|---|
| 4.7 | PIDの値調整法 | 22 |
| 4.8 | 複数組のPID最適値 | 24 |

5　放射温度計による赤外線イメージ炉の温度制御　25
　　5.1　放射率，反射率，透過率，吸収率　25
　　5.2　放射計による温度測定の原理　27
　　5.3　放射温度計の種類　28
　　5.4　放射温度計による非接触温度測定の問題点　29
　　5.5　シリコンウエハの非接触式温度制御　30

6　赤外線イメージ炉の性能　33
　　6.1　通常の抵抗炉と赤外線炉の昇温速度の比較　33
　　6.2　超高温赤外線イメージ炉の電力と最高到達温度　34
　　6.3　放物面赤外線イメージ炉の昇温　35
　　6.4　点集光赤外線イメージ炉の昇温　36
　　6.5　被加熱体の透過率と赤外線イメージ炉の昇温　37
　　6.6　平板加熱の場合のランプと被加熱体の距離の関係　37
　　6.7　楕円円筒炉の軸方向の温度分布　38
　　6.8　放物面円筒炉の径方向の温度分布　39

7　赤外線イメージ加熱の特徴　41
　　7.1　赤外線ランプ加熱の特徴　41
　　7.2　赤外線加熱と他の急速加熱法との比較　43
　　7.3　鉄の酸化試験における抵抗炉加熱と赤外線加熱の相違　44
　　7.4　赤外線ライン集光加熱とレーザ加熱との比較　44

# 第Ⅱ章　赤外線イメージ加熱の応用 ── 47

1　半導体・電子材料への応用　49
　　1.1　半導体プロセスにおける赤外線加熱　49
　　1.2　赤外線加熱の枚葉式熱処理装置　50
　　1.3　枚葉式3インチ径多目的赤外線加熱炉　55

|  |  |  |
|---|---|---|
| 1.4 | 赤外線加熱によるバッチ式高速アニール | 56 |
| 1.5 | CVD 薄膜作りに赤外線加熱を利用 | 58 |
| 1.6 | シリコン球の酸化膜生成に赤外線加熱を利用 | 60 |
| 1.7 | 固体電解質燃料電池の導電膜の成膜 | 62 |
| 1.8 | 青色発光素子の製造用赤外線加熱装置 | 64 |

2 金属材料の熱処理への応用　67
   2.1 薄鋼板の赤外線・高速熱処理シミュレータ　67
   2.2 露点制御雰囲気下の薄鋼板の熱処理シミュレータ　71
   2.3 アルミニウム合金板の熱処理シミュレータ　74
   2.4 冷熱衝撃試験への応用　76
   2.5 押出し加工前の型材予熱　78

3 高温材料試験への応用　81
   3.1 高温引張り試験　81
   3.2 セラミック材料の耐熱衝撃性試験への応用　84
   3.3 AE 法による静的熱疲労試験　85
   3.4 高温耐熱コーティング材の熱疲労試験　87

4 熱分析・分析化学への応用　89
   4.1 試料そのものの温度測定と制御の熱分析　89
   4.2 真空熱分析　90
   4.3 定温熱分析　90
   4.4 階段状加熱測定　93
   4.5 速度制御熱分析　94
   4.6 昇温脱離分析への応用　95
   4.7 高速簡易 DTA 装置の作り方と実験法　97

5 単結晶作成への応用　101
   5.1 FZ 法単結晶作成　101
   5.2 化学輸送法による単結晶作成　103

6 溶接・溶融体への応用　105

|   |      |                                              |     |
|---|------|----------------------------------------------|-----|
|   | 6.1  | 小型ランプの封じきり                         | 105 |
|   | 6.2  | 接触角測定による濡れ性評価                   | 107 |
| 7 | その他の応用                                        | 111 |
|   | 7.1  | ソーラーシミュレータ                         | 111 |
|   | 7.2  | 低重力実験装置                               | 112 |

## 第Ⅲ章　赤外線イメージ炉を用いた研究報告集―――― 115

1　半導体・電子技術への応用　117
   1.1　極薄シリコン酸化膜形成への応用　118
   1.2　急速熱処理を用いた高誘電体薄膜の形成　127
   1.3　急速昇温加熱処理した強誘電体薄膜の電気特性　138
   1.4　ビスマス系強誘電体薄膜の形成とデバイス応用　143
   1.5　次世代LSI配線用低誘電率多孔質シリカ膜の開発　149
   1.6　精密制御アニールによる新しいSOI基板の作製　155
   1.7　MOSFET型シリコンフィールドエミッタの開発　163
   1.8　赤外線イメージ炉を用いた
　　　　　塗布熱分解法による大面積超伝導膜の作製　172
   1.9　カーボンナノ材料を用いたディスプレイの開発　180
   1.10　形状記憶合金薄膜への応用　187

2　薄鋼板の熱処理技術への応用　191
   2.1　シミュレータの開発からはじめた連続焼鈍技術の開発　192
   2.2　薄鋼板の連続焼鈍とそのシミュレーション　196
   2.3　冷延鋼板の材質設計と焼鈍のヒートサイクル　204

3　高温材料試験への応用　211
   3.1　表面処理材料の破壊挙動と高温加工性　212
   3.2　強圧延されたAl-4.2%Mg合金板の低温超塑性　219
   3.3　トレーニングを必要としない鉄系形状記憶合金の形状記憶特性
　　　　　224

|   |     |                                                      |     |
|---|-----|------------------------------------------------------|-----|
|   | 3.4 | 赤外線イメージ炉を用いた熱間圧延型試験機の開発     | 231 |
|   | 3.5 | 原子炉材料の事故時挙動研究への応用                 | 240 |
| 4 | 分析化学への応用                                          | 247 |
|   | 4.1 | アルミニウムアルコキシド加水分解生成物中の<br>炭素成分の EGA-MS 分析 | 248 |
|   | 4.2 | 昇温脱離法によるガス分析と赤外線イメージ炉         | 255 |
|   | 4.3 | 軽元素の放射化分析のための迅速分離・検出法の開発   | 261 |
| 5 | 結晶作製・溶融金属の研究への応用                          | 269 |
|   | 5.1 | 赤外線イメージ炉を用いたシリコン単結晶の成長       | 270 |
|   | 5.2 | 赤外線イメージ炉を使った Bi2212 単結晶作成の試み    | 276 |
|   | 5.3 | 過冷却融体からの非線型光学素子結晶の生成           | 282 |
|   | 5.4 | 鋳型材料と鉄合金の濡れ                               | 289 |
|   | 5.5 | 溶融金属によるダイヤモンドの濡れ性                   | 295 |
|   | 5.6 | レーザ顕微鏡と赤外線イメージ炉を用いた<br>高温材料プロセスの直接観察四方山話 | 309 |
| 6 | セラミックス研究開発への応用                              | 317 |
|   | 6.1 | 熱電素子材用の熱源移動型ホットプレス焼結装置       | 318 |
|   | 6.2 | アルミナセラミックスの熱衝撃疲労                   | 324 |
|   | 6.3 | C/C 複合材料の高温挙動                              | 329 |
|   | 6.4 | フェライトによるソーラ水素生産技術開発研究       | 336 |
|   | 6.5 | 可視光応答型 $TiO_2$ の開発                           | 344 |
|   | 6.6 | 微小重力による超伝導薄膜実験                       | 350 |
|   | 6.7 | 短時間微小重力環境を利用する材料合成               | 357 |
|   | 6.8 | 原子炉用セラミックスの照射回復挙動               | 366 |

索　　引　　　　　　　　　　　　　　　　　　　　　　375

## 執筆者一覧 (敬称略,五十音順)

| | | | |
|---|---|---|---|
| 青木孝史朗 | 第Ⅲ章 | 3.4 | 赤外線イメージ炉を用いた熱間圧延型試験機の開発 |
| 秋末　治 | 第Ⅲ章 | 2.1 | シミュレータの開発からはじめた連続焼鈍技術の開発 |
| 石田　章 | 第Ⅲ章 | 1.10 | 形状記憶合金薄膜への応用 |
| 一柳優子 | 第Ⅲ章 | 5.2 | 赤外線イメージ炉を使った Bi2212 単結晶作成の試み |
| 伊藤公平 | 第Ⅲ章 | 5.1 | 赤外線イメージ炉を用いたシリコン単結晶の成長 |
| 浦島和浩 | 第Ⅲ章 | 6.2 | アルミナセラミックスの熱衝撃疲労 |
| 奥谷　猛 | 第Ⅲ章 | 6.7 | 短時間微小重力環境を利用する材料合成 |
| 小椋厚志 | 第Ⅲ章 | 1.6 | 精密制御アニールによる新しい SOI 基板の作製 |
| 梶川武信 | 第Ⅲ章 | 6.1 | 熱電素子材用の熱源移動型ホットプレス焼結装置 |
| 金丸正剛 | 第Ⅲ章 | 1.7 | MOSFET 型シリコンフィールドエミッタの開発 |
| 菊池武丕児 | 第Ⅲ章 | 3.3 | トレーニングを必要としない鉄系形状記憶合金の形状記憶特性 |
| 木村秀夫 | 第Ⅲ章 | 5.3 | 過冷却融体からの非線型光学素子結晶の生成 |
| 熊谷敏弥 | 第Ⅲ章 | 1.8 | 赤外線イメージ炉を用いた塗布熱分解法による大面積超伝導膜の作製 |
| 佐々木雅啓 | 第Ⅲ章 | 3.1 | 表面処理材料の破壊挙動と高温加工性 |
| 柴田浩幸 | 第Ⅲ章 | 5.6 | レーザ顕微鏡と赤外線イメージ炉を用いた高温材料プロセスの直接観察四方山話 |
| 高山善匡 | 第Ⅲ章 | 3.2 | 強圧延された Al-4.2 % Mg 合金板の低温超塑性 |
| 玉浦　裕 | 第Ⅲ章 | 6.4 | フェライトによるソーラ水素生産技術開発研究 |
| 津越敬寿 | 第Ⅲ章 | 4.1 | アルミニウムアルコキシド加水分解生成物中の炭素成分の EGA-MS 分析 |
| 津田勝美 | 第Ⅰ章 | | 赤外線イメージ炉とはなにか |
| | 第Ⅱ章 | | 赤外線イメージ加熱の応用 |
| 徳光永輔 | 第Ⅲ章 | 1.4 | ビスマス系強誘電体薄膜の形成とデバイス応用 |
| 中江秀雄 | 第Ⅲ章 | 5.4 | 鋳型材料と鉄合金の濡れ |
| 永瀬文久 | 第Ⅲ章 | 3.5 | 原子炉材料の事故時挙動研究への応用 |
| 中山道喜男 | 第Ⅰ章 | | 赤外線イメージ炉とはなにか |
| | 第Ⅱ章 | | 赤外線イメージ加熱の応用 |
| 生田目俊秀 | 第Ⅲ章 | 1.3 | 急速昇温加熱処理した強誘電体薄膜の電気特性 |
| 野城　清 | 第Ⅲ章 | 5.5 | 溶融金属によるダイヤモンドの濡れ性 |
| 八田博志 | 第Ⅲ章 | 6.3 | C/C 複合材料の高温挙動 |
| 広畑優子 | 第Ⅲ章 | 4.2 | 昇温脱離法によるガス分析と赤外線イメージ炉 |

| | | | |
|---|---|---|---|
| 福田　永 | 第Ⅲ章 | 1.2 | 急速熱処理を用いた高誘電体薄膜の形成 |
| 細谷佳弘 | 第Ⅲ章 | 2.2 | 薄鋼板の連続焼鈍とそのシミュレーション |
| 前園明一 | 第Ⅰ章 | | 赤外線イメージ炉とはなにか |
| | 第Ⅱ章 | | 赤外線イメージ加熱の応用 |
| 枡本和義 | 第Ⅲ章 | 4.3 | 軽元素の放射化分析のための迅速分離・検出法の開発 |
| 丸山忠司 | 第Ⅲ章 | 6.8 | 原子炉用セラミックスの照射回復挙動 |
| 水井直光 | 第Ⅲ章 | 2.3 | 冷延鋼板の材質設計と焼鈍のヒートサイクル |
| 村上　寛 | 第Ⅲ章 | 6.6 | 微小重力による超伝導薄膜実験 |
| 村上裕彦 | 第Ⅲ章 | 1.5 | 次世代 LSI 配線用低誘電率多孔質シリカ膜の開発 |
| | 第Ⅲ章 | 1.9 | カーボンナノ材料を用いたディスプレイの開発 |
| | 第Ⅲ章 | 6.5 | 可視光応答型 $TiO_2$ の開発 |
| 森田瑞穂 | 第Ⅲ章 | 1.1 | 極薄シリコン酸化膜形成への応用 |

# 第Ⅰ章
# 赤外線イメージ炉とはなにか

1 赤外線ランプ
2 反射面体
3 赤外線イメージ炉の仕様
4 熱電対による赤外線イメージ炉の温度制御
5 放射温度計による赤外線イメージ炉の温度制御
6 赤外線イメージ炉の性能
7 赤外線イメージ加熱の特徴

# 1 赤外線ランプ

## 1.1 赤外線ランプの構造

　赤外線ランプをその形から分類すると，図 1.1 に示すように直管型，点光源型，円形型，半円型の四種類である．直管型ランプは図 1.2 にみるように，透明石英ガラス管内にタングステン・フィラメントを封じ込んだものであり，リード引き出し部はモリブデン薄板の引き出しリードで気密シールされている．管内は排気された後，窒素，アルゴンおよびクリプトンなどの不活性ガスが封入されてい

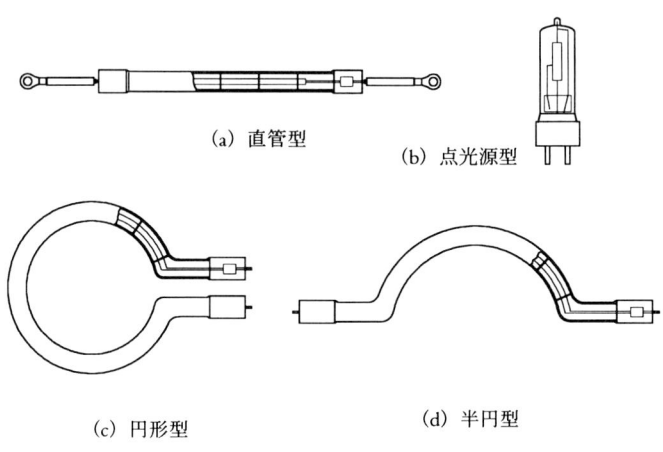

(a) 直管型　　(b) 点光源型

(c) 円形型　　(d) 半円型

図 1.1　赤外線ランプの種類

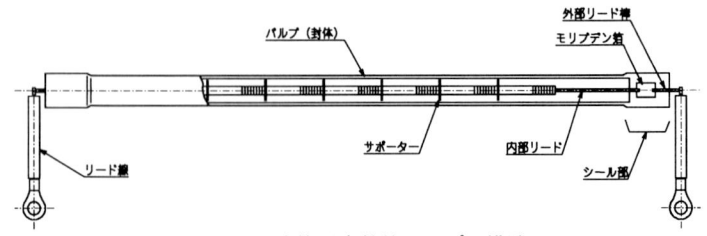

図 1.2　直管型赤外線ランプの構造

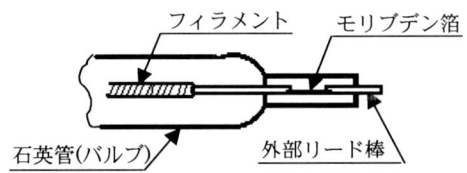

図 1.3　赤外線ランプのシール部

る．ランプの中，特に高電力密度（200 W/cm 以上）のランプは微量のハロゲン（沃素，臭素，塩素，フッ素）の混合ガスを封入したハロゲンランプが使用されている．

　シール部を図 1.3 に模式的に示した．石英ガラスと外部リードとの封着にはモリブデン薄板（20〜30 μm 厚さ）が用いられているが，石英ガラスの熱膨張係数は $0.5 \times 10^{-6}$/K に対して，モリブデンのそれは $5.1 \times 10^{-6}$/K であり，10 倍だけ大きい．したがってこのシール部がある温度を越えると，膨張差で石英ガラスにひび割れを起こし，破損してしまう．この限界の温度は 300 ℃といわれており，使用にあたっては両端シール部の温度が 300 ℃を越えないように注意が必要である．

## 1.2　ハロゲン・サイクル

　ハロゲンランプは封入ハロゲンガスがタングステンの蒸発を抑えて，ランプの寿命を 2 倍近くのばす延命効果をもたらすとされ，そのメカニズムは次のように考えられている．高温のタングステンが蒸発すると，雰囲気中のハロゲンガス

と反応して，W + X → WX と，タングステン・ハロゲン化物が生成する．この
ハロゲン化物は管内を対流，移動して，高温のタングステンに触れると，WX →
W + X のように熱分解し，生じたタングステンは高温のタングステン・フィラ
メントに吸収され，W の消耗を抑える作用をする．ハロゲンの方は再びタング
ステン蒸気を求めて管内を対流する．この繰り返し反応を「ハロゲン・サイクル」
という．ハロゲンがないと，タングステンは蒸発し，次第にやせ細り早期に断線
する．ただし管壁が 250 ℃以下になると管壁にタングステンが蒸着するように
なりハロゲン・サイクルの効果は減殺してしまう．したがって管壁温度がこの限
界温度以上になるようにする必要がある．他方，石英ガラスは高温に長時間さら
されると結晶化により破壊するので，管壁温度を約 800 ℃以下に抑えねばなら
ず，管壁温度の管理が問題である．

## 1.3　赤外線ランプの赤外線放射

　赤外線ランプに電流を通じると，白熱化したタングステン・フィラメントから
可視光および赤外線を放射する．このときの放射エネルギーの波長分布を図 1.4
に示した．縦軸はランプに定格電圧を印加した場合のピーク高さを 100 とした
ときの比（％）をとっている．太陽光の放射のピークが可視光領域の 0.45 μm に

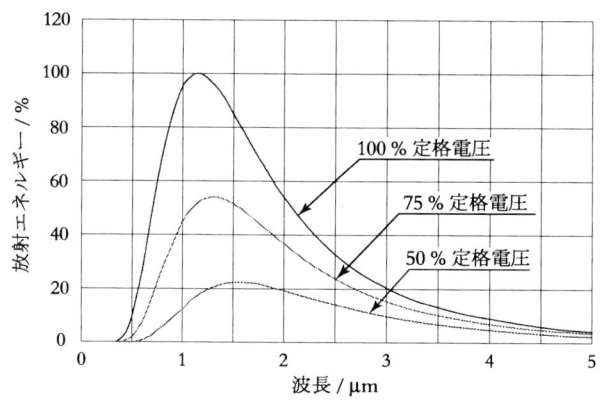

図 1.4　赤外線ランプの放射エネルギー分布

対して，赤外線ランプの定格電圧では近赤外領域の 1.15 μm にピークがくる．電圧を下げていくと，放射エネルギーの低下とともにピーク値の波長も長波長側にシフトしていく．定格電圧より高い電圧を印加した場合，例えば電圧を定格の 1.2 倍に上げると，放射強度は約 1.4 倍に上り，ピーク放射の波長は約 1.0 μm と短波長側にシフトする．しかしこの場合はランプは高温化のために定格より寿命が短くなる．特にハロゲンランプの場合，定格電圧以上の印加は，ランプ寿命のために行わない．

## 1.4　赤外線ランプによる急熱・急冷

　赤外線ランプに電流を on にした場合，定常の放射出力に達するのに時間がかかる．スイッチ on から放射の定常値に達するまでの時間の 90 % を立ち上がり時間と規定されている．通常の赤外線ランプの立ち上がり時間は，ほぼ 1〜5 秒前後である．立ち上がり時間は主にタングステン・フィラメントの熱容量によって変わり，大電力，低電圧のランプほど立ち上がり時間は長くなり，反対に小型のものほど，立ち上がり時間は短くなる．一般のニクロム炉や炭化ケイ素炉では，立ち上がり時間が約 100〜2000 秒であるのに比べて，赤外線ランプの立ち上がり時間の短さが急速加熱の理由である．

　定常加熱のランプ電流を off にした場合，タングステン・フィラメントからの放射放熱とリード端子からの伝導伝熱によりタングステン・フィラメントは急速に冷却する．1000 ℃ 以上の高温から約 800 ℃ までは立ち上がり時間と同程度の速度で冷却するが，600 ℃ から 200〜300 ℃ までの自然冷却では漸近線をたどり数分はかかる．

　実際に被加熱物を赤外線炉で加熱する場合，昇温速度はランプの立ち上がり時間の他にランプの総電力量，被加熱物の熱容量，赤外線吸収率，透過率，熱損失などによって変わる．昇温速度を速めるためには，ランプの総電力量を大にして，被加熱物の熱容量と熱損失を小さくしなければならない．他方，高温からの冷却速度においては，被加熱物の熱容量，放射率，熱損失などにより自然放冷の場合の冷却速度が変わるが，水冷や強制空冷などの強制冷却により冷却速度を速めることができる．

## 1.5 赤外線ランプの寿命

赤外線ランプの定格電圧での寿命は4000時間とされている．このランプの寿命に影響を与える因子は次のようである．

(a) 印加電圧：ランプの寿命は（印加電圧/定格電圧）比の13乗に逆比例して低下するとされている．今，印加電圧を定格の10%増で作動させると，ランプ寿命は1/3に低下し，1300時間となってしまう．反面，定格の10%減で作動させれば，ランプ寿命は4倍弱のびることになる．

(b) 端子部の温度：ランプの端子部の温度が300℃を越えて上昇すると，リードのモリブデンの熱膨張のために端子シール部の石英ガラスにひび割れを生じることは前に述べた．

(c) 石英ガラス管壁の温度：石英ガラスが1100℃を越える高温に長時間さらされると，結晶化が進み，透過率が低下し，吸収率は反対に増加するから管壁温度がさらに上昇し，半溶融状で破壊するに至る．また管壁温度が1300℃を越えるような高温加熱の場合はタングステンの蒸発が進み，フィラメントの溶断が起こりやすくなる．

　ランプの使用前の手入れとして，ランプ表面の手あかやよごれを取り除いておくことも重要である．手あかの中のNaイオンが石英ガラスの結晶化を促進し，より低温で結晶化が始まるようになる．同様に加熱をうける石英ガラス製品は素手で直接触れないようにする．

(d) 振動，衝撃による断線：使用中の衝撃，振動はフィラメントの断線を生じやすい．特に連続的な振動，たとえばモータなどの回転機械の振動は金属疲労によるフィラメントの断線に結びつきやすい．

## 1.6 直管型ランプの分類，型名

直管型赤外線ランプは加熱使用温度で1500℃以下での使用に適するものと，1500℃以上で使用に適するもの（超高温用ランプ）とに分類され，前者の発熱体長さは呼称5インチ（加熱長140 mm），10インチ（加熱長265 mm），16インチ（加熱長420 mm）の主として三種類，後者では4インチ，8インチの二種類のランプがそれぞれカタログ製品となっている．これらは表1.1にまとめて示さ

れている．ランプの型名について，型名 1-5-100 の第 1 字は定格電力の kW 数，第 2 字は呼称長さ（インチ），第 3 字以降は定格電圧を意味している．

**表 1.1** 直管型ランプの種類

| 型名 | 定格電力 kW | 呼称長さ インチ | 定格電圧 V | 発光長 cm | 電力密度 W/cm |
|---|---|---|---|---|---|
| 0.5 - 2 - 50 | 0.5 | 2 | 50 | 6.5 | 76.9 |
| 1 - 5 - 100 | 1 | 5 | 100 | 15.5 | 64.5 |
| 1 - 10 - 200 | 1 | 10 | 200 | 26.5 | 37.7 |
| 1.2 - 5 - 144 | 1.2 | 5 | 144 | 15.5 | 77.4 |
| 1.6 - 8 - 200 | 1.6 | 8 | 200 | 20.1 | 79.6 |
| 2 - 10 - 200 | 2 | 10 | 200 | 26.5 | 75.5 |
| 2 - 4 - 200 | 2 | 4 | 200 | 10.0 | 200.0 |
| 3 - 16 - 300 | 3 | 16 | 300 | 42.0 | 71.4 |
| 6 - 8 - 480 | 6 | 8 | 480 | 24.8 | 241.4 |

# 2 反射面体

　反射面体は楕円，放物面ともにアルミニウム製である．この反射面は成形後，ダイヤモンド研磨により光沢表面に仕上げた後，金めっきが施されている．この表面の反射率は図 2.1 に示されるように，波長 1.0 〜 1.30 μm の範囲で約 0.97 である．

　反射面体の内部に冷却水の水路が設けられており，冷却水の循環によって反射面体は常に 20 ℃以下に保持されている．赤外線ランプをフルパワーで加熱した場合，冷却水温度は上昇するから，冷却水の入口温度と出口温度の温度差をモニ

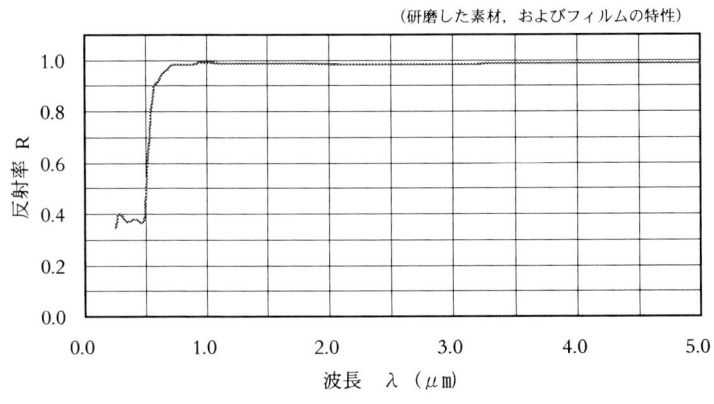

**図 2.1** 金の分光反射率

タして，最大 10 ℃ 以内になるように冷却水の流量を調節する．冷却水温度が極端に低いと室内環境の湿度により，反射面に結露することがある．特に夏期の湿度の高い場合には冷却水温度がそれ程低くなくても結露する．結露すると反射面の表面腐食を促進して表面反射率が 90 % 以下に低下する．冷却水に工業用水などを使用すると，含有塩素や金属イオンなどのために冷却孔内の腐食が進み，孔つまりなどの事故が発生することがある．冷却水に工業用水を使用するときは十分な注意が必要である．

# 3 赤外線イメージ炉の仕様

　赤外線ランプと反射面の組み合わせにより多くの種類の赤外線イメージ炉が生まれる．図 3.1 に赤外線イメージ炉の分類を示した．直管型ランプを使用した炉

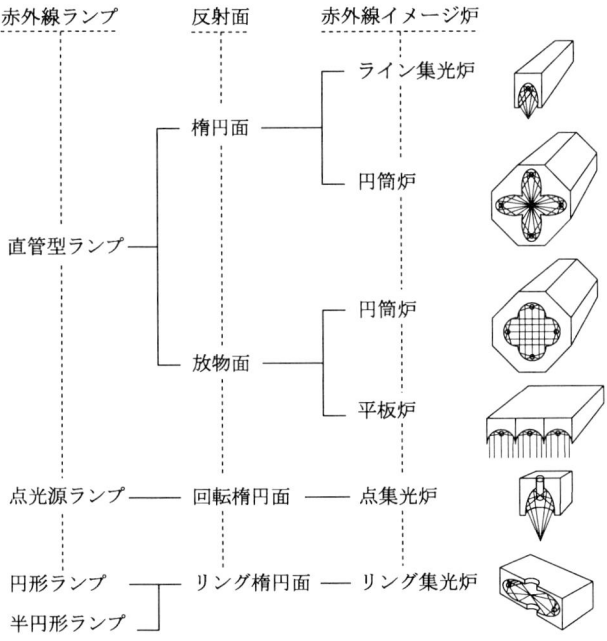

図 3.1　赤外線イメージ炉の分類

は楕円面と放物面の反射面体との組み合わせでライン集光炉,円筒炉と平板炉となる.点光源ランプは回転楕円型のみである.特殊な楕円面と高密度の直管型ランプの組み合わせで超高温炉となる.

## 3.1　ライン集光炉

　表 3.1 の 1.1 欄にライン集光炉の仕様を示した.1 本のランプと楕円反射面との組み合わせで E シリーズのライン集光炉が二機種(表 3.1)がある.型名の E15,E110 は第 1 字の E は楕円(elliptic),第 2 字は赤外線ランプの本数,第 3 字以降は赤外線ランプの直管型ランプの呼称長さ(インチ)を表している.[E110]は「楕円反射面でランプ 1 本,ランプ長さが 10 インチのライン集光炉」を表している.

　超高温用のライン集光炉は表 3.4 の 3.1 欄にその二機種の仕様が示されている.型名の頭文字の VHT- は超高温を表している.

## 3.2　楕円反射面・円筒炉

　楕円反射面の円筒炉は表 3.1 の 1.2 欄に示されているように,ランプ 2 本の円筒炉が三機種,ランプ 4 本の円筒炉が 5 機種である.型名の第 1 字の E は楕円,第 2 字の数はランプの本数,第 3 字以降はランプの呼称長さ(インチ)を表している.

## 3.3　超高温用の楕円反射面・円筒炉

　表 3.4 の 3.2 欄に超高温用の楕円反射面の円筒炉,四機種が示されている.ランプ 4 本の二機種とランプ 6 本の二機種である.1000 ℃ 以上の高温加熱のときには,ランプの冷却用の空冷ガスまたは乾燥圧縮空気($3\ kg/cm^2$ 程度)が必要となる.

## 3.4 放物反射面・円筒炉

表 3.2 の 2.1 欄と表 3.3 の 2.2 欄に放物反射面の円筒炉八機種の仕様を示した．型式名の P65C, P610C の第 1 字の P は放物面（paraboloid）を表し，第 2 字はランプの本数，第 3 字以降はランプの呼称長さ（インチ），最後の C は円筒炉（cylindrical）を示している．

## 3.5 放物反射面・平板炉

表 3.3 の 2.3 欄と 2.4 欄に平板炉の五機種の仕様を示した．平板炉の型式名の Ps35V の第 1 字の P は放物面，第 2 字の s は幅 40 mm の放物反射面体を表し，ss の場合は反射面体の幅が 20 mm の高密度放物反射面体を表している．第 3 字はランプの本数，第 4 字以降はランプの呼称長さ（インチ），35/35 のように／のついた場合は Ps35V の平板炉を二組対向させ，加熱物を両側（または上下）から加熱する平板炉を示し，最後の V は垂直（vertical）配置の平板炉を示している．

## 3.6 点集光炉

表 3.5 に点集光炉の二機種の仕様を示した．表 3.5 の 4.1 欄に点集光炉用のコンポーネントを，4.2 欄に点集光炉の二機種を示した．ランプ 1 個のシングルタイプの型式名は MR39/S，ランプ 2 個を使用したダブルタイプを MR39/D と表した．

表 3.1 楕円反射面・集光炉

| 反射面 | 1. 楕円反射面・集光炉 |||||||||||||||||||| 1.2 管状 円筒炉 |||||||||
|---|---|---|---|---|---|---|---|---|---|---|---|---|---|---|---|---|---|---|---|---|
| 集光方法 | 1.1 ライン集光炉 |||| 1. 楕円反射面・集光炉 |||||| | | | | | | | | | | |
| 加熱炉図 | | | | | | | | | | | | | | | | | | | | |
| 型式 | E15L || E110L || E25 || E210 || E216 || E42 || E45 || E48 || E410 || E416 ||
|  | N | P | N | P | N | P | N | P | N | P | N | P | N | P | N | P | N | P | N | P |
| 最高到達温度 | 1100 ℃ | 1200 ℃ | — | — | 1100 ℃ | 1300 ℃ | 1100 ℃ | 1300 ℃ | 1100 ℃ | 1300 ℃ | 1100 ℃ | — | 1100 ℃ | 1400 ℃ | 1100 ℃ | 1400 ℃ | 1100 ℃ | 1400 ℃ | 1100 ℃ | 1400 ℃ |
| 常用最高温度 | 1000 ℃ | 1100 ℃ | — | — | 1000 ℃ | 1200 ℃ | 1000 ℃ | 1200 ℃ | 1000 ℃ | — | 1000 ℃ | — | 1000 ℃ | 1200 ℃ | 1000 ℃ | 1200 ℃ | 1000 ℃ | 1200 ℃ | 1000 ℃ | 1200 ℃ |
| 加熱長 A | 140 mm. || 225 mm. || 140 mm. || 265 mm. || 420 mm. || 70 mm. || 140 mm. || 200 mm. || 265 mm. || 420 mm. ||
| 炉外長 B | 236 mm. || 325 mm. || 236 mm. || 361 mm. || 516 mm. || 166 mm. || 236 mm. || 296 mm. || 361 mm. || 516 mm. ||
| 炉口径 | 32 mm. || — || 32 mm. || 32 mm. || 32 mm. || 52 mm. || 52 mm. || 52 mm. || 52 mm. || 52 mm. ||
| 集光径 | 約 7 mm. || — || 約 7 mm. || 約 7 mm. || 約 7 mm. || 約 10 mm. || 約 10 mm. || 約 10 mm. || 約 10 mm. || 約 10 mm. ||
| ランプ本数 | 1 || 1 || 2 || 2 || 2 || 4 || 4 || 4 || 4 || 4 ||
| ランプ型式 | 1-5-100 | 1.2-5-144 | 1-10-200 | 2-10-200 | 1-5-100 | 1.2-5-144 | 1-10-200 | 2-10-200 | 3-16-300 | 3-16-300 | 0.5-2-50 | — | 1-5-100 | 1.2-5-144 | 1.6-8-200 | 1.6-8-200 | 1-10-200 | 2-10-200 | 3-16-300 | 3-16-300 |
| 炉用最大電力 | 1.0 kW | 1.2 kW | 1.0 kW | 2.0 kW | 2.0 kW | 2.4 kW | 2.0 kW | 4.0 kW | 6.0 kW | 6.0 kW | 2.0 kW | — | 4.0 kW | 4.8 kW | 6.4 kW | 6.4 kW | 4.0 kW | 8.0 kW | 12 kW | 12 kW |
| 冷却水量 | 1 リットル/min || 1 リットル/min || 1.5 リットル/min || 2 リットル/min || 3 リットル/min || 1.5 リットル/min || 2.5 リットル/min || 3.5 リットル/min || 4 リットル/min || 5 リットル/min ||
| 冷却水圧 | 3 kg/cm² || 3 kg/cm² || 3 kg/cm² || 3 kg/cm² || 3 kg/cm² || 3 kg/cm² || 3 kg/cm² || 3 kg/cm² || 3 kg/cm² || 3 kg/cm² ||
| 炉冷却ガス量 | | | | | | | | | | | | | | | | | | | | |
| 炉体重量 | 約 1.8 kg || 約 2.2 kg || 約 3.7 kg || 約 5.5 kg || 約 6.5 kg || 約 4.8 kg || 約 6.0 kg || 約 8.0 kg || 約 9.5 kg || 約 13.0 kg ||

## 3 赤外線イメージ炉の仕様

表 3.2 放物反射面・円筒炉

| 反射面 | 1. 放物反射面・円筒炉 | | | | | | | | | | |
|---|---|---|---|---|---|---|---|---|---|---|---|
| 集光方式 | 2.1 管状炉 | | | | | | | | | | |
| 加熱炉図 | | | | | | | | | | | |
| 型式 | P65C | | P68C | | P610C | | P616C | | P810C | | P816C |
| | N | P | N | P | N | P | N | P | N | P | |
| 最高到達温度 | 900℃ | 1200℃ | | 1200℃ | 900℃ | 1300℃ | | 1200℃ | 900℃ | 1100℃ | 1100℃ |
| 常用最高温度 | 800℃ | 1000℃ | | 1000℃ | 800℃ | 1000℃ | | 1000℃ | 800℃ | 1000℃ | 1000℃ |
| 加熱長 A | 140 mm | | 200 mm | | 256 mm | | 420 mm | | 265 mm | | 420 mm |
| 炉外長 B | 236 mm | | 296 mm | | 361 mm | | 516 mm | | 361 mm | | 516 mm |
| 炉口径 | 104 mm | | 104 mm | | 104 mm | | 104 mm | | 124 mm | | 124 mm |
| 集光径 | 約 40 mm | | 約 40 mm | | 約 40 mm | | 約 40 mm | | 約 50 mm | | 約 50 mm |
| ランプ本数 | 6 | | 6 | | 6 | | 6 | | 8 | | 8 |
| ランプ型式 | 1-5-100 | 1.2-5-144 | 1.6-8-200 | | 1-10-200 | 2-10-200 | 3-16-300 | | 1-10-200 | 2-10-200 | 3-16-300 |
| 炉最大電力 | 6.0 kW | 7.2 kW | 9.6 kW | | 6.0 kW | 12.0 kW | 18.0 kW | | 8.0 kW | 16.0 kW | 24.0 kW |
| 冷却水量 | 4 リットル/min | | 5 リットル/min | | 6 リットル/min | | 8 リットル/min | | 7 リットル/min | | 8 リットル/min |
| 冷却水圧 | 3kg/cm² | | 3kg/cm² | | 3kg/cm² | | 3kg/cm² | | 3kg/cm² | | 3kg/cm² |
| 炉冷却ガス量 | — | — | — | | — | — | — | | — | — | — |
| 炉体重量 | 約 7.2 kg | | 約 8.5 kg | | 約 10.5 kg | | 約 14.5 kg | | 約 12.7 kg | | 約 18.2 kg |

表 3.3 放物反射面・平板炉

| 放射面 | 2.2 管状炉 | | 2.3 平板炉 | | 2.3 平板炉 | | 2.4 高密度平板炉 | 2.4 高密度平板炉 |
|---|---|---|---|---|---|---|---|---|
| 集光方式 | 2.2 管状炉 | | 2.3 放物反射面・均熱炉 | | 2.3 放物反射面・均熱炉 | | 2.4 高密度平板炉 | 2.4 高密度平板炉 |
| 加熱炉図 | | | | | | | | |
| 型式 | P1210C | P1216C | Ps35V | | Ps310V | | Ps34V | Ps78V | Ps1108V |
| | N | P | N | P | N | P | | | |
| 最高到達温度 | 900℃ | 1000℃ | 1000℃ | | | | | | |
| 常用最高温度 | 700℃ | 900℃ | 900℃ | | | | | | |
| 加熱長 A | 265 mm | 420 mm | 140 mm | | 265 mm | | 100 mm | 200 mm | 200 mm |
| 炉外長 B | 361 mm | 516 mm | 236 mm | | 361 mm | | 200 mm | 300 mm | 300 mm |
| 炉口径 | 204 mm | 204 mm | — | | — | | — | — | — |
| 集光径・発光面積 | 約80 mm | 約80 mm | 140×120 mm | | 265×210 mm | | 100×60 mm | 200×140 mm | 200×220 mm |
| ランプ本数 | 12 | 12 | 3 | | 3 | | 3 | 7 | 11 |
| ランプ型式 | 1-10-200 | 2-10-200 | 3-16-300 | 1-5-100 | 1.2-5-144 | 1-10-200 | 2-10-200 | 2-4-200 | 1.6-8-200 | 1.6-8-200 |
| 炉最大電力 | 12.0 kW | 24.0 kW | 36.0 kW | 3.0 kW | 3.6 kW | 3.0 kW | 16.0 kW | 6.0 kW | 12.8 kW | 17.6 kW |
| 冷却水量 | 8 リットル/min | 18 リットル/min | 2 リットル/min | | 3 リットル/min | | 2 リットル/min | 6 リットル/min | 8 リットル/min |
| 冷却水圧 | 3 kg/cm² | 3 kg/cm² | 3 kg/cm² | | 3 kg/cm² | | 3 kg/cm² | 3kg/cm² | 3kg/cm² |
| 炉冷却ガス量 | — | — | — | | — | | — | — | — |
| 炉体重量 | 約 21.0 kg | 約 29.0 kg | 約 2.5 kg | | 約 3.0 kg | | 約 1.7 kg | 約 4.0 kg | 約 6.0 kg |

## 3 赤外線イメージ炉の仕様

表 3.4 超高温用 楕円反射面・集光炉

| 反射面 | 集光炉 3.1 ライン集光炉 | | 3. 楕円反射面・集光炉 | | 3.2 円筒炉 | |
|---|---|---|---|---|---|---|
| 集光方式 | | | | | | |
| 加熱炉図 | | | | | | |
| 型式 | VHT-E14L | VHT-E18L | VHT-E44 | VHT-E48 | VHT-E64 | VHT-E68 |
| 最高到達温度 | — | — | 1700℃ | 1800℃ | 1700℃ | 1800℃ |
| 常用最高温度 | — | — | 1500 ℃ | 1500 ℃ | 1400 ℃ | 1500 ℃ |
| 加熱長 A | 100 mm | 225 mm | 100 mm | 225 mm | 100 mm | 225 mm |
| 炉外長 B | 200 mm | 325 mm | 216 mm | 341 mm | 216 mm | 341 mm |
| 炉口径 | — | — | 52 mm | 52 mm | 74 mm | 74 mm |
| 集光径 | 1 | 1 | 約 10 mm | 約 10 mm | 約 20 mm | 約 20 mm |
| ランプ本数 | 1 | 1 | 4 | 4 | 6 | 6 |
| ランプ型式 | 2-4-200 | 6-8-480 | 2-4-200 | 6-8-480 | 2-4-200 | 6-8-480 |
| ランプ大電力 | 2.0 kW | 6.0 kW | 8.0 kW | 24.0 kW | 12.0 kW | 36.0 kW |
| 冷却水量 | 1 リットル/min | 2 リットル/min | 4 リットル/min | 12 リットル/min | 8 リットル/min | 18 リットル/min |
| 冷却水圧 | 3 kg/cm² | 3kg/cm² | 3 kg/cm² | 3 kg/cm² | 3 kg/cm² | 3 kg/cm² |
| 炉冷却力水量 | — | — | 400 リットル/min | 600 リットル/min | 400 リットル/min | 600 リットル/min |
| 炉体重量 | 約 2.5 kg | 約 2.5 kg | 約 10.0 kg | 約 15.0 kg | 約 18 kg | 約 26.0 kg |

表 3.5 点集光炉

| 基本ユニット | 4.1 コンポーネント | | | 4. 点集光炉 MR39 シリーズ | | 4.2 点光炉 |
|---|---|---|---|---|---|---|
| 名称 | MR-39N | MR-39H | MR-39S | MR-39D | MR-39H (N) /S | MR-39H/D |
| 最高到達温度 | 800℃ | 1500℃ | 加熱炉系 | 試料系 | シングルタイプイメージ炉 900 ℃ *1 | ダブルタイプイメージ炉 |
| 加熱ゾーン集光径 | 10 mm | | | | 1800 ℃ *1 | 8 mm×10 mmL |
| 雰囲気 | 大気中 | | | 精密構造 | | 大気中、各種ガス中、真空中、ガスフロー中 |
| 炉最大電力 | 100V～500W | 100V～1kW | | | 100V～500W | 100V～1kW | 100V～2kW |
| 炉試料室冷却方式 | 市水及び冷却水循環器 | | | | 市水及び冷却水循環器 | |
| ランプ冷却方式 | ファン冷却 | ガス冷却 | | | ファン冷却 | ガス冷却 |
| 冷却水量 | 1 リットル/min | 2 リットル/min | | | | 2 リットル/min |
| 冷却水圧 | 2 kg/cm² 以上 | | | | | 2 kg/cm² 以上 |
| ランプ冷却ガス量 | 10 リットル/min | | | | 10 リットル/min | 20 リットル/min |
| ランプ | ハロゲン | | | | ハロゲン | |
| 焦点距離 | 39 mm | | | | 39 mm | |
| 熱電対 | R | | | B | R | B |
| セル材質 | 白金 | | | | 白金 | B (W 等はオプション) |
| セル形状 | 8 mm×10 mmL | | | | 8 mm×10 mmL | (Mo 等はオプション) |
| 試料セット | スライド機構付 | | | | スライド機構付 | 8 mm×10 mmL |
| 観察室 | 石英窓付 | | | | 石英窓付 | スライド機構付 石英窓付 |

# 4 熱電対による赤外線イメージ炉の温度制御

## 4.1 熱電対のつけ方

　赤外線イメージ炉の温度センサには一般的に熱電対が使われる．1000℃までの加熱ではクロメル／アルメル熱電対（K熱電対）が，1000℃以上1500℃までの加熱には，白金－ロジウム13％／白金熱電対（R熱電対）が，1500℃以上には白金－ロジウム30％／白金－ロジウム6％熱電対（B熱電対）などが主に使われる．

　熱電対はその熱接点を被加熱物に点溶接することが理想的である．熱電対を溶接できない場合には，被加熱物に熱電対の熱接点を接触させ，熱接点と熱電対線を白金箔などで覆うことが望ましい．熱電対の熱接点が露出して赤外線の放射で直接加熱されると，被加熱物の温度とは大きく異なった温度をコントロールしてしまう危険がある．シース熱電対の場合も同様，被加熱体に熱的に十分に接触させることが重要である．

## 4.2 手動のオープン制御

　被加熱物を赤外線イメージ炉により所定の温度に加熱保持したい場合，スライド変圧器のような電圧調整器を手動で調整してランプ電流を加減すれば，比較的手軽に指定温度近くに保つことができる．この場合も前述のように被加熱物に点溶接した熱電対で温度を測定し，あらかじめ赤外線イメージ炉の印加電圧と保持

温度の関係を求めておく．

シリコンウエハなどを赤外線イメージ加熱によりアニールする場合，あらかじめ熱電対を点溶接したダミーのウエハで印加電圧～ウエハ温度の関係を求めておけば，実際のウエハに対してランプ電圧の調整のみで大凡の一定温度保持は可能である．しかしこの方法は精密な温度制御や一定速度の昇温制御などは無理で，そのような場合にはやはり PID 制御に頼らなければならない．

## 4.3 PID 制御

赤外線イメージ炉は発熱体のタングステン・フィラメントの熱容量が小さいために，印加電圧に対する放射エネルギーの応答速度は極めてはやいから，ON-OFF 制御型の温度制御方式ではハンチングを生じて制御できない．PID 式の連続的な精密制御が必要である．PID 制御では P（比例制御），I（積分制御），D（微分制御）の最適値を選ぶことにより，室温から指定の昇温速度で昇温し，オーバーシュートすることなく，指定温度に保持することができる．温度制御器にはPID の最適値を自動的に探し求める自動チューニング機構が設備されているから先ずこれを試み，その後の実際の昇温過程でさらに微調整を行うことをおすすめする．

## 4.4 P の調節

目標値と測定値との偏差に比例した動作を P 動作（比例制御，Proportional の頭文字）といい，P 動作を行わせる偏差範囲の測定値範囲に対する比を％で表した値を比例帯（PB）という．比例帯が小さい程，僅かな偏差に対して比例動作を行うから，比例動作は強くなる．比例帯が 0 ％の場合 ON-OFF 動作になる．したがって比例帯を大きな値から小さくしていくとハンチングを生ずるようになり，反対に比例帯を小さい値から大きくしていくと，目標値への到達は遅くなり，しかも偏差はそのまま残る形となる．

## 4.5　Iの調節

比例制御では偏差が大なり小なり必ず残る．この偏差を打ち消す動作が積分動作，I動作（Integralの頭文字のI）である．I動作の強さは積分時間（$T_I$）で表す．図4.1の積分時間の説明図によれば，一定の偏差が持続している場合，積分動作は直線的に増加していくが，その値が比例動作のみの場合の動作に等しく一致した時間を積分時間という．積分時間が小さいということは，積分動作が強いことを意味し，積分時間0はON-OFF動作になる．反面，積分時間が長いということは，積分動作は弱いことを意味し，偏差の消去が緩慢となる．

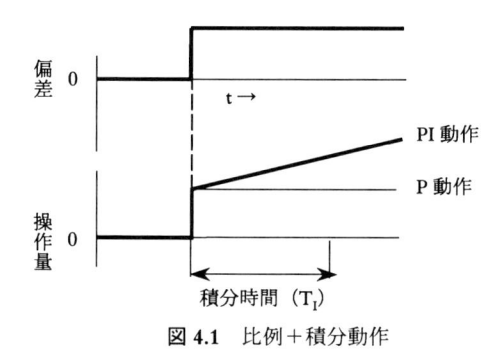

図 4.1　比例＋積分動作

## 4.6　Dの調節

偏差の変化速度に比例した制御動作を微分動作，D動作（Derivativeの頭文字）という．D動作の強さは微分時間（$T_D$）で表す．図4.2の微分時間の説明図に

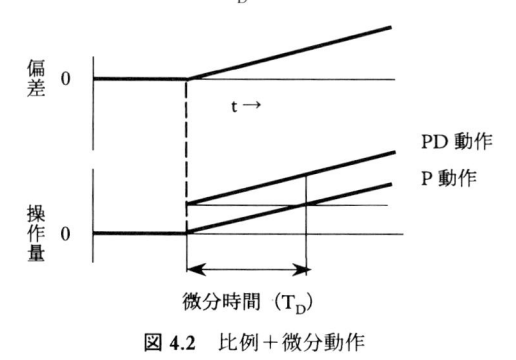

図 4.2　比例＋微分動作

よれば，偏差が一定速度で直線的に上昇する場合，微分動作と比例動作が一致する時間を微分時間という．微分時間が小さいことは微分動作が小さいことを意味し，微分時間ゼロは微分動作が全く働いていないことを意味する．

## 4.7 PID 値の調整法

PID のそれぞれの最適値の求め方の一例を次に示した．
最初に，P，I を大きな値とし，D をゼロにしておく．
① P のみを大きい値より少しずつ小さな値にしてハンチングが出たらやめ，少し戻す．
② I の値を大きい値より少しずつ小さな値にして，ハンチングが出たらやめ，少し戻す．
③ D の値をゼロから少しずつ大きくしていき，ハンチングが出たらやめ，少し戻す．
④ 赤外線イメージ炉の熱応答性が速いので，D 動作は小さい方が安定に制御できる．

一定速度で急速昇温し，指定温度に定温保持するプログラム温度制御の実際例を図 4.3 に示した．この例の赤外線イメージ炉は，放物円筒状イメージ炉（P610 型），被加熱物はニッケル板試験片（80×50×0.5 mm），雰囲気は窒素フロー中（500 ml/min），温度プログラムは室温から 800 ℃まで 20 ℃/s で定速昇温し，800 ℃で定温 1 分保持した．

熱電対は R 熱電対（0.3 mm 径），これを試験片に点溶接．はじめに P 値の最適値を求めるために，図の (a) (b) (c) の順に P を大→小にすると，制御不足の状態から最適制御の状態 (b) を経て，過大制御で振動を生ずるようになる．このようにして P の値の最適値を求めることができる．次に P を最適値に設定して，I を図の (d) (e) (f) の順に大→小に変えると，P の場合と同じように I の最適値を見出すことができる．D については赤外線加熱の場合は，特別な場合を除いてゼロまたは極めて小さい値でよい．

4 熱電対による赤外線イメージ炉の温度制御

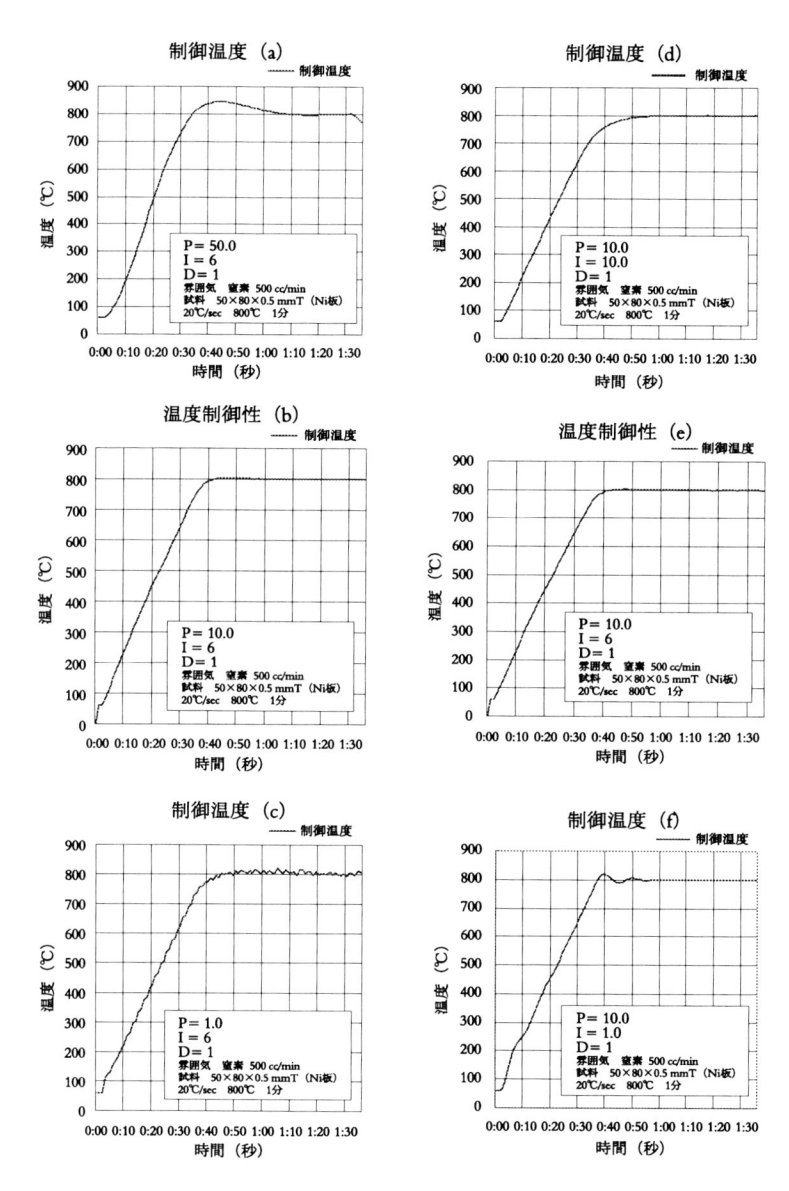

図 4.3 赤外線イメージ炉の PID 制御

## 4.8 複数組の PID 最適値

　上述の操作で PID の最適値が求められるが，一組の PID の値が温度プロファイルの全過程のすべてに共通の最適値であるとは限らない．昇温過程の場合と一定温度保持の場合とでは最適 PID の値は異なってくる．また高温度と低温度でも異なる．むしろ PID 最適値はその時の条件によってそれぞれ異なる方が一般的である．最近の温度制御器では PID 値の設定が一組のみでなく，六組またはそれ以上の複数組の値を設定することができるから，各温度過程で最適の PID 値をあらかじめ設定しておくことができる．

# 5 放射温度計による赤外線イメージ炉の温度制御

## 5.1 放射率,反射率,透過率,吸収率

　赤外線イメージ炉により被加熱物を加熱する場合,被加熱物の表面のエネルギー吸収率を考えなければならない.石英ガラスのように赤外線を透過し,吸収率がゼロに近い値の場合にはその温度上昇は容易ではない.赤外線による加熱効率は被加熱物の赤外線吸収率に大きく依存する.

　物体の放射率($\varepsilon$),反射率($R$),透過率($T$)および吸収率($A$)との間には次の関係がある.

$$T + R + A = 1 \tag{5.1}$$

また放射率は吸収率に等しい(キルヒホッフの法則)から

$$\varepsilon = A \tag{5.2}$$

したがって $\quad \varepsilon = 1 - (R + T) \tag{5.3}$

不透明物体では,$T = 0$ であるから

$$\varepsilon = 1 - R = A \tag{5.4}$$

放射率の値が1または1に近い物の加熱は容易であることがわかる.放射率(吸収率)が波長によらず $\varepsilon = 1$ の物体を黒体という.放射率が波長に無関係に1以下の一定値を示す物体を灰色体というが,完全な灰色体は実際には存在しない.

実在の物質の表面の放射率は波長に対して大きく変化する．波長が0.75から12.0 μmまでの金属の放射率を図5.1に示した．図5.2 (a) に黒体，灰色体，選択放射体の放射率～波長の関係を，また図5.2 (b) に分光放射エネルギー～波長の関係をそれぞれ模式的に示した．各波長の放射率を分光放射率という．分光放射率に対して，全波長範囲についての放射エネルギーより求めた放射率を全放射率という．金属の放射率は比較的小さく，アルミニウムでは0.03，ニッケルは0.04，鉄は0.05，ステンレス鋼の研磨面は0.08，他方，SiCの放射率は1に近く，灰色体に近い．SiNも波長に無関係に放射率は0.35～0.4で灰色体に近い．金属Siや$Al_2O_3$などはある波長範囲の分光放射率が高く，選択放射体という．

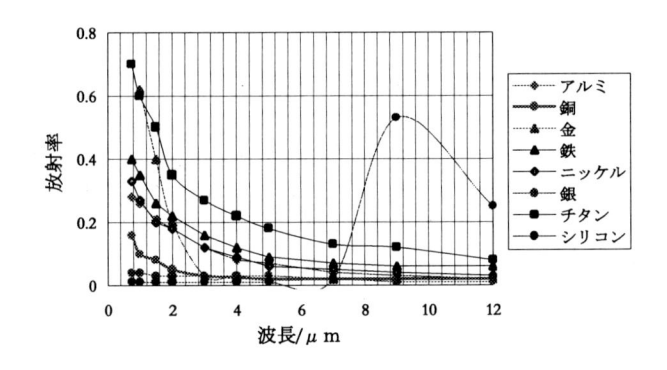

図 5.1 金属の放射率[1)]

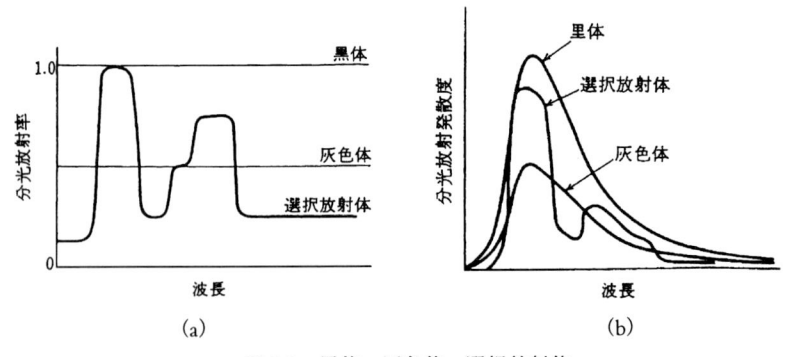

図 5.2 黒体，灰色体，選択放射体
(a) 分光放射率，(b) 放射エネルギー（縦軸：分光放射エネルギー）

## 5.2 放射計による温度測定の原理

温度 $T$ の黒体の分光放射輝度 $L(\lambda, T)$ はプランクの式 (5.5) で表される.

$$L(\lambda,T) = 2C_1/\lambda^{-5} \left[\exp(C_2/\lambda T) -1\right]^{-1} \tag{5.5}$$

ここで $\lambda$ は物体からの放射の波長, $C_1, C_2$ は定数で次式で与えられる.

$$C_1 = 5.9548 \times 10^{-17} \text{ W} \cdot \text{m}^2 \tag{5.6}$$

$$C_2 = 0.014388 \text{ m} \cdot \text{K} \tag{5.7}$$

図 5.3 (a) (b) に黒体の分光放射輝度～波長の関係を示した. 図 (a) は対数目盛, 図 (b) はリニア目盛である. (5.5) 式を全波長領域で (0 から∞まで) 積分すれば, ステファン－ボルツマンの式 (5.8) が得られ, もし放射センサが全波長領域でフラットな感度をもっていれば, 式 (5.5) 式を使ってセンサ信号から放射黒体の温度を求めることができる.

$$L(T) = \int L(\lambda,T) \, d\lambda = \sigma T^4 \tag{5.8}$$

ここで $\sigma$ はステファン－ボルツマン定数.

(a) 波長（対数目盛）      (b) 波長（リニア目盛）

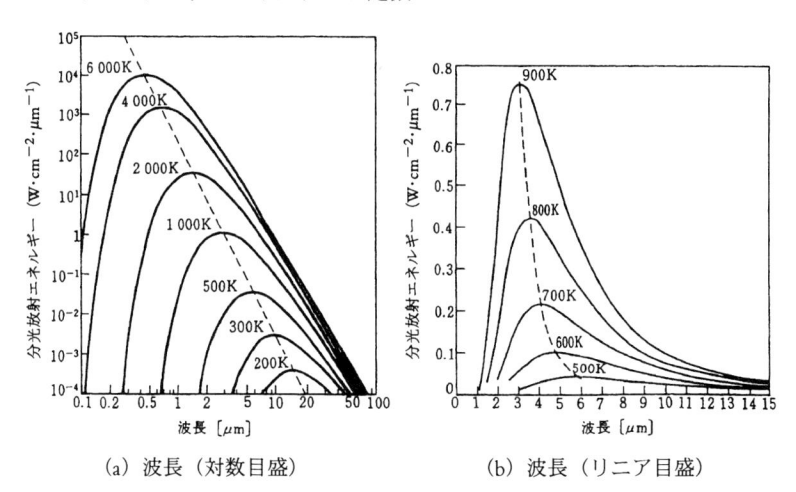

**図 5.3** 黒体の分光放射エネルギー

$$\sigma = 5.6697 \times 10^{-8} \text{ W} \cdot \text{m}^{-2} \cdot \text{K}^{-4} \tag{5.9}$$

(5.5) 式は黒体についての式であるが，一般の物体については

$$Lr(\varepsilon, T) = \int \varepsilon L(\lambda, T) d\lambda = \varepsilon_t \sigma T^4 \tag{5.10}$$

ここで $\varepsilon$, $\varepsilon_t$ は分光放射率，全放射率．

黒体でない一般の物体では測定対象の表面の放射率がわからないと温度は求められない．さらに $Lr(\varepsilon, T)$ の測定ではセンサの波長特性はフラットではなく（図5.4），ある特定波長にピークをもった曲線で特性づけられるから，測定対象を限定して，直接接触式熱電対温度計と比較，校正することが必要となる．

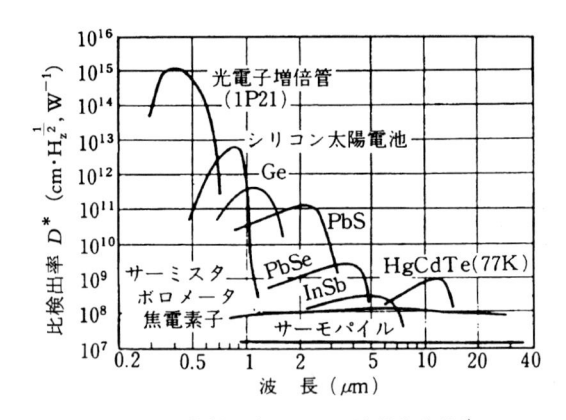

**図 5.4** 放射温度センサの波長依存性[2)]

## 5.3 放射温度計の種類

放射温度計には色々な種類があり，選択にあたっては測定温度範囲，測定対象，測定条件などを考えなければならない．温度範囲，応答速度，温度制御装置への組み込みなどを考えると，赤外線イメージ炉の温度測定・制御用には赤外線放射計が適しているように思われる．赤外線放射計には，半導体素子型，焦電素子型，ボロメータ型，サーモパイル型などがある．

半導体素子型は　①電導型…………PbS, PbSe, InSb, Ge, HgCdTe

　　　　　　　　②起電力型………Si, InSb, InAs, HgCdTe

がある．これらの放射計の検出感度と波長の関係を図 5.4 に示した．高温を測るには波長が 1 μm より短波長の範囲が感度よく測れるから，Si 素子がよく使われる．10 μm 前後に感度をもつ HgCdTe 素子は室温用素子である．ボロメータ型は検出感度が低く，応答速度がおそい点が不利である．サーモパイル型はボロメータよりも熱容量を小さく設計できるから，応答速度は多少改善でき，赤外域の放射計として簡便な組み込み用としての可能性がある．図 5.5 に各種の放射温度計の測定温度範囲を示した．

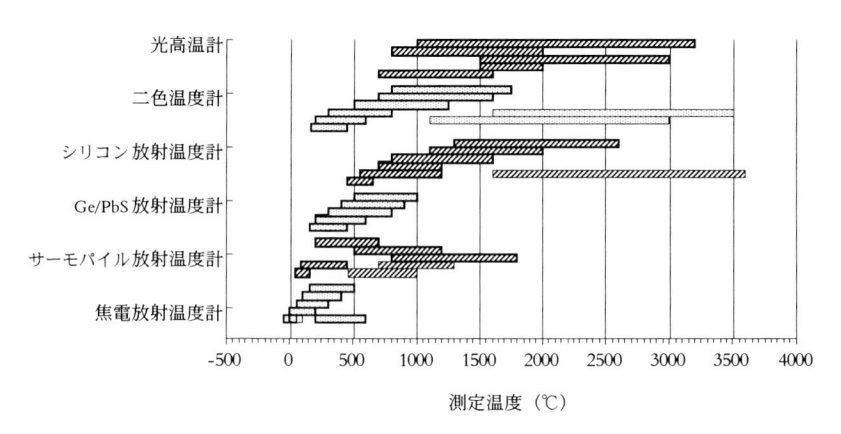

**図 5.5** 放射温度計の測定温度範囲[3]

## 5.4 放射温度計による非接触温度測定の問題点

赤外線炉を使用する場合，放射温度計を使って非接触に温度を測定するには，次のような問題がある．
(a) 測定対象の放射率が正確にわからないと，放射温度計の出力のみからは正確な温度がわからない（放射温度計の共通する問題），
(b) 赤外線加熱炉の赤外線が迷光となって放射温度計の温度出力に影響を与える．

これらの影響を根本的に解決することは現状では不可能だが，測定対象毎に測定条件を限定すれば，赤外線加熱炉からの迷光を抑えて非接触で温度測定・制御が可能で，シリコンウエハのアニールなどに便利に使用されている．

## 5.5 シリコンウエハの非接触式温度制御

シリコンウエハの温度を放射温度計によって非接触式に測定し,温度制御する枚葉式赤外線加熱装置の模式図を図 5.6 に示した.シリコンウエハは炉内で水平に設置され,そのウエハの上の方から赤外線ランプで加熱する片面加熱タイプである.放射温度計はウエハの下の方に設置され,ウエハの下面中央に照準を定め,約 5 mm 直径ほどの部分の温度を測定する.この場合,このままでは赤外線ランプからの赤外光が放射温度計に迷光となって入射されることが問題となる.そこで赤外線ランプからの迷光を遮り,ウエハの下面からの熱放射だけを取り出すなんらかの方法を講じなければならない.以下に述べるのはその一方法である.

図 5.6 に示されているようにウエハは上の赤外線ランプに対して直接,裸で加熱にさらされているわけではなく,ウエハの雰囲気を真空または不活性気体雰囲気にするためにランプとウエハの間には石英ガラス板がはいる.この石英ガラス板は真空チェンバの一部であり,赤外線ランプからの放射の窓ともなっている.

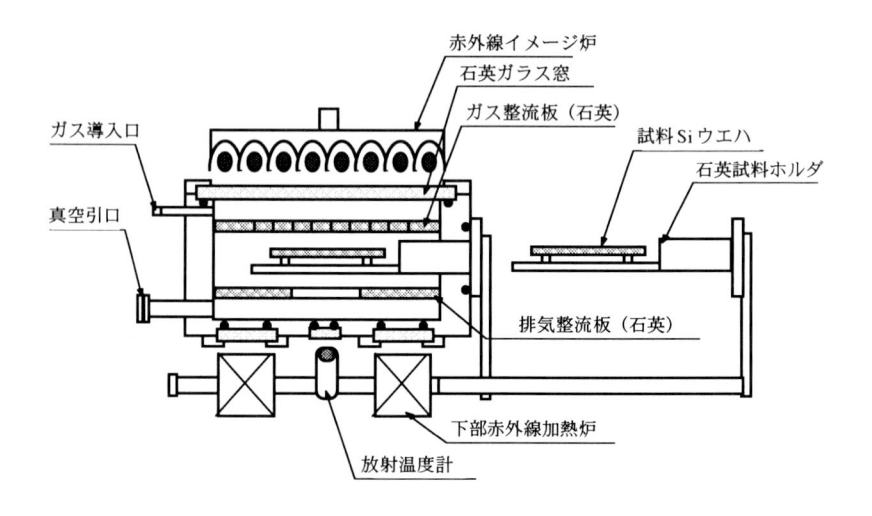

図 5.6 放射温度計を使用したシリコンウエハの RTA 装置

5　放射温度計による赤外線イメージ炉の温度制御

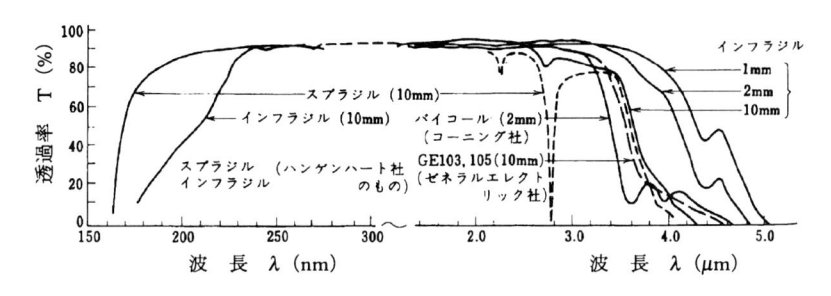

図 5.7　石英ガラスの分光透過率[4]

図 5.7 は石英ガラスの波長～透過率の関係であるが，これによれば石英ガラスは波長が約 4～5 μm より長波長の放射に対しては完全に不透明であることがわかる．したがって石英ガラス板より下の空間内の 5 μm 以上の放射には赤外線ランプからの放射は全く含まれていないことになる．このためウエハの下面の温度を測定する場合，波長が 5 μm 以上の長波長に検出感度をもつ放射温度計を使用し，また放射温度計の窓材も 5 μm 以上で透過率が低下しないフッ化カルシウムなどを使用すれば，赤外線ランプからの赤外線の迷光に邪魔されずにウエハ自身の温度を検出することができる．図 5.8 はフッ化カルシウムの透過率のデータである．放射温度計の 5 μm 以上の放射を検出するセンサは，図 5.4 に示したように InSb，HgCdTe，焦電素子，サーモパイルなどがある．

　この実験ではサーモパイル検出方式の放射温度計を使用して室温より 100 ℃/s の昇温速度で 800 ℃ まで加熱昇温し，800 ℃ に 5 分間保持プログラムを自動制御させた．図 5.9 はその温度～時間記録である．ウエハの裏面の放射率はあらかじめ熱電対をスポット溶接されたダミーウエハを使用して測定し，この放射率を実際の制御加熱の場合に手動で設定した．

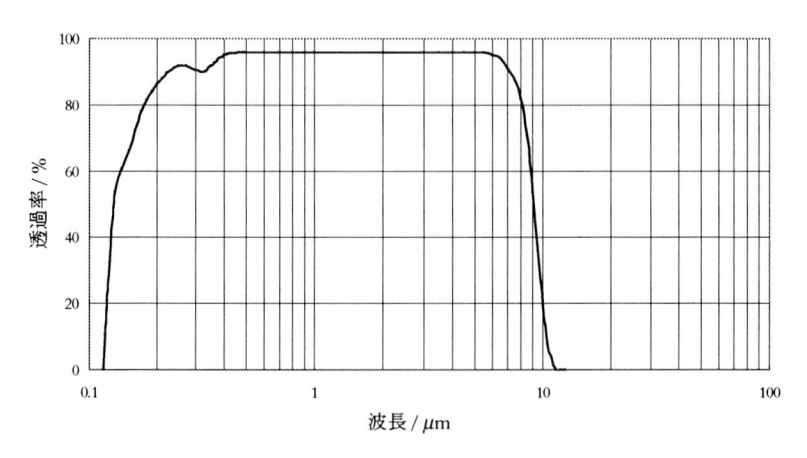

**図 5.8** 窓材フッ化カルシウムの分光透過率[5)]

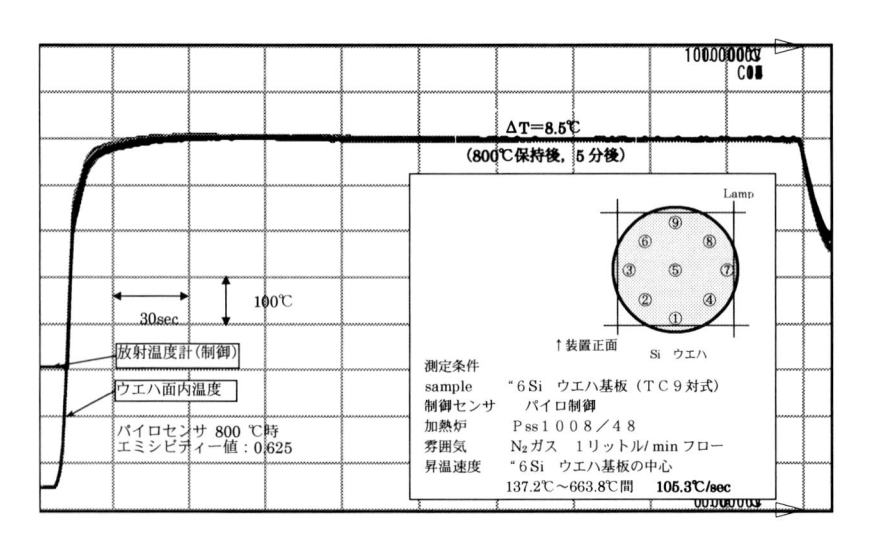

**図 5.9** 放射温度計によるシリコンウエハの温度制御例
（放射率は手動入力，①②③④⑤：熱電対出力，⑥：放射温度計出力）

# 6 赤外線イメージ炉の性能

　赤外線イメージ炉の加熱源としての性能は赤外線ランプの定格電力，ランプの本数，特に加熱面における単位面積あたりのランプ本数，および反射面の形状と配置などの条件によって左右される．他方，被加熱体の最高到達温度や最大昇温速度は，上の加熱源の加熱条件とともに被加熱体の熱容量および熱伝導率，形状，表面の近赤外の放射率と透過率などによって支配される．また被加熱体の温度分布（表面温度分布と内部温度分布）は，赤外線ランプの形状，配置，被加熱体との距離および被加熱体の形状，熱拡散率などによって大きく影響をうける．
　ここでは各種の赤外線イメージ炉を用いた場合の被加熱体の最大昇温速度と表面温度分布のデータを例示する．

## 6.1 通常の抵抗炉と赤外線炉の昇温速度の比較

　図6.1に赤外線イメージ炉三機種と炭化けい素炉，ニクロム炉の昇温の比較を示した．赤外線イメージ炉の500〜1000℃までの昇温速度は各炉の定格電力にほぼ比例するから，赤外線イメージ炉同士の昇温速度は炉の加熱密度に比例する．炭化けい素やニクロム炉の加熱と比べると，赤外線炉ではほぼ同じ電力の加熱で200〜300倍の昇温速度となるが，この原因は炉の加熱密度の相違ではなく，赤外線イメージ炉の熱容量が小さく，しかも反射率が100％近い楕円反射面からの放射で加熱するからである．

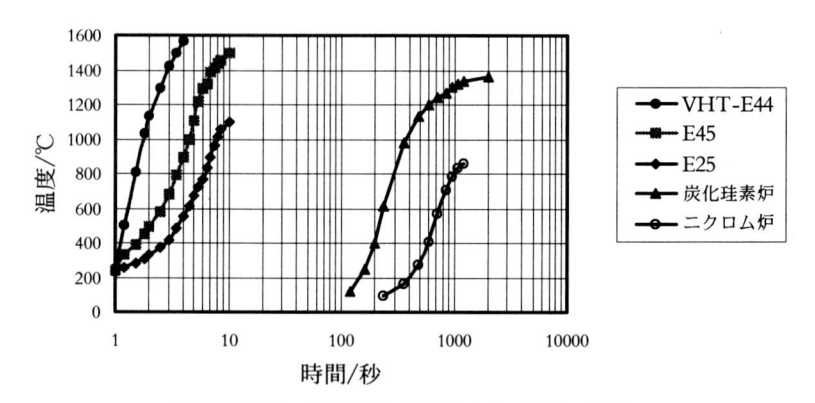

**図 6.1** 通常の電気炉と赤外線イメージ炉の比較
（試料：ステンレス鋼，10 mm 径× 0.5 mm 厚さ× 100 mm 長さ，雰囲気：大気中）
（赤外線イメージ炉：VHT-E44：8 kW，E25：2.4 kW）

## 6.2 超高温赤外線イメージ炉の電力と最高到達温度

表 6.1 に円筒型の超高温赤外線イメージ炉の四機種の仕様を，図 6.2 にこの超高温赤外線イメージ炉の四機種に定格電力を加えたときの昇温を示した．500～1000 ℃間の昇温速度を比較すると，ランプ本数が同じであれば，電圧の上昇とともに昇温速度は増加して，最高到達温度も上昇する．たとえば VHT-E44 と VHT-E48 を比較すれば，定格電力は 3 倍に増加し，昇温速度は約 5 倍に増加している．しかし他方，ランプ本数が 4 本から 6 本に増やしてもかえって昇温速度が減少する．VHT-E44 と VHT-E64 とを比べてみれば，ランプ本数が多い E64 の方が昇温速度は約 1/2 と下がる．これは図 6.1 と矛盾するように思えるが，楕円反射面はランプ本数が増えるにしたがってランプ 1 本あたりの楕円反射面の面積は減少するから，ランプ光の集光率はかえって下がるからである．

**表 6.1** 超高温赤外線イメージ炉四機種の仕様

| 型　　　式 | VHT-E44 型 | VHT-E48 型 | VHT-E64 型 | VHT-E68 型 |
|---|---|---|---|---|
| 方　　　式 | 四面筒状集光 | | 六面筒状集光 | |
| 焦　　　点（加熱ゾーン） | 10 mm 径×100 mm 長さ | 10 mm 径×200 mm 長さ | 20 mm 径×100 mm 長さ | 20 mm 径×200 mm 長さ |
| 最高使用温度 | 1700℃ | 1800℃ | 1700℃ | 1800℃ |
| 電　　　力 | 8 kW | 24 kW | 12 kW | 36 kW |

# 6 赤外線イメージ炉の性能

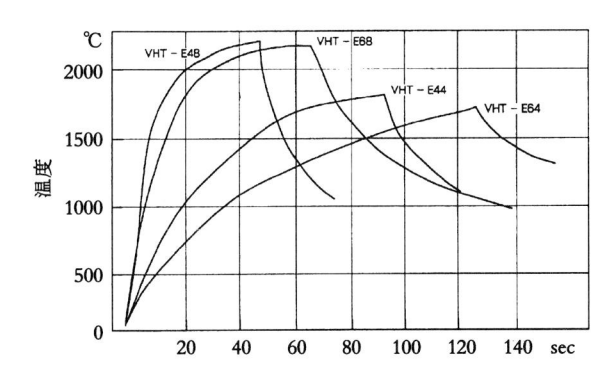

図 6.2 超高温用楕円円筒型赤外線イメージ炉四機種の昇温の比較
（試料：黒鉛棒，10 mm 径×20 mm 長さ，雰囲気：Ar）

## 6.3 放物面赤外線イメージ炉の昇温

楕円面のかわりに放物面をもった赤外線イメージ炉は均熱加熱に適する．このタイプの二機種，P810 と P610 の昇温を図 6.3 に示した．P610 の定格電力が 12 kw に対して，P810 は 16 kw と 1.3 倍であり，500〜1000 ℃間の昇温速度は P610

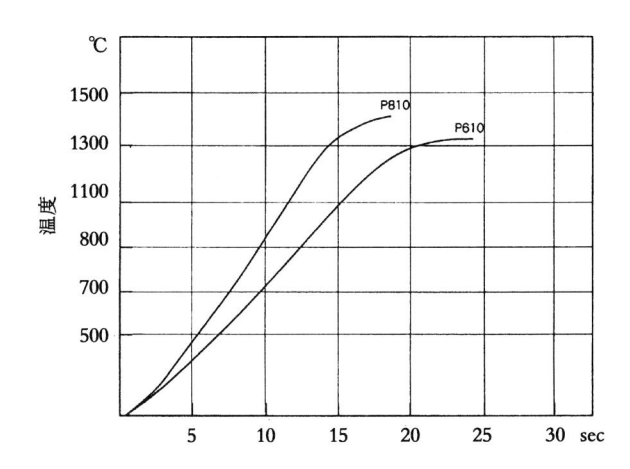

図 6.3 放物面円筒型赤外線イメージ炉（P810，P610）の昇温

の 75 ℃/s に対して，P810 は 100 ℃/s と 1.3 倍となり，電力比をほぼ正確に反映している．放物面の反射面では楕円反射面と異なり，ランプ本数が増え，電力が増えれば，昇温速度は増加する．楕円反射面の赤外線を集光するタイプと放物面の均熱加熱との違いである．

## 6.4 点集光赤外線イメージ炉の昇温

　点集光赤外線イメージ炉はランプ 1 個のシングルタイプとランプ 2 個のダブルタイプとがある．これらに定格電力を加えた場合の昇温を図 6.4 に示す．図で明らかのようにランプが増えても昇温状況は変わらない．むしろランプ 1 個の方が加熱の初期には速い昇温を示している．これも図 6.2 の楕円型反射面の集光率がランプ本数が増えるにしたがって低下することによる効果と同じである．ただしこの現象は被加熱体が小さく，楕円の焦点での赤外線の集光が鋭敏に反映する場合であって，被加熱体が十分に大きい場合にはこうはならず，ほぼ電力に比例した昇温速度となる．

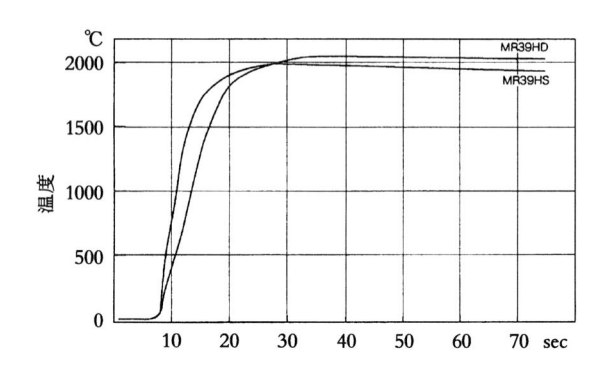

**図 6.4** 点集光型赤外線イメージ炉の昇温
（D：点光源 2 個のダブル回転楕円面型，S：点光源 1 個のシングルタイプ）
（試料：モリブデン製円筒容器，8 mm 径×10 mm 高さ，雰囲気：真空中）

## 6.5 被加熱体の透過率と赤外線イメージ炉の昇温

図6.5に点集光赤外線イメージ炉でモリブデン容器とアルミナ容器を加熱した場合の昇温の相違を示した．被加熱体の試料容器は全くの同形である．両者の大きな相違は赤外線の透過率である．波長が $0.1 \sim 5\ \mu m$ の範囲の透過率はアルミナが85％に対して，モリブデンはほとんどゼロに近い．アルミナの場合，試料容器に集光して赤外線のほとんどは透過して試料容器の加熱に預からないのにくらべて，他方，モリブデン容器の表面は酸化してモリブデン酸化物層が生じ，この吸収率が約50％であるから熱吸収により温度上昇し，図に示すような相違が生ずる．

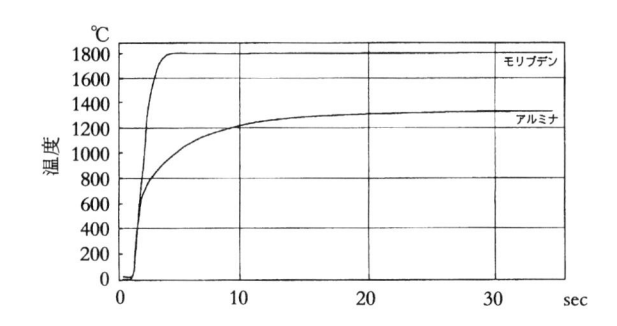

**図6.5** モリブデンとアルミナの容器の加熱昇温実験
(被加熱体：Mo製試料容器，$Al_2O_3$ 製試料容器，サイズ：8 mm径×10 mm高さ，赤外線イメージ炉：点集光シングル炉，MR39HS，雰囲気：窒素中)

## 6.6 平板加熱の場合のランプと被加熱体の距離の関係

ヒータから放射される赤外線エネルギーは被加熱体までの距離の二乗に逆比例して被加熱体に到達するから，被加熱体の昇温は図6.6に示すように赤外線炉と被加熱体の距離によって大きく影響する．厚さ1 mmの円板では $200 \sim 600\ ℃$ の昇温速度はその距離を100, 50, 25, 100 mmと変えると，4, 9, 13 ℃/s とほぼ直線的に変化する．厚さが0.3 mmになると，円板内の温度分布の不均一さが現れ，特に50, 25 mmの近接加熱の場合はその影響が著しい．

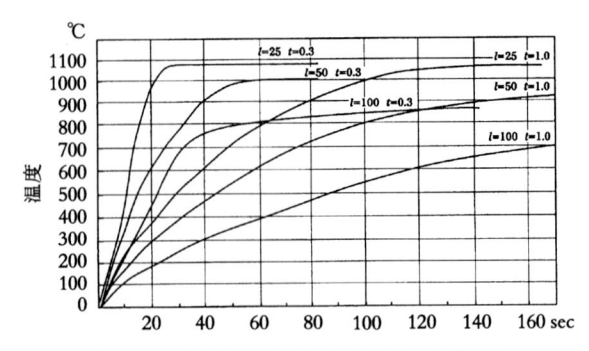

図 **6.6** 放物面平板炉による円板の加熱昇温
（赤外線イメージ炉：Pss65V，試料：ステンレス鋼円板，100 mm 径×0.3 mm（0.1 mm）
厚さ，雰囲気：$N_2$，試料の円板と炉の距離：25，50，100 mm）


## 6.7 楕円円筒炉の軸方向の温度分布

図 6.7 に楕円赤外線イメージ炉の軸方向の温度分布を示した．また図 6.8 に超高温赤外線イメージ炉（E68-VHT）の 1430 ℃における温度分布曲線を示した．

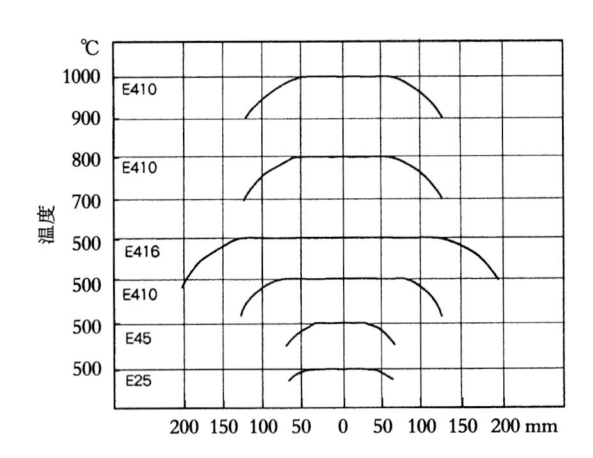

図 **6.7** 楕円円筒炉の軸方向の温度分布
（赤外線イメージ炉：E25，被加熱体：ニッケル棒，15 mm 径×135 mm 長さ，
雰囲気：大気中）

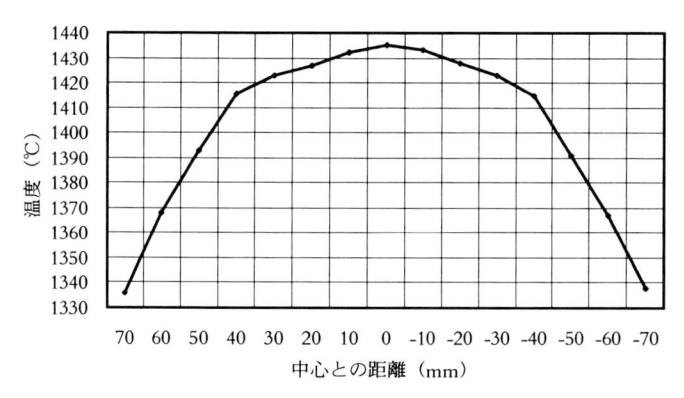

図 6.8　超高温楕円円筒炉の 1435 ℃の温度分布

　赤外線イメージ炉の軸方向の温度分布は主としてランプ長さ，保持温度，加熱雰囲気，炉を水平に横たえて使うか，垂直方向に使用するかなどによって影響をうける．5 インチタイプのランプでは，水平使用の軸方向の加熱長さは 140 mm だが，± 0.5 % の温度分布を示す範囲は中心から± 20 mm の約 40 mm であり，他の炉でも加熱長さの約 1/3 の範囲が均一温度分布の範囲である．

## 6.8　放物面円筒炉の径方向の温度分布

　図 6.9 に放物面を反射面に 6 本の赤外線ランプからなる赤外線炉（P610）の中心部の径方向の温度分布を保持温度および加熱雰囲気を変えて示した．この図によれば P 610 型の赤外線炉の炉芯管（透明石英ガラス管製）の外径は約 100 mm（内径約 94 mm）だが，真空中，約 40 % の 40 mm 径の範囲内が均熱温度分布の範囲であることがわかる．雰囲気気体では熱伝導率が高いヘリウムが径方向の均熱範囲を小さくし，特に 500 ℃以下の温度においてその傾向が著しい．

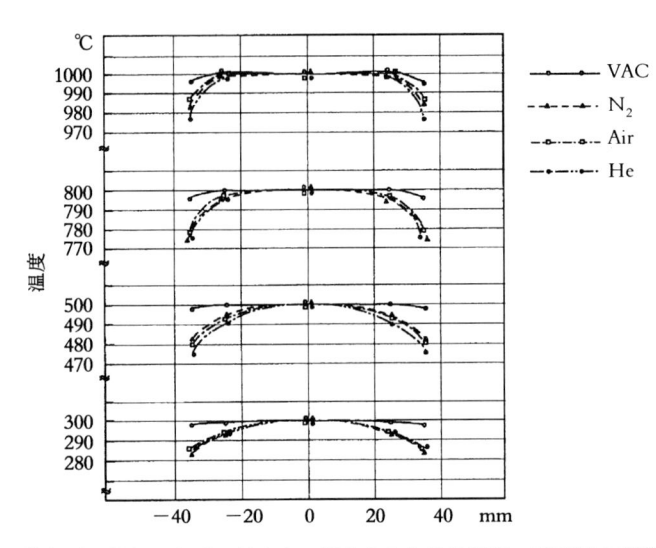

**図 6.9** 放物面円筒炉における径方向の温度分布と保持温度，雰囲気の影響
（赤外線イメージ炉：P610，被加熱体：ステンレス鋼板，50 mm 幅× 50 mm 長さ× 0.8 mm 厚さ，雰囲気：真空中（○），窒素中（△），大気中（□），ヘリウム中（●））

# 7 赤外線イメージ加熱の特徴

## 7.1 赤外線ランプ加熱の特徴

　半導体・電子材料などの加熱方法としては，抵抗加熱，高周波誘導加熱，プラズマ加熱，レーザ加熱など，多くの方法が実用化されているが，赤外線ランプ加熱はこれらの方法とくらべてみて，ひと味違った特色ある加熱方法だということを明らかにしておこう．

① 高エネルギー密度：

　単位長さあたりのエネルギー，エネルギー密度が他の発熱体にくらべて桁違いに高い．赤外線ランプの電力密度は 40〜500 W/cm で，普通のニクロム・ヒータやシーズヒータの約 20 W/cm と比較して，約 2〜25 倍の電力密度をもつ．したがって赤外線ランプを集光して使用すると，高温加熱，高速加熱が容易になる．

② 近赤外加熱：

　投入電力のほとんどが赤外線放射となり，損失が少なく，エネルギー効率が高い．赤外線ランプの投入電力を 100 % とすると，損失分は 15 % 以内，赤外線放射には 85 % に達する．赤外線ランプを定格電圧で働かせた場合の放射の波長分布を図 1.4 に示した．放射エネルギーの大半は 0.72 μm から 5.0 μm の近赤外から中赤外の領域を占めている．加熱にほとんど寄与しない 0.72 μm より波長の短い可視光は全体のエネルギーの約 6 % で，これに端子からの伝熱損失，ランプ周辺の空気対流による熱損失が加わる．

③高熱応答性：

　熱応答速度が大きく，高速加熱，高速冷却，精密温度制御に適する．タングステン・フィラメントの熱容量が小さいので，投入電力は直ちにフィラメント温度につながる．立ち上がり時間（フルレベルの90％レベルに到達する時間）は約1秒以内である．管材の石英ガラスは近赤外の光に対しては透過率90％とほとんど吸収しないから，投入電力の変化は直ちに赤外線放射の変化に変換され，複雑なプログラム温度制御に直ちに適応する．

　石英ガラスは熱膨張係数が小さいので高温からの急冷，室温からの急熱などのサーマルショックに耐えることができ，過酷な急熱・急冷の熱処理に適する．

④被加熱物自体の温度を精密制御：

　赤外線イメージ加熱では被加熱物が赤外線に対して透明体でない限り，被加熱物に赤外線を直接照射して被加熱物自体の温度を精密に制御することができる．熱疲労試験や熱衝撃試験のように被加熱物の温度を矩形波的の変化を正確にプログラム制御するのに最も適した加熱法である．一般の抵抗炉は特に真空雰囲気では被加熱物の温度を直接制御することはほとんど不可能で，制御している温度と被加熱物の温度とは一致できない．

⑤均熱加熱：

　タングステン・フィラメントの長さ方向の温度分布が均一のために均熱加熱に適する．フィラメントの両端のリードを通しての熱損失が小さいので，フィラメントの長さ方向の温度分布は均一で，ランプの配置，反射面の選択により均熱加熱の設計が容易である．

⑥クリーン加熱：

　赤外線ランプによる加熱は非接触の放射加熱であるから，クリーンな雰囲気加熱が実現できる．同じタングステン抵抗体による加熱でも，タングステン自身が露出している場合には，酸化性雰囲気は無論使えず，真空加熱もタングステンの蒸発により被加熱物を汚染してしまう．石英ガラスは気体の吸着，放出も少なく，化学的に安定しているので高純度雰囲気や高真空雰囲気においても十分に使用に耐える．

## 7.2 赤外線加熱と他の急速加熱法との比較

従来,試験片の急速加熱には高周波誘導加熱や直接通電法が用いられているが,赤外線イメージ加熱との比較を表7.1に示した.

表 **7.1** 赤外線イメージ加熱と他の加熱法との比較

| 加熱法 | 高周波誘導加熱 | 直接通電法 | 赤外線イメージ加熱 |
| --- | --- | --- | --- |
| 被加熱物の条件 | ①電気抵抗体<br>②絶縁体は炭素体による間接加熱<br>③電気良導体も炭素体による間接加熱 直接加熱は急熱が困難<br>④コイルに適合するサイズ,棒状 | ①電気抵抗体<br>②絶縁物は炭素体による間接加熱<br>③直接加熱は急熱が困難<br>④細線,細い棒,薄板,箔が容易 微少物の直接加熱は不可 | ①赤外線の放射率が大きく,透過率の小さいもの<br>②放射率がゼロの近く,透過率が1に近いものは炭素体による間接加熱<br>③平板,棒,微少物 |
| 温度範囲 | ①～1500℃以上<br>②高温の保持も容易 | ①～1500℃以上<br>②高温の保持も容易 | ①一般に1000℃が常用,1400℃が上限,超高温度は2000℃<br>②高温保持は困難 |
| 加熱雰囲気 | 真空,不活性気体など容易 | 真空加熱は電極構造のため容易でない | 真空,不活性気体など容易 |
| 問題点 | ①電波障害を起こしやすい.ノイズ源や生体への影響<br>②周辺の不必要部分も加熱する<br>③加熱体のサイズ等により設備が大 | ①大電流によるノイズ源<br>②被加熱体に電極をつける必要<br>③均一加熱のための調節が不可<br>④被加熱体のサイズにより設備費が大 | ①1500℃以上の高温保持が困難<br>②0.5～3.5 μmの赤外線を吸収するもののみを加熱 |
| 長所 | ①1500℃以上の高温保持が容易 | ②1500℃以上の高温保持が容易 | ③高温加熱・冷却<br>④試験片の温度の精密制御<br>⑤設備費が比較的安価<br>⑥均一加熱のための調節が可能 |

## 7.3 鉄の酸化試験における抵抗炉加熱と赤外線加熱の相違

「室温から1000℃まで急速加熱し，1000℃に100時間保持，その後，自然冷却」という温度プロファイルで鋼板を熱処理して表面の耐酸化性能を試験するような場合，一般に実験室では，「抵抗炉などで1000℃に加熱保持しておき，その炉中に試験片を挿入し，100時間保持をする」という方法が採られている．この場合，温度制御用の熱電対は電気炉または炉芯管の外側に設置され，試験片には熱電対をつけていないか，もしつけていてもそれは試験片温度の確認用である．

他方，赤外線イメージ炉で加熱する場合は，温度制御用の熱電対を試験片にスポット溶接して，室温から1000℃まで10℃/sで昇温し，オーバーシュートすることなく1000℃に定温に100時間保持する．両方の温度プロファイルは室温から1000℃までの立ち上がりの期間に違いがあるのみで，後はほとんど同じとみてよい．この場合，二つの加熱方法による酸化の様子は大きく異なる．赤外線加熱の方が酸化が激しいのである．抵抗炉の場合は鋼板表面は黒色の緻密な面で覆われ，この薄い酸化物層ははがれない．他方，赤外線加熱では酸化物層が厚く，酸化物層の表面は粗くその一部ははがれ落ち，部分的に褐色がかった色を呈しており，前者と全く異なる様相を示す．

この違いの理由は次のように考えられる．抵抗炉に試験鋼板を挿入した場合，試験片自体の温度上昇は900℃までの昇温に約5分（300秒）を要している．この昇温に要する時間は，試験片の熱容量と表面の赤外線領域の放射率によってきまる．この低速昇温の過程で$Fe_3O_4$の緻密な層が形成され，この層が後から続く酸素の層内拡散を抑制することにより，以後の酸化の進行が抑えられたのであろう．これに対して赤外線加熱の場合は試料温度は確実に10℃/sの速度で昇温するために，急速加熱し，$Fe_3O_4$の緻密層が十分に形成する時間的な余裕がなく酸化が進行し，酸化抑制膜がないか，あっても薄くて以後の酸化を抑えることが出来ず，部分的には$Fe_2O_3$まで酸化が進行したものと考えられる．

## 7.4 赤外線ライン集光加熱とレーザ加熱との比較

SOI膜は酸化膜をつけたシリコンウエハの上に膜づけしたポリシリコンなどを

再結晶化したウエハである.このウエハの加熱にレーザを使用した場合と赤外線ライン集光加熱した場合を比較すると,レーザ加熱法は ①動作中に強度や発振モードが変化することがあり,コントロールが難しく,不安定であり,②発振管の寿命が短く,取り替えた場合に特性が変わることがあり,バラツキがある,③コストが高い.これに対してランプ加熱法は ①安定であり,②普通のランプと同様に使えてほとんど壊れない,③高精度に制御できる,④コストが安い,⑤クリーン加熱などレーザ加熱に比べて優位である.

他の加熱法の一つとして,カーボンストリップ・ヒータによる加熱法があるが,①空気に触れると酸化する,②カーボン蒸気の雰囲気による汚染などが問題である.

参 考 文 献
1) 工藤惠栄:分光の基礎と方法,オーム社(1985)29.
2) 温度計測部会 編:新編温度計測,計測自動制御学会(1992)202.
3) 温度計測部会 編:新編温度計測,計測自動制御学会(1992)207.
4) 工藤惠栄:分光の基礎と方法,オーム社(1985)60.
5) 工藤惠栄:分光の基礎と方法,オーム社(1985)236.

# 第Ⅱ章
## 赤外線イメージ加熱の応用

1 半導体・電子材料への応用
2 金属材料の熱処理への応用
3 高温材料試験への応用
4 熱分析・分析化学への応用
5 単結晶作成への応用
6 溶接・溶融体への応用
7 その他の応用

# 1　半導体・電子材料への応用

## 1.1　半導体プロセスにおける赤外線加熱

　半導体デバイスの製造プロセスでは，半導体に不純物イオンを注入してp-n接合などを形成する工程があるが，その結果，注入イオンにより生じた半導体結晶の損傷を回復させ，不純物の活性化をはかるために赤外線ランプによる高温の高速アニール（rapid thermal annealing：RTA）が行われている．この他に赤外線加熱は半導体製造プロセスではCVD膜成長の加熱，拡散，熱酸化などの一般的な高速熱処理（rapid thermal processing：RTP）にも使用されている．

　半導体デバイスプロセスで高速加熱と急冷を必要とする理由は，①不純物の拡散を抑えるためであり，このことはICの集積度が上るにしたがってますます高速の加熱処理が必要となっている，②スループットを上げるためにも可能な限り高速加熱，急冷が望ましい．

　ウエハの熱処理といっても，プロセス・ラインでの熱処理，研究開発における熱処理，品質管理用の熱処理と多様である．またウエハの材質によって，例えばシリコンウエハと化合物半導体ウエハの熱処理は同じではないし，ウエハ・サイズによっても異なる．しかしほぼ共通する必要性能がある．その一例をあげると，

①加熱の雰囲気は不活性気体のフロー中，気体の種類は窒素またはアルゴンである，

②昇温速度は毎秒10～100℃，できる限り速いことが望ましいが，昇温過程や

高温保持の際のウエハの温度分布が均一にできる限り近いことが確保されなければならない，
③熱処理中のウエハの面内温度分布が均一に近いこと，
④熱処理の再現性があること，同じ条件で加熱処理した場合にウエハに与える影響が常に同じでなくてはならない，
⑤ウエハを受け入れてから熱処理し，送り出すまでの全時間ができる限り短いこと．

以上の他にも高真空，排気速度が大きい，加熱条件や雰囲気の選択の幅が広い，操作の自動化などと限りなくあるが，熱処理そのものについては上の五点であろう．半導体用の赤外線熱処理装置はこれらの点をクリヤするようにいろいろと工夫がこらされている．以下にその七例について紹介しよう．

## 1.2 赤外線加熱の枚葉式熱処理装置

ウエハを熱処理する場合に，50〜100枚のウエハをひとまとめにして処理をする方式と一枚々々を処理する方式とがある．前者をバッチ式，後者を枚葉式という．同じ熱処理をするウエハの枚数が多い場合にはバッチ式の方が有利であり，逆に同一熱処理のウエハ枚数が少ない場合は枚葉式が有利である．したがって研究開発用ウエハの熱処理やライン生産用ウエハでも枚数の少ない場合には枚葉式で熱処理することが多い．最近はウエハ・サイズが200〜300 mmと大きくなるにしたがって枚葉式が使われる傾向が大きいように思われる．研究開発用の熱処理とよく似たものとしてウエハの品質管理用熱処理がある．プロセスラインと同じ条件で処理したウエハの電気的特性をチェックして，ウエハの健全性を維持管理する目的の熱処理で，このための装置は当然，枚葉式である．

図1.2.1の装置は200〜300 mmのシリコンウエハの品質管理用熱処理装置の一例である．この装置の特徴は，①高速の処理，②ウエハは装置の右側より取り入れられると，すべてロボットによる自動で一枚々々熱処理されて左の方向に流れる，③ウエハの炉内の熱処理は窒素気流中だが，炉外は大気中で搬送する方式である．表1.2.1に主な仕様を示した．

300 mmウエハの700℃に保持したときの，ウエハ面内温度分布の測定データを図1.2.2に示した．17対の熱電対をウエハの面内に溶接した温度分布の検査

## 1 半導体・電子材料への応用

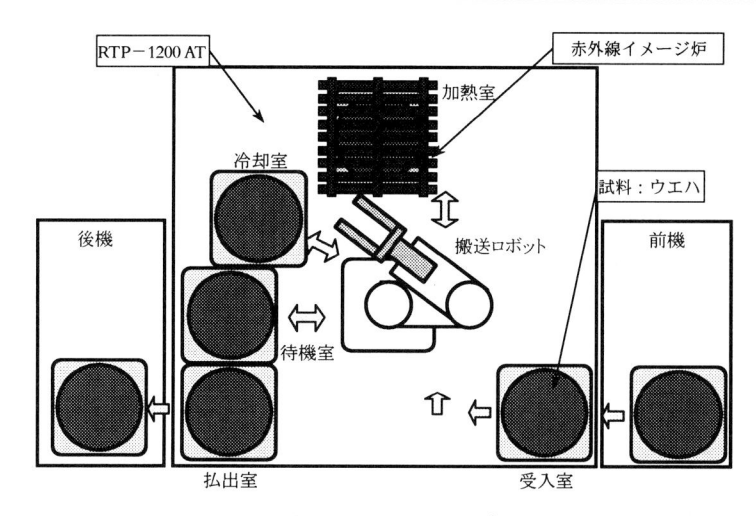

**図 1.2.1** 枚葉式熱処理炉装置ブロック図

**表 1.2.1** 枚葉式熱処理炉装置仕様性能表

| 温度範囲 | RT〜800℃ (1000℃ max) |
|---|---|
| 加熱速度 | 20℃/s (RT〜800℃ max) |
| 均熱精度 | ±10℃ (800℃ 保持中) |
| 処理能力 | 1枚／分 |
| 加熱雰囲気 | $N_2$不活性ガス中 |
| 制御センサ | 非接触温度計　パイロメータ |
| 装置電力 | 三相　AC200V　約 105 kVA |
| 冷却水 | 45 リットル／min |

用ウエハを用いて温度分布を測定した．700℃の保持のとき，±10℃以内の温度分布が得られていることがわかる．図1.2.3は放射温度計による温度制御の温度曲線図で，20℃/s の昇温速度で700℃まで昇温，700℃に30秒保持した後，直ちに急冷，これを4分サイクルで11回繰り返し加熱・冷却した．熱処理後のウエハの表面抵抗率の面内分布の測定し，これと同じウエハを従来型の横型配置の抵抗炉でバッチ式熱処理したものとを比べて図1.2.4に示した．両者はほとんど変わらないことがわかる．

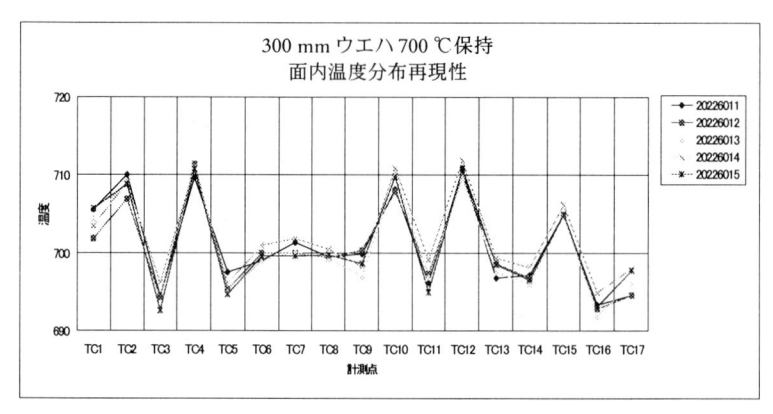

**300 mm ウエハ 700 ℃ 保持
面内温度分布再現性**

測定条件

試　　料：300 mm　Si ウエハ（ベアー）
加熱速度：20 ℃/s
雰 囲 気：窒素　1 リットル/min フロー
制御センサ：パイロメータ
　　　　　（ε = 0.661）

測定結果

| MAX | MIN | ΔT | DATA No |
|---|---|---|---|
| 710.8 | 693.3 | 17.5 | 20226011 |
| 711.4 | 692.8 | 18.6 | 20226012 |
| 710.9 | 691.9 | 19 | 20226013 |
| 711.8 | 694.9 | 16.9 | 20226014 |
| 710.9 | 692.6 | 18.3 | 20226015 |

TC 付き Si ウエハ（300 mm 径）

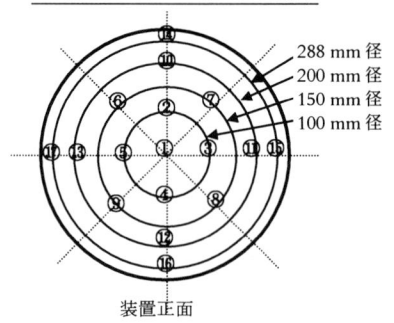

288 mm 径
200 mm 径
150 mm 径
100 mm 径

装置正面

**熱電対設定位置**

図 1.2.2　300 mm 径ウエハ面内温度分布測定データ

1 半導体・電子材料への応用

RTP-1200における300 mm Siウエハの繰返加熱特性
(Data NO. 0313010)

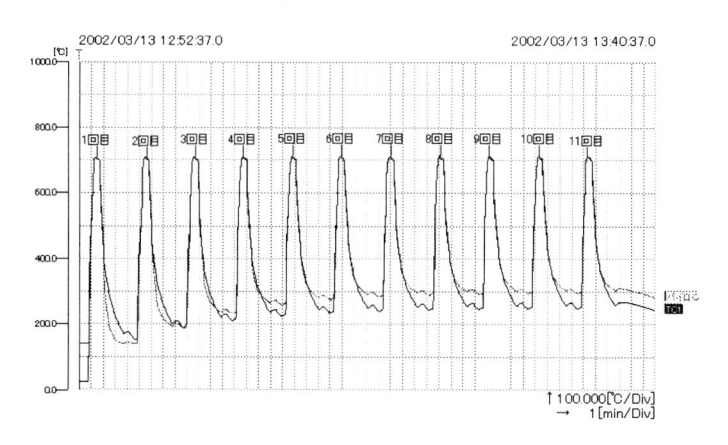

測定条件
試　　料：300 mm　Siウエハ（ベアー）
加熱速度：20 ℃/s
雰 囲 気：窒素　1リットル/min フロー
制御センサ：パイロメータ
　　　　（ε = 0.661）

TC付きSiウエハ（300 mm径）

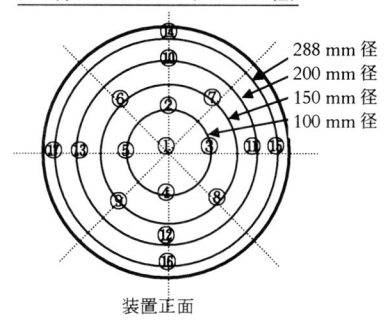

288 mm径
200 mm径
150 mm径
100 mm径

装置正面

**熱電対設定位置**

図 1.2.3　放射温度計による温度制御

RTP-1200における300 mm径ウエハの抵抗率分布特性

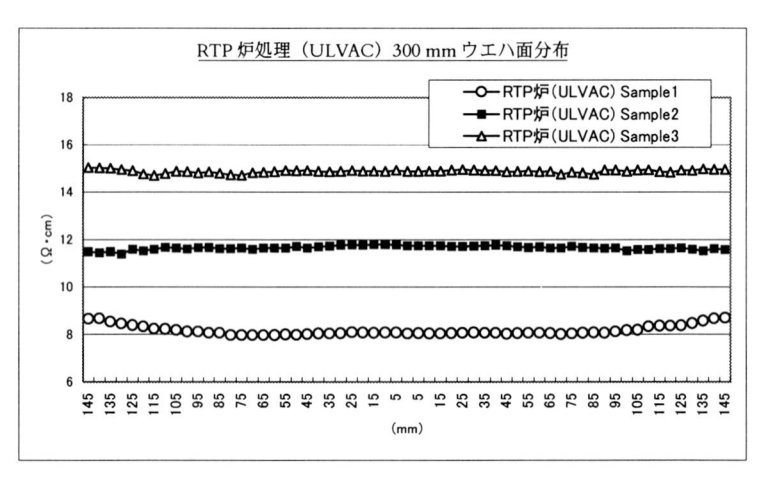

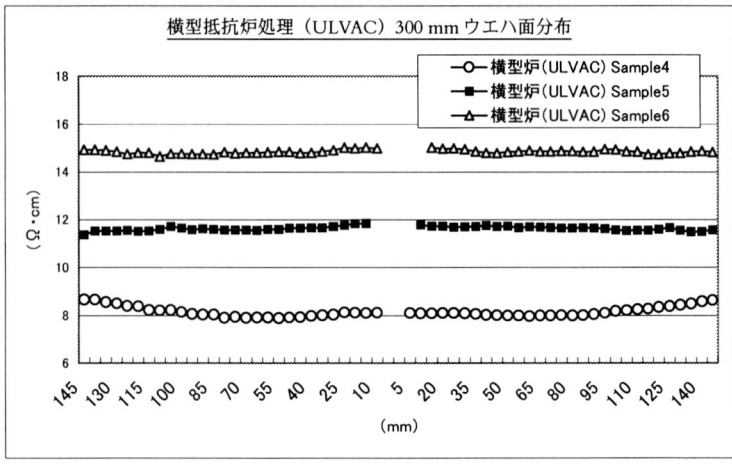

図 1.2.4 抵抗炉と赤外線加熱炉とのウエハの抵抗分布比較

## 1.3 枚葉式3インチ径多目的赤外線加熱炉

図 1.3.1 のブロック図の装置は,3インチ・シリコンウエハに酸化膜を枚葉式に成膜する機能と,低圧 CVD 法でシリコンナノ結晶膜を成膜する機能をあわせもった赤外線平板炉利用のシステムである.システムの主な仕様を表 1.3.1 に示した.

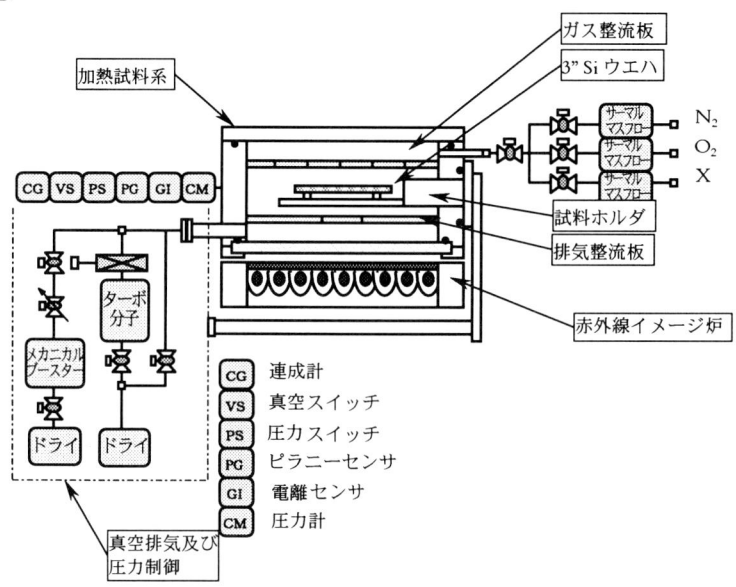

**図 1.3.1** 枚葉式3インチ径多目的赤外線加熱炉ブロック図

**表 1.3.1** 枚葉式3インチ径多目的赤外線加熱炉仕様性能表

| 温度範囲 | 50 ～ 1000 ℃（1100 ℃ max） |
|---|---|
| 試料サイズ | 3インチ径　Si ウエハ |
| プロセス雰囲気 | ガス中,減圧フロー中（$N_2$, $O_2$, X） |
| 圧力範囲 | 0.6, 0.8 Torr |
| 最大加熱速度 | 10 ℃/s　1000℃まで |
| 均熱精度 | ± 5 ℃（at=1000℃） |
| 制御方式 | 熱電対によるクローズドループ制御方式 |
| 到達真空度 | $10^{-4}$ Pa |

この装置の特長は次のようである.
① 赤外線平板炉による下部加熱方式.
② 通常の抵抗炉とくらべて高速加熱と繰返し加熱に優れている.
③ 雰囲気は$N_2$, $O_2$, Xガスの三系統を,常圧フローまたは低圧に制御した雰囲気.
④ 成膜部のみ加熱,石英ガラス板は高温とならないコールドウォールのクリーン雰囲気.

図 1.3.2 にサイクリック試験データを示した.

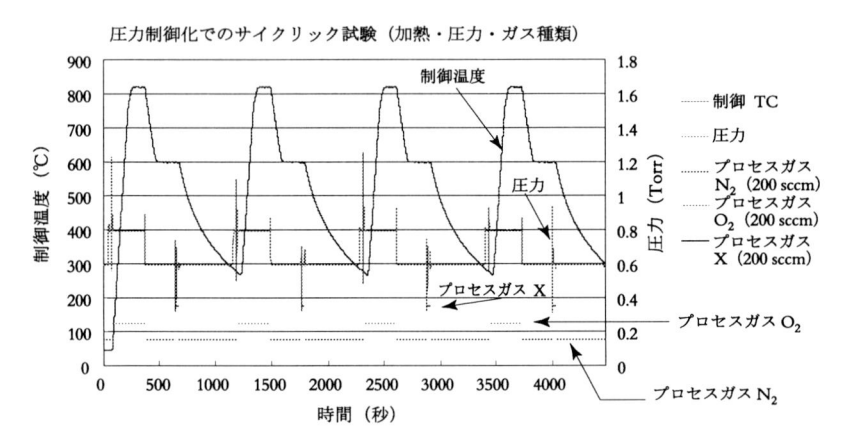

**図 1.3.2** 枚葉式3インチ多目的赤外線加熱炉サイクリック試験データ

## 1.4 赤外線加熱によるバッチ式高速アニール

これはバッチ式の熱処理装置の一例である.図 1.4.1 および図 1.4.2 は 100 mm のシリコンウエハ 35 枚を垂直に立てた状態で炉内に装入し,一度に高速アニールするバッチ式赤外線加熱装置である.従来,拡散炉にはほとんどの場合,抵抗炉が使われてきたが,抵抗炉は加熱と冷却に時間がかかる.シリコンウエハを炉内へ挿入する場合,十分に高温に達するまで待たずに,昇温過程でウエハを挿入しているので,ウエハの熱履歴が挿入の最初と最後とで異なるという問題が生ずる.一方,赤外線加熱炉の場合は急速加熱ができるので,1バッチ毎(35 枚)に炉中に挿入後に通電加熱し,また通電停止後にウエハを炉から搬出するからウエ

1 半導体・電子材料への応用

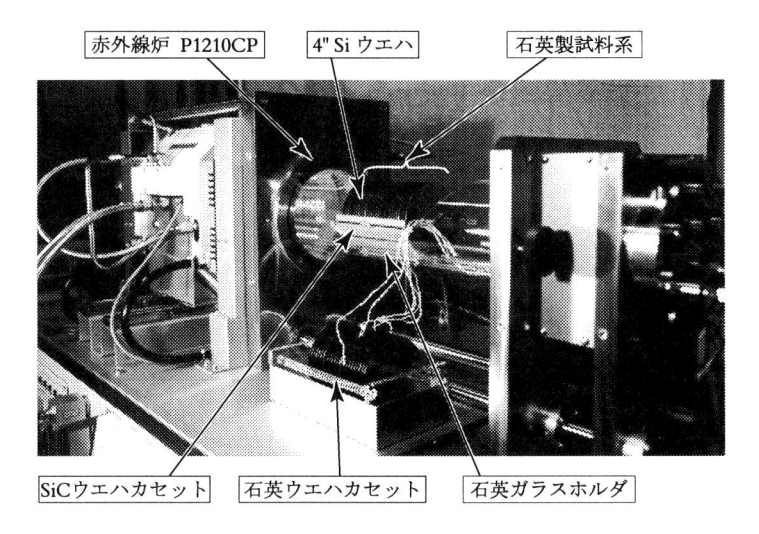

赤外線炉 P1210CP　4" Si ウエハ　石英製試料系

SiCウエハカセット　石英ウエハカセット　石英ガラスホルダ

**図 1.4.1**　赤外線加熱用バッチ式高速アニール装置写真

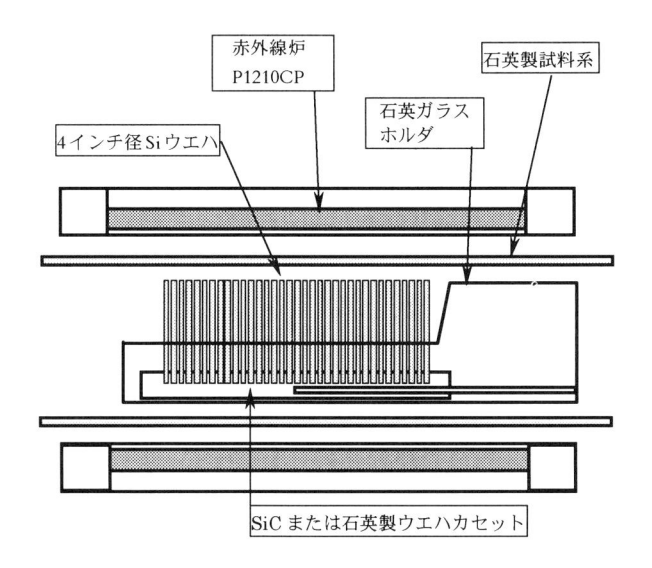

赤外線炉 P1210CP　石英ガラスホルダ　石英製試料系
4インチ径Siウエハ

SiC または石英製ウエハカセット

**図 1.4.2**　赤外線加熱用バッチ式高速アニール装置システム図

ハの熱履歴はすべてのウエハについて全く同一になる．さらに従来の抵抗炉では石英ガラス管の外側から高温に加熱するから，SiOの蒸発による酸素の混入という汚染を生ずる．他方，赤外線加熱の場合は，石英ガラスは赤外線をほとんど透過するから，石英ガラス管はそれほど高温とならず，いわゆる，コールドウォール（cold wall）のため汚染が極めて少なく，クリーン加熱の利点が生まれる．

図1.4.3に温度分布についての測定データの一例を示した．

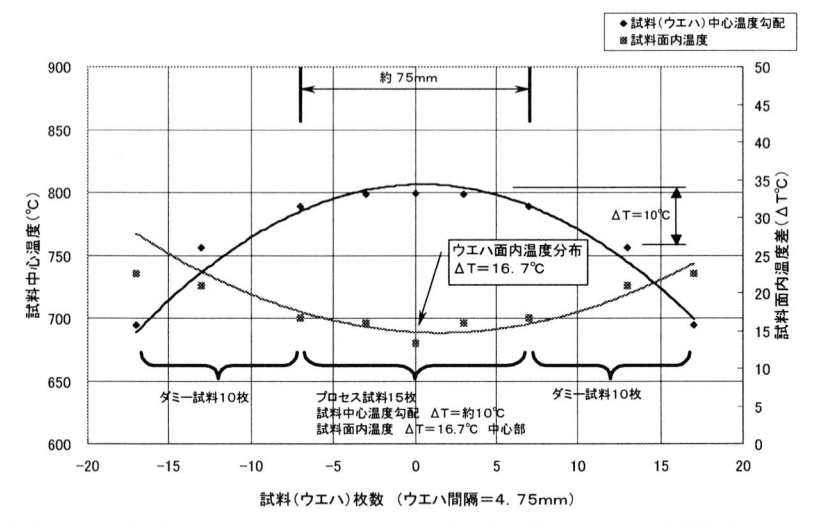

本データの温度分布は，SUS 4インチφ 0.5 mm厚さの板に熱電対をつけて計測したもの．SiCコートカーボン製均熱カセットもオプションで用意可能．

**図1.4.3** 赤外線加熱用バッチ式高速アニール装置温度分布データ

## 1.5　CVD薄膜作りに赤外線加熱を利用

太陽電池はシリコンの単結晶または多結晶板を用いて作られていたが，アモルファス・シリコンや化合物半導体の非晶質膜が安価に大面積のものができるようになり，家庭用の太陽電池発電設備として普及し始めている．

ガラス基板上に半導体の薄膜をCVD法により成膜する場合，膜材料を加熱，反応，蒸発させて，基板上に蒸着させて薄膜を作る．品質の一定した膜を成膜するためには，膜材料の純度の管理とともに膜材料と基板の温度制御が最重要課題である．赤外線加熱では被加熱物表面自体の温度を精密に制御することができる

# 1 半導体・電子材料への応用

ので，CVD 法による薄膜作りに赤外線加熱は有効に利用できる．

その一例のブロック図を図 1.5.1 に示した．赤外線平板炉は上下別々に温度制御ができ，下の平板炉は薄膜材（ソース）の加熱用，上の平板炉はガラス基板の加熱用，いずれもカーボン板を通して加熱する．下の薄膜材の表面と上のガラス基板の間の間隔は数 mm に保たれている．

CVD 成膜装置の加熱源に赤外線平板炉を利用した利点をあげると：

① 上下の赤外線炉を独立に温度制御ができ，薄膜材と基板を各々最適温度に制御できる．
② それぞれを指定温度に精密に温度制御でき，再現性のあるデータが得られる
③ 高速昇温，高速冷却ができ，効率的な実験が可能．
④ クリーンな雰囲気で成膜でき，酸化や不純物汚染が少ない．

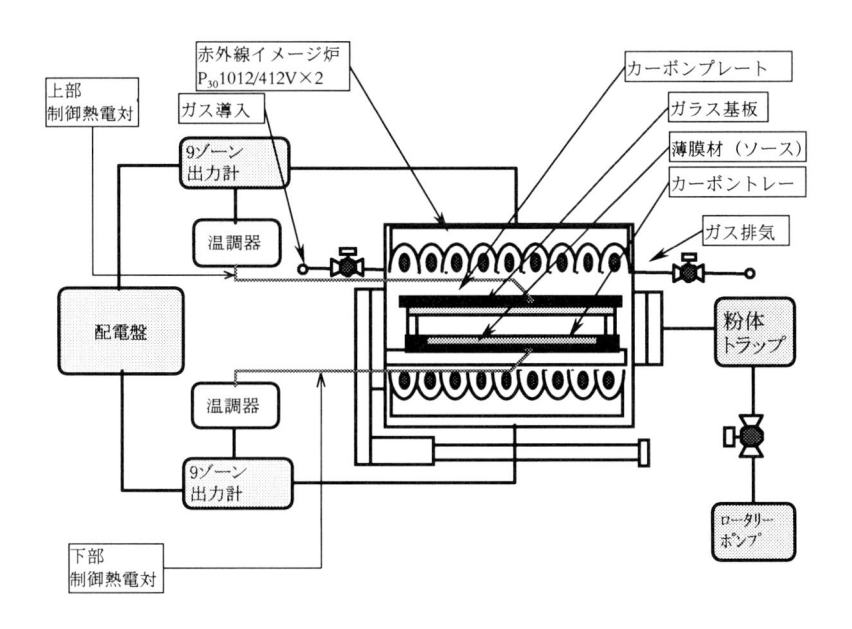

図 1.5.1　CVD 薄膜成膜装置ブロック図

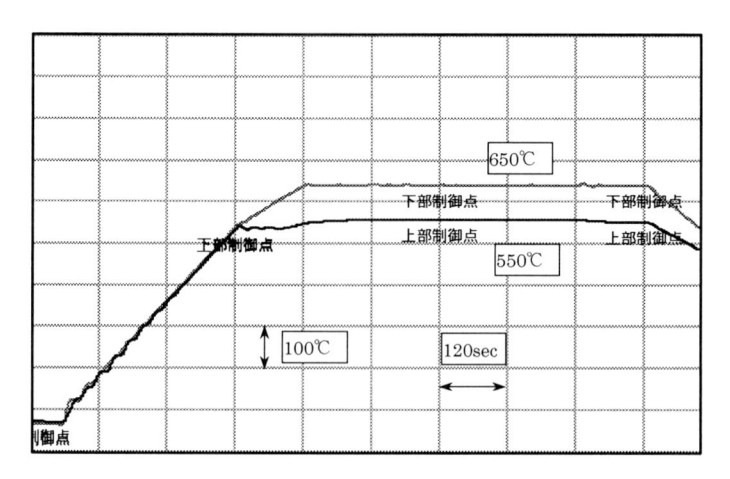

図 1.5.2　CVD 薄膜生成装置の温度パターン

表 1.5.1　CVD 薄膜生成装置仕様性能表

| 温度範囲 | 50〜800 ℃ |
| --- | --- |
| 試料サイズ | ガラス基板　250 mm 幅×250 mm 長さ×1.0 mm 厚さ |
| プロセス雰囲気 | ガス中，真空中 |
| 最大加熱速度 | 200 ℃/min　800 ℃まで |
| 均熱精度 | ±10 ℃（at＝600 ℃） |
| 制御方式 | 熱電対によるクローズドループ制御方式 |
| 到達真空度 | 10 Pa |

図 1.5.2 に温度パターンの一例を示した．表 1.5.1 は装置の主な仕様である．

## 1.6　シリコン球の酸化膜生成に赤外線加熱を利用

現在，太陽電池の太陽光（1 kW/m$^2$）に対する電力変換効率は単結晶 Si で 20％，多結晶 Si で 16％程度，アモルファス Si で 12％とされている．この太陽電池の変換効率を上げるために，直径 1 mm の球状のシリコン球の表面に太陽電池用の成膜をして，限られた範囲での表面積を大きくすることによって，太陽電池の変換効率を上げようという研究が進められている．

このために直径 1 mm のシリコン球の表面に均質な酸化膜を作ることが必要

# 1 半導体・電子材料への応用

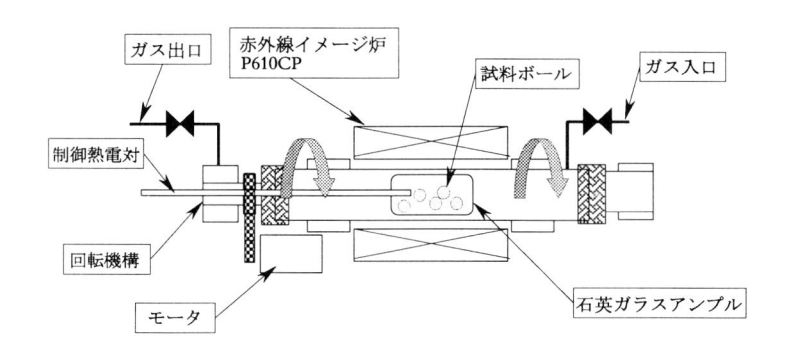

**図 1.6.1** シリコン球用酸化膜生成装置ブロック図

**表 1.6.1** シリコン球用酸化膜生成装置仕様性能表

| 制御温度範囲 | 100〜1000 ℃ |
|---|---|
| 加熱速度 | RT〜1000 ℃　10分以内 |
| 雰囲気 | 大気中，ガスフロー中 |
| 試料 | 球状　1 mm 直径　シリコンボール |
| 有効熱処理ゾーン | 約 45 mm 径×80 mm 長さ |
| 加熱制御方式 | 熱電対によるクローズドループ制御 |
| 回転速度 | 5〜30 rpm |

である．図 1.6.1 のブロック図は赤外線加熱炉（放物面・円筒炉：P610）を使用した酸化膜生成装置である．シリコン球を石英ガラス製容器（大きさ：直径 45 mm, 長さ 80 mm）に入れて，赤外線で加熱しながら連続的に回転させて均一加熱し，反応ガスを容器内に導入して球表面に均一に膜を生成させる機構である．

表 1.6.1 に装置の主な仕様を示した．赤外線加熱炉の中で石英ガラス製保護管を回転する機構で，内部のシリコン球は回転しながら加熱され，導入ガスと反応して均質な表面膜ができることが特徴である．この方式は球形以外の顆粒，ペレット，粉末などにも適用できる．

## 1.7 固体電解質燃料電池の導電膜の成膜

### 1.7.1 固体電解質・燃料電池と EVD 法

1000 ℃の高温で動作する固体電解質燃料電池（solid oxide fuel cell：SOFC）は，薄くしかも緻密なイオン導電体膜が必要とされている．この目的に適した電解質材料としてイットリア安定化ジルコニア（略称：YSZ）があるが，YSZ 膜の抵抗率は，動作温度の 1000 ℃付近でも約 $11.1\ \Omega\cdot cm$（=0.09 S/cm，酸素イオンによる導電性）とかなり高い．電池の内部抵抗を減らすためには YSZ を薄膜（数 10 μm 程度の厚さ）にすることにより抵抗を下げなければならない．

基板の表面に電極を付着して，その上に YSZ などの緻密な薄膜を成膜する方法として EVD 法（electro chemical vapor deposition：電気化学蒸着法）がある．ジルコニア基材の多孔質の表面の孔を CVD 法で安定化ジルコニアを成長させてふさぐ．その安定化ジルコニア層の片側に $H_2O$ を，反対側に $O_2$ と $ZrCl_4$，$YCl_3$ の混合気体を入れると，安定化ジルコニアの層が成長する．酸化物層中を電子（$e^-$）と酸素イオン（$O^{2-}$）が同時に動いて層が成長するので電気化学的気相蒸着法といわれている．EVD 法の原理を図 1.7.1 に示した．

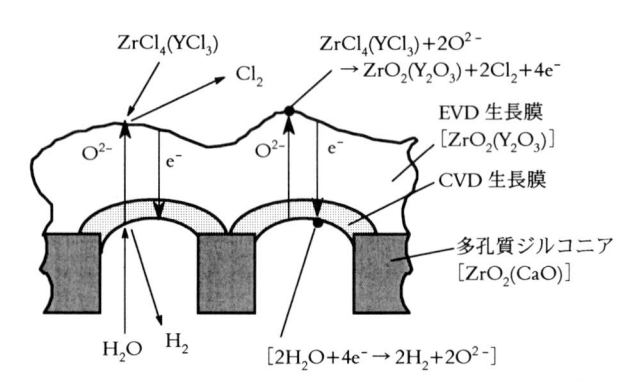

図 1.7.1　電気化学的気相蒸着法の原理図（竹原善一郎による）[1]

### 1.7.2 赤外線加熱による EVD 成膜装置

図 1.7.2 に外観，図 1.7.3 にシステム・ブロック図を示した装置は，EVD 成膜に 3 ゾーンの赤外線炉を利用したものである．装置は縦型の赤外線サークライ

1　半導体・電子材料への応用

**図 1.7.2**　赤外線加熱用 EVD 成膜装置外観写真

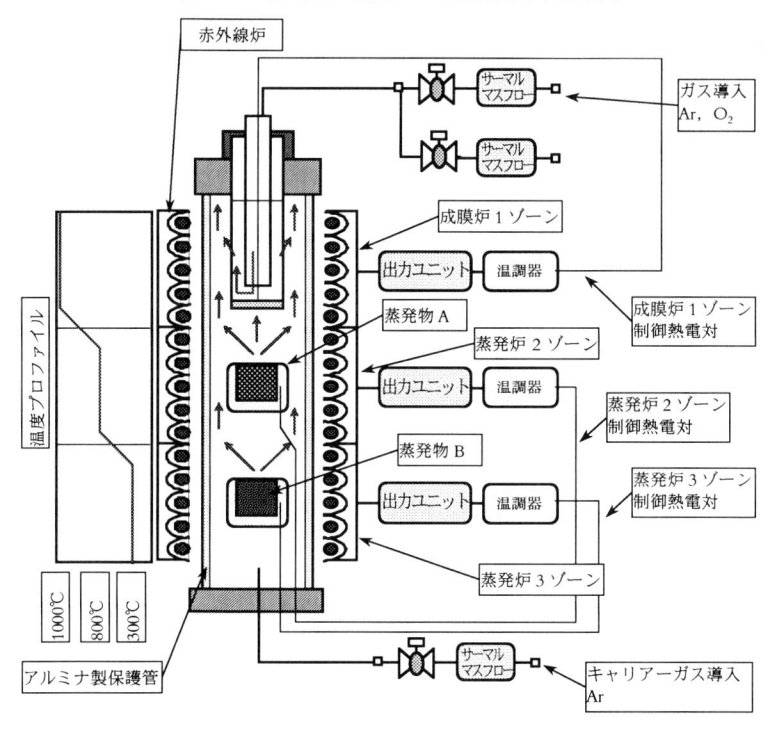

**図 1.7.3**　赤外線加熱用 EVD 成膜装置システム・ブロック図

ン円形炉で，アルミナ保護管の内部に EVD 法の成膜ゾーンと，蒸発物質の蒸発ゾーンが2ヵ所セットされている．炉は高さ方向に三分割され，最上部（第1ゾーン）は 1000 ℃に保持された成膜ゾーン，中間部（第2ゾーン）は 800 ℃に保持された蒸発物質 A の蒸発ゾーン，最下部（第3ゾーン）は 300 ℃に保持された蒸発物質 B の蒸発ゾーンをそれぞれ形成している．蒸発物質 A，B はそれぞれ最適の蒸発温度で蒸発し，キャリアーガスにより上部の成膜ゾーンで成膜する機構となっている．表 1.7.1 にこの装置の主な仕様を示した．

この装置の特長は次のようである．
①三分割した赤外線炉により EVD 法に適した三温度ゾーンを作ることができる．
②各ゾーンの温度を熱電対により検出し，精密に温度制御することができる．
③アルミナ製保護管は波長 $0.2 \sim 4\,\mu m$ の範囲で透明体なので赤外線をよく透過する．
④コールドウォールのため汚染のないクリーンな雰囲気で EVD ができる．

表 1.7.1 赤外線加熱用 EVD 成膜装置仕様性能表

| 温度範囲 | 第1ゾーン　RT〜1000℃ max<br>第2ゾーン　RT〜1000℃ max<br>第3ゾーン　RT〜 500℃ max |
|---|---|
| アルミナ製保護管 | 35 mm 径×670 mm 長さ |
| 加熱雰囲気 | 不活性ガス中，減圧フロー中 |
| 昇温速度 | 30℃/min　max（50〜1000℃まで） |
| 均熱精度 | 第1ゾーン　$\Delta T=\pm 20℃$　RT〜1000℃<br>第2ゾーン　$\Delta T=\pm 10℃$　RT〜 900℃<br>第3ゾーン　$\Delta T=\pm 10℃$　RT〜 300℃ |
| 制御方式 | 試料につけて熱電対によるクローズドループ制御方式 |

## 1.8　青色発光素子の製造用赤外線加熱装置

図 1.8.1 のシステム・ブロック図に示した装置は，青色発光素子の製造プロセスの中で電極膜のアロイング処理を高精度に行うことを目的としたものである．多くの場合，青色発光素子用の基板材料は単結晶アルミナ（サファイア）が使用

1 半導体・電子材料への応用

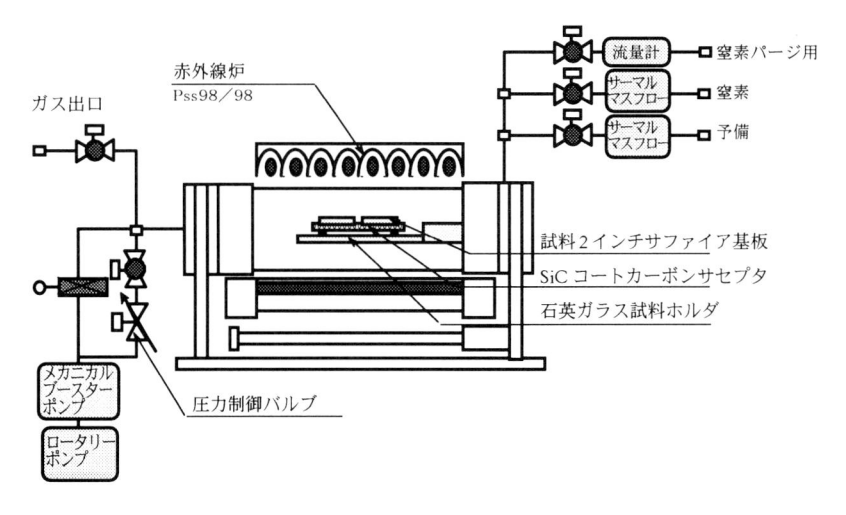

図 1.8.1 青色発光素子の製造用赤外線加熱装置システムブロック図

表 1.8.1 青色発光素子の製造用赤外線加熱装置仕様性能表

| | |
|---|---|
| 温度範囲 | 50〜700℃（1000℃ max） |
| 雰囲気 | 窒素ガスフローおよび予備 |
| 被加熱物 | 2インチ径サファイア基板 4枚/バッチ |
| 加熱方式 | 上下対向放物面反射赤外線加熱方式 |
| 熱処理範囲 | 約 200 mm 幅×200 mm 長さ |
| 加熱速度 | 1 分以内（RT〜700℃） |
| 均熱精度 | ±5℃（at=300℃〜700℃） |
| 圧力制御範囲 | 1 Pa〜50 Pa |

される．基板サイズは現在，2 インチが主流である．表 1.8.1 に装置の主な仕様を示した．またこの装置の特長は次のようである．
①基板自体の温度の精密制御，②熱処理中，雰囲気およびその圧力を自在に可変，③再現性のある高速加熱，急速冷却が可能．

図 1.8.2 にカーボンサセプタの 300〜700℃ 間の 100℃/min の昇温，定温保持の温度プロファイルを示した．高速昇温過程においてもほぼ±5℃ 内の温度均

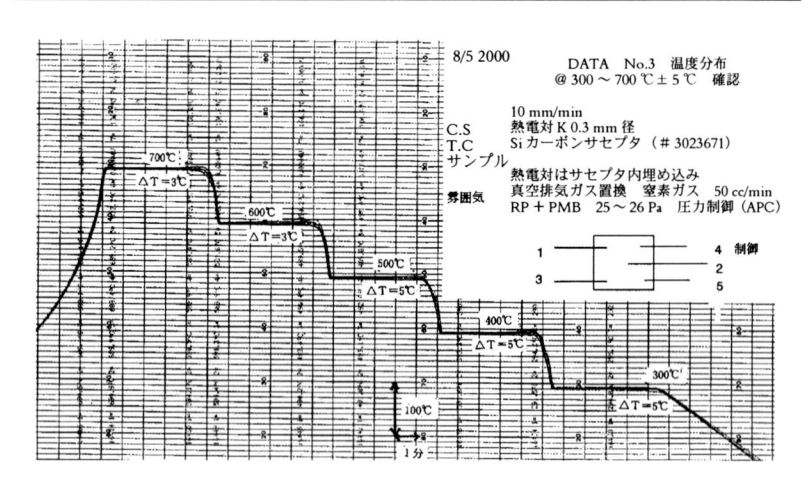

図 1.8.2　青色発光素子の製造用赤外線加熱装置温度プロファイル

一性を保持している.

# 2 金属材料の熱処理への応用

## 2.1 薄鋼板の赤外線・高速熱処理シミュレータ

　1972年,日本鋼管㈱と新日本製鐵㈱によって独立に冷延薄鋼板の連続焼鈍技術が開発された．前者を NKK-CAL（continuous annealing line），後者を CAPL（continuous annealing and processing line）という．この連続焼鈍によって従来のバッチ式の箱焼鈍では不可能であった冷延薄鋼板の急熱,急冷を含んだ多彩な熱処理がコンピュータ・コントロールのもとで連続的に短時間に行われるようになった．この結果,様々な機械的強度や深絞り特性をもつ鋼板が自動車用をはじめとする広い用途に低コストで利用できるようになった．

　しかし実際に薄鋼板の熱処理条件をきめるためには,急速加熱,急速冷却をともなう連続焼鈍プロセスを実験室規模でシミュレートすることが必要となった．このために,エネルギー密度の高い加熱手段と冷却能の高い冷媒による冷却手段をもつ赤外線加熱シミュレータが開発の対象となった.赤外線加熱装置は高速加熱が可能だから,これに水冷を含む各種の冷却機構を付加すれば,あらゆる温度プロファイルを実現できる熱処理シミュレータが可能のはずと考えられた．事実,この十数年の間に鋼板の種類,熱処理方法,応力付加などに対応した幾種類もの熱処理シミュレータが開発され,多くの冷延鋼板工場で活用されている．その中でも最も基本的なものが,図 2.1.1 の写真に示す装置（CCT-AWY 型）である．図 2.1.2 はブロック図,表 2.1.1 は主な仕様である．試料鋼板の温度検出用熱電対は試料鋼板の中央部表面に点溶接されている.試料鋼板の大きさは引張り

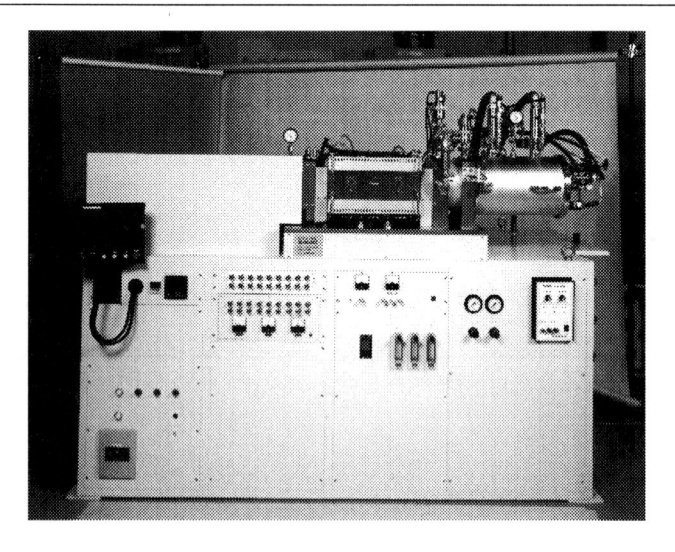

68　第Ⅱ章　赤外線イメージ加熱の応用

図 2.1.1　CCT-AWY 型装置外観写真

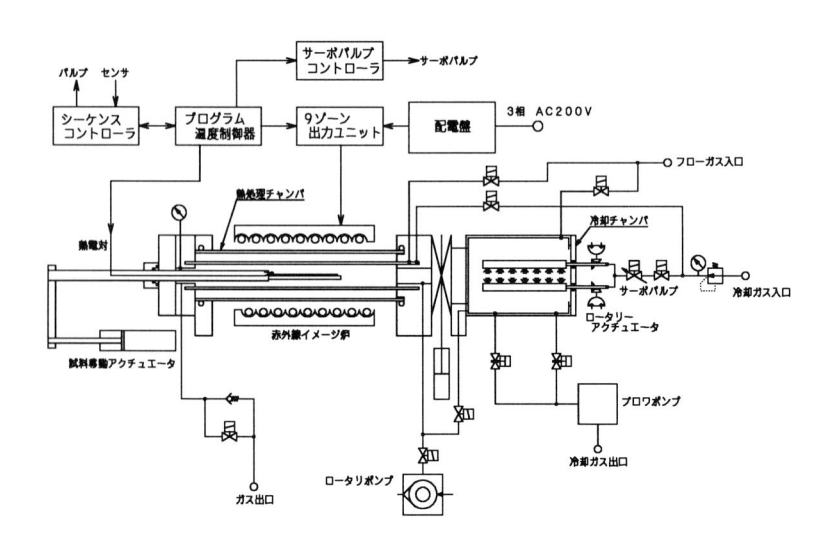

図 2.1.2　CCT-AWY 型装置ブロック図

## 2 金属材料の熱処理への応用

**表 2.1.1** CCT-AWY 型装置仕様性能

| プログラム温度範囲 | RT〜1000 ℃（1100 ℃ max） |
|---|---|
| 試料サイズ | 70 mm 幅×200 mm 長さ×0.8 mm 厚さ |
| 加熱雰囲気 | 大気中，不活性ガス中 |
| 昇温速度 | 50℃/s max（50〜1000℃まで） |
| 冷却速度 | COOL GAS 時　−20 ℃/s　1000〜500 ℃<br>GAS JET 時　−100 ℃/s　1000〜400 ℃<br>WATER JET 時　−300 ℃/s　1000〜RT |
| 冷却方式 | COOL GAS　加熱槽内でのガス冷却（加熱／冷却併用制御）<br>GAS JET　冷却槽内でのガス冷却（冷却ガス流量制御）<br>WATER JET　冷却槽内での気水冷却（気水流量制御） |
| 制御方式 | 試料につけて熱電対によるクローズドループ制御方式 |
| 試料移動速度 | 2 秒以内 |

1. 板厚の違いによる到達温度と温度の関係

   最大加熱速度（Full POWER TEST）
   雰囲気　大気中
   熱電対　R JIS 0.3 径
   トランスタップ　230 V
   炉型式　Ps98 V×2
   試料　70 W×200 L

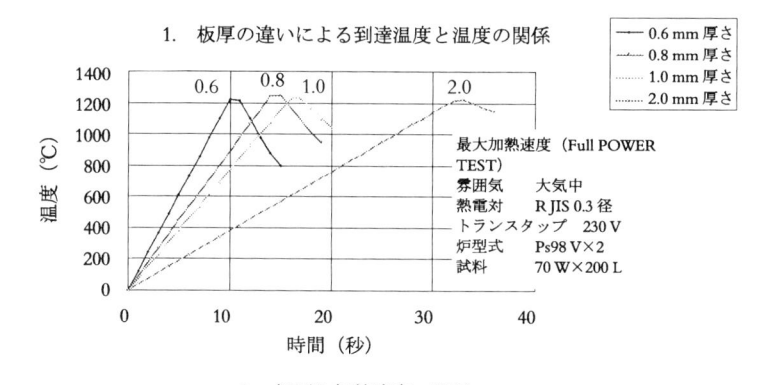

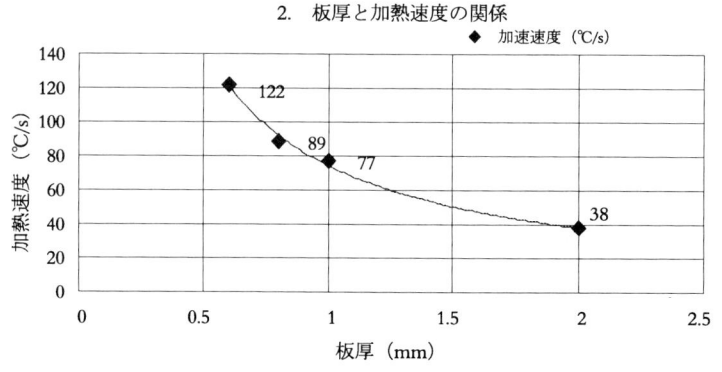

2. 板厚と加熱速度の関係

   ◆ 加速速度（℃/s）
   0.6 mm 厚さ → 122
   0.8 mm 厚さ → 89
   1.0 mm 厚さ → 77
   2.0 mm 厚さ → 38

**図 2.1.3** 鋼板の板厚と昇降温速度の関係

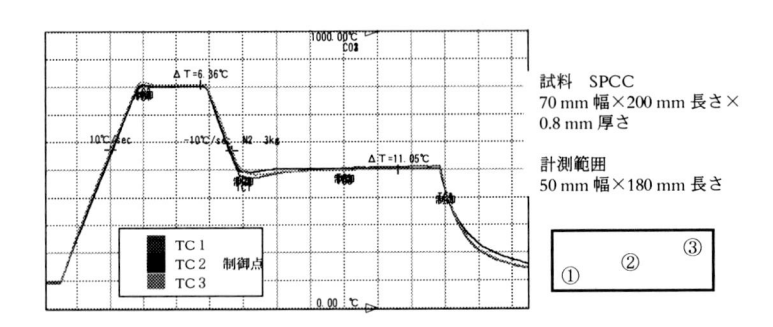

**図 2.1.4** 自動車用鋼板の温度パターンの制御特性（加熱槽内での加熱／冷却）

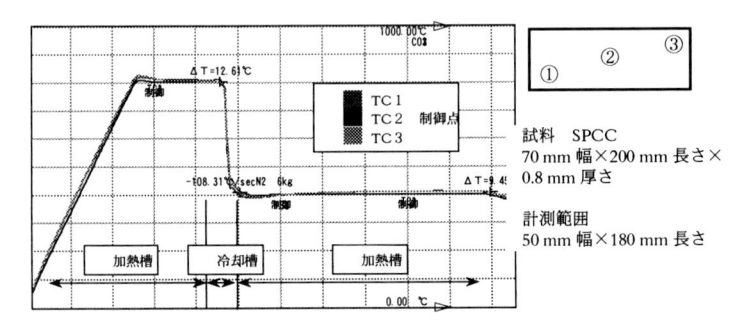

**図 2.1.5** 自動車用鋼板の温度パターンの制御特性
（加熱槽内→冷却槽→加熱槽での加熱／冷却）

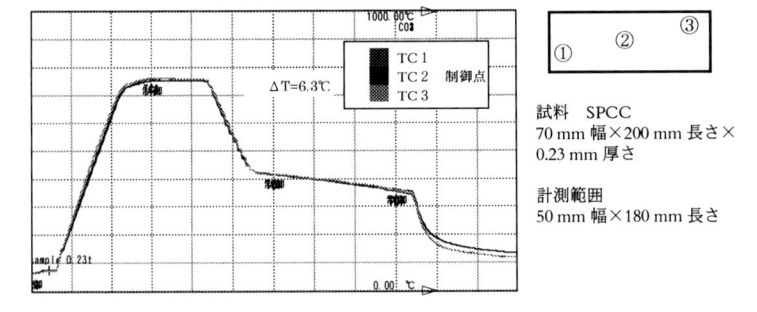

**図 2.1.6** 缶用極薄鋼板 0.23 mm の温度パターンの制御特性
（加熱槽内での加熱／冷却）

2 金属材料の熱処理への応用

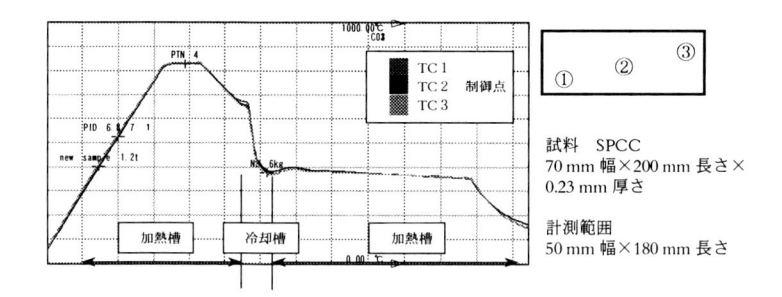

**図 2.1.7** 缶用極薄鋼板 0.23 mm の温度パターンの制御特性
（加熱槽内→冷却槽→加熱槽での加熱／冷却）

試験片の採取が可能の大きさ（40 × 200 mm 以上）で，面内温度分布は 700 ℃ 保持の場合 ± 7 ℃ 以下の分布におさえることができる．

図 2.1.3 は鋼板の板厚と昇温速度の関係を示した．板厚 0.6 mm の自動車用鋼板の場合，最高温度 1200 ℃ まで 10 秒，昇温速度として 122℃/s の高速昇温が得られている．図 2.1.4～図 2.1.7 までの温度パターンは実際の冷延薄鋼板の連続焼鈍の現場で毎日運転している温度パターンの数例を示した．

## 2.2 露点制御雰囲気下の薄鋼板の熱処理シミュレータ

ステンレス鋼板の表面酸化状況は連続焼鈍熱処理工程とその場合の雰囲気，特に湿度により影響を強く受けて変化する．したがって鋼板の機械的性質とともに表面酸化状況の最適化を求めるためには，露点制御した湿度雰囲気下の熱処理シミュレーションが必要となった．

図 2.2.1 の装置は主にステンレス鋼の薄鋼板の表面処理研究のために，焼鈍と同時に雰囲気制御（各種ガス＋露点ガス制御）ができる赤外線加熱装置である．試料鋼板の上下に二基の赤外線平板炉を配置して，高速加熱と強制冷却ができるようにするとともに，試料鋼板の雰囲気ガスの露点を精密に制御することができる．雰囲気ガスは試料系から取り出された後に，ガスクロマトグラフィにより分析することが出来る．表 2.2.1 に装置の主な仕様を示した．図 2.2.2 に露点制御システムのブロック図を，図 2.2.3 に露点制御のデータを示した．

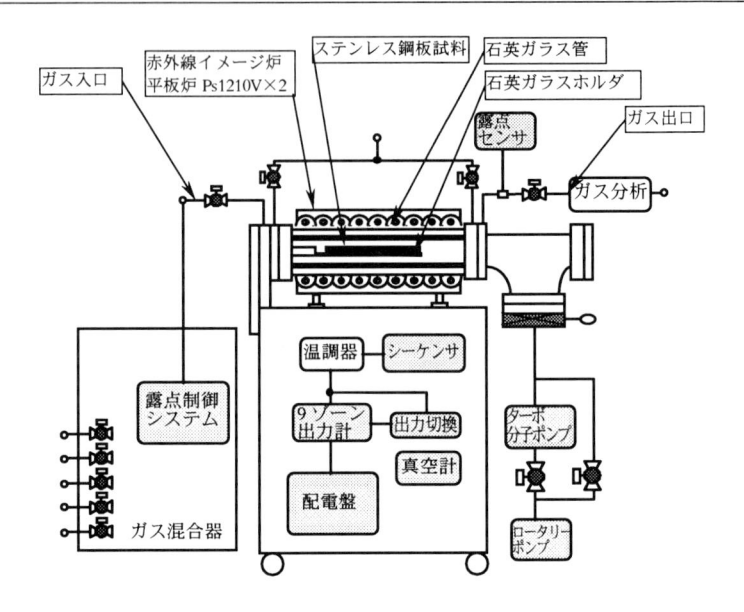

図 2.2.1 温度制御雰囲気下の薄鋼板用熱処理シミュレータ装置ブロック図

表 2.2.1 温度制御雰囲気下の薄鋼板用処理シミュレータ装置仕様性能

| | |
|---|---|
| 温度範囲 | 50〜1100 ℃（1200 ℃ max） |
| 試料サイズ | ステンレス鋼材　0.4〜2.0 mm 厚さ×80 mm 幅×200 mm 長さ |
| 適用ガスの種類 | $N_2$, $H_2$, CO, $CO_2$, $O_2$, Ar, $CH_4$, $N_2+H_2$, Air の計 9 種類 |
| 露点制御範囲 | −50〜+50 ℃（制御精度±2 ℃） |
| 冷却用ガス | He, $N_2$ |
| 加熱ゾーン | 250 mm 幅×480 mm 長さの範囲内 |
| 冷却ゾーン | 150 mm 幅×250 mm 長さの範囲内 |
| 有効均熱ゾーン | 60 mm 幅×180 mm 長さの範囲内 |
| 最大加熱速度 | 50 ℃/s（50〜800 ℃　0.6 mm 厚さ試料） |
| 最大冷却速度 | −20 ℃/s |
| 均熱精度 | ±10 ℃　at=800 ℃保定時 |
| 制御方式 | 試料温度を直接制御　熱電対によるクローズドループ制御方式 |
| 到達真空度 | $10^{-2}$ Pa 台 |

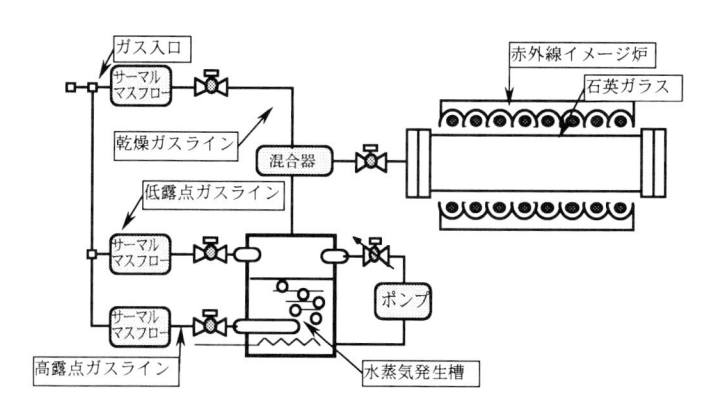

2 金属材料の熱処理への応用    73

**図 2.2.2** 露点制御システムブロック図

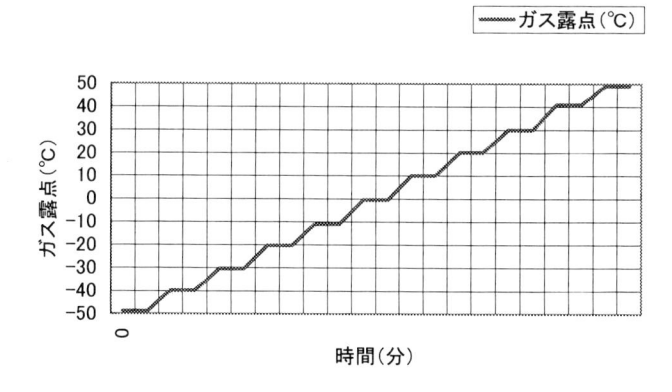

**図 2.2.3** 露点制御データ

　この装置の特長は次のようである.
①赤外線平板炉により1000℃まで急速加熱(最大50℃/s)が可能.
②試料鋼板の温度を検出し,指定温度,指定昇温(冷却)速度を正確に制御できる.
③速い速度で排気し,制御された湿度雰囲気ガスを短時間で試料鋼板にフローする.
④精密に露点制御された雰囲気を一定速度で試料鋼板にフローすることができる.

⑤試料鋼板の温度分布が均一となるような加熱.（試料板長さ 200 mm, 800 ℃, ±10 ℃以内）

## 2.3　アルミニウム合金板の熱処理シミュレータ

　アルミニウム合金の熱処理は約 500 ℃に保持して溶体化処理した後，水中焼き入れし，続いて室温以上の温度に保持して時効硬化させるのが基本である．したがってアルミニウム合金用の熱処理シミュレータは 500 ℃保持の次に水中焼き入れ工程がはいらねばならない．図 2.3.1 の装置ではこの部分は手動式で水焼き入れをする機構が設備されている．また水中焼き入れの代わりに，溶体化処理の後，一定速度で冷却し，室温以上の時効温度に保持する熱処理も可能で，加熱炉室内でガス強制冷却もできる．

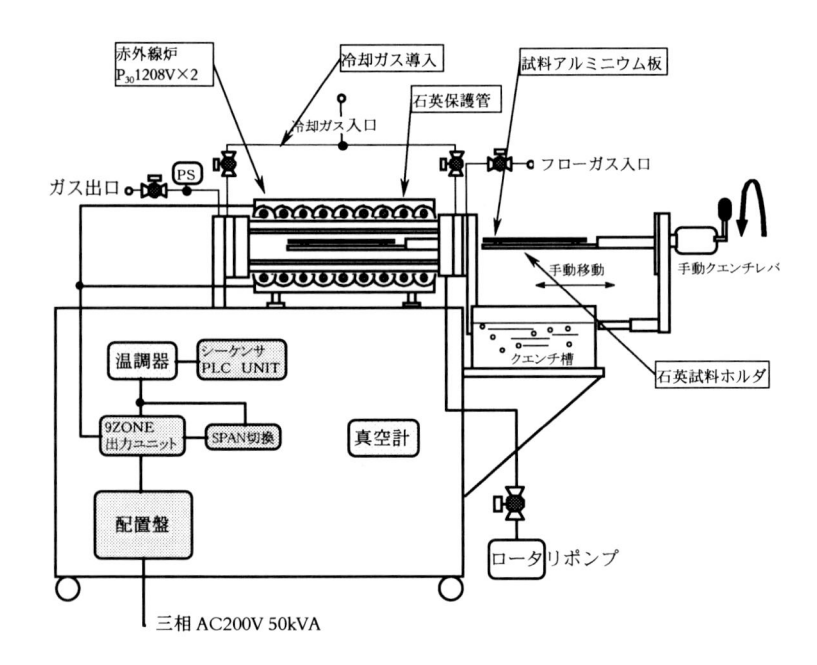

図 2.3.1　アルミニウム板用熱処理装置ブロック図

## 2 金属材料の熱処理への応用

　図 2.3.2 に温度パターン例を，表 2.3.1 に主な仕様を示した．この装置の特長は：
① 赤外線平板炉により高速加熱（最大 80 ℃/s）が可能．
② 試料温度を検出し精密に温度制御できる．
③ 試料板の冷却法として手動による水焼き入れと強制ガス冷却により，広範囲の冷却速度が得られる．

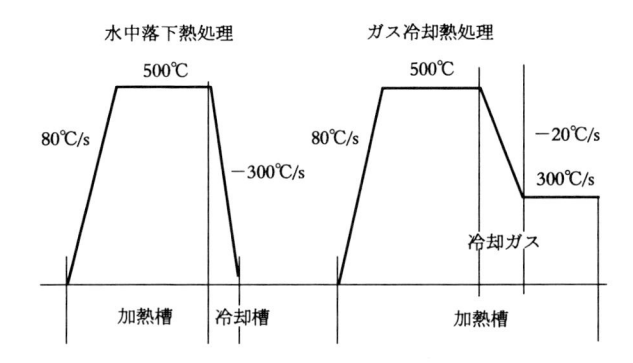

**図 2.3.2** アルミニウム板用熱処理装置温度パターン

**表 2.3.1** アルミニウム板用熱処理装置仕様性能

| 温度範囲 | 50〜650℃（1100℃ max） |
|---|---|
| 試料サイズ | アルミニウム合金　0.4〜2.0 mm 厚さ×80 mm 幅×200 mm 長さ |
| 加熱雰囲気 | 不活性ガスフロー，大気中，真空中 |
| 加熱速度 | 80℃/s　max（0.6 mm 厚さ） |
| 加熱ゾーン | 100 mm 径×400 mm 長さ |
| 均熱精度 | 70 mm 幅×180 mm 長さ内　at=500℃　保定時±10℃ |
| 冷却方式 | 加熱槽内　石英ガラス製ノズルによる窒素ガス吹付け方式<br>冷却槽内　クエンチ槽による水中落下冷却方式 |
| 冷却速度 | 加熱槽内　−20℃/s　500〜300℃（0.6 mm 厚さ）<br>冷却槽内　−300℃/s　max |
| 制御方式 | 熱電対によるクローズドループ制御方式 |
| 到達真空度 | 6.65 Pa |

## 2.4 冷熱衝撃試験への応用

図2.4.1の装置は試験片を高温から室温以下の低温に急冷する温度パターンを繰り返し，熱衝撃を与えた試験片を材料試験などに供する目的の熱処理装置である．ガスボンベのプラグやその周辺部材の耐久試験や極低温で使用する材料に適用されている．試験装置は原理的に赤外線加熱と液体窒素冷却の窒素フロー冷却を組み合わせたもので，加熱昇温用には赤外線イメージ炉（E410型）を用い，室温以下の低温に冷却する場合には液体窒素で冷却した窒素を試料に吹き付けることによって，－50℃まで冷却できる．表2.4.1に主な仕様を示した．

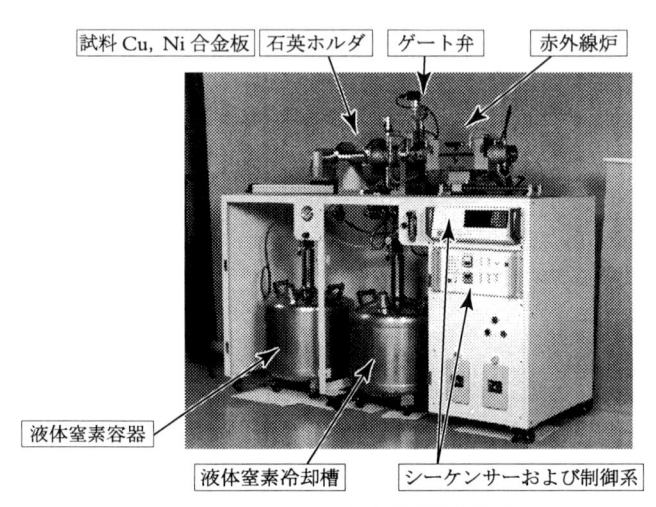

**図 2.4.1** 急冷試験器外観写真

**表 2.4.1** 急冷試験器仕様性能

| 温度範囲 | 約（－50℃）以下～1200℃　max |
|---|---|
| 試料サイズ | Cu, Ni 合金　6 mm 厚さ径×50 mm 長さ |
| 加熱雰囲気 | 不活性ガスフロー，大気中 |
| 加熱速度 | 30 ℃/s　max |
| 加熱範囲 | 10 mm 径×60 mm 長さ |
| 均熱精度 | 6 mm 径×40 mm 長さ　at＝1000 ℃　保定時±10 ℃ |
| 冷却方式 | 冷却槽内　液体窒素ガス吹き付け冷却 |
| 冷却到達温度 | －50 ℃以下 |
| 制御方式 | 熱電対によるクローズドループ制御方式 |

## 2 金属材料の熱処理への応用

図 2.4.2 に温度パターンの例を，図 2.4.3 に冷却速度（1），図 2.4.4 に冷却速度（2）を示した．

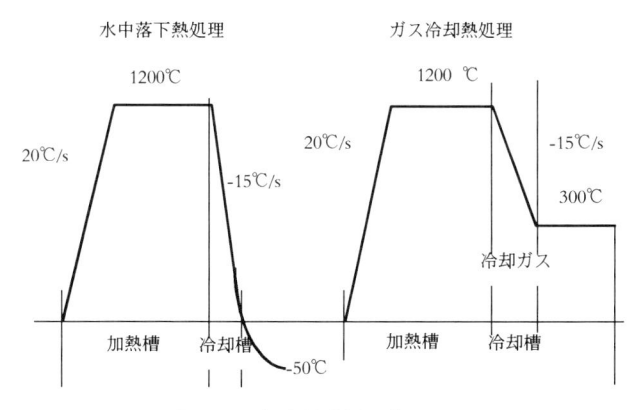

**図 2.4.2** 急冷試験器温度パターン

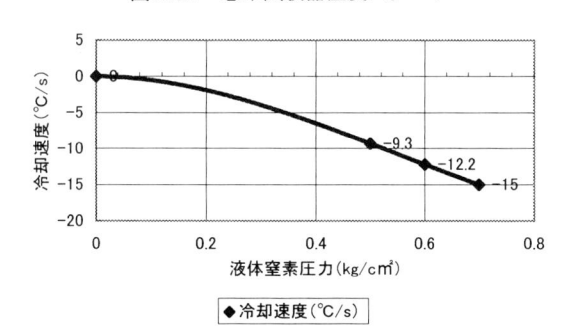

**図 2.4.3** 急冷試験器冷却速度（1）

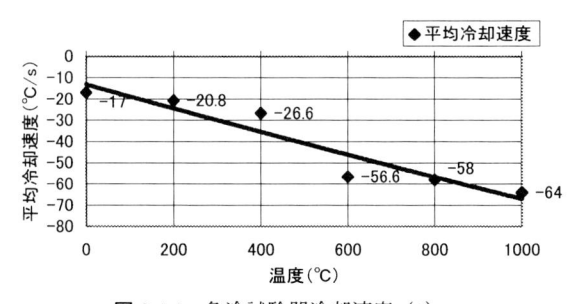

**図 2.4.4** 急冷試験器冷却速度（2）

## 2.5 押出し加工前の型材予熱

### 2.5.1 押出し加工

押出し加工は図 2.5.1 に示すように，中空円筒状コンテナ内に入れた素材ビレットをステム（押し棒）により加圧して，ダイリング（コンテナともいう）の一端に設けた所望の孔形状を有するダイを通して材料を流出させ，棒，板，管などさまざまな断面形状の製品を成形する加工法である．

アルミニウム製の窓枠サッシなどは熱間押出し加工（extrusion process）品の典型的な製品例である．アルミニウムの丸棒（ビレット）を押し出して，様々な形の断面をもったサッシの成形材ができあがる．このとき，小さな力で押出しやすくするためにビレットだけでなく，ダイ，ダイリングも 450 ℃程度に加熱しておいて押す．実際の操業ではこの加熱は温度の不均一がないように，± 15 ℃以内の均熱性が必要とされている．

金型のダイおよびダイリングは一般に熱間金型用合金工具鋼（SKD-61）が使われ，ビレットの直径が約 150 mm（通称 6 インチビレット）の場合，ダイの外径は約 330 〜 350 mm で肉厚は約 100 〜 110 mm，質量は約 80 kg となる．一方，ダイリングは肉厚が約 165 〜 180 mm で質量は約 120 kg 前後となる．もう少し大型の 8 インチビレット（直径 200 mm）の場合は，ダイの質量は約 200 kg，ダイリングの質量は約 250 kg にもなる．

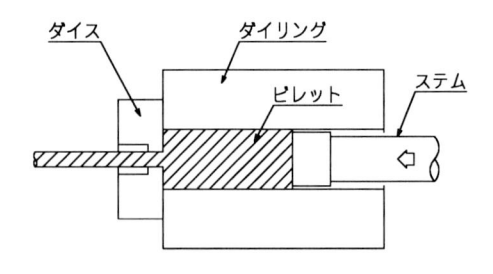

図 2.5.1　押出し加工模式図

## 2.5.2 赤外線加熱の採用と効果

ダイ，ダイリングの加熱は従来，抵抗炉により3，4時間かける．その加熱炉も10室から12室もつ大掛かりな設備となる．多品種少量生産となると，ダイとダイリングも多種類になり，それらの加熱時間の短縮が生産効率向上とコスト低減のために重要な問題となっている．

この解決の一手段として赤外線イメージ炉による予備加熱が採用された．ダイ，ダイリングを赤外線イメージ炉で350～400℃近傍まで急速に加熱した後に抵抗炉に移して目的温度まで均熱加熱する方法に切り替えるという操業法である．結果は加熱時間が大幅に短縮され，加熱に要する床面積が削減された．赤外線イメージ炉は40 mm幅の放物面型 Ps 910V の平板炉をダイ（ダイリング）の前後に設置し両面から加熱し，約20分間で目的温度に加熱することができた．従来方式では400℃まで約100分程度かかっていたから加熱時間を1/5に短縮できたことになる．

図2.5.2に外径330 mm のダイ，ダイリングを予備加熱する赤外線平板炉のブロック図を示した．赤外線ランプは下部，中心部，上部のランプを各3本が1ゾーンとなるように回路分割して，ダイ，ダイリングの均熱加熱になるように電圧調整した．また放物反射面の表面の金コーティングの汚れを防ぐために，赤外

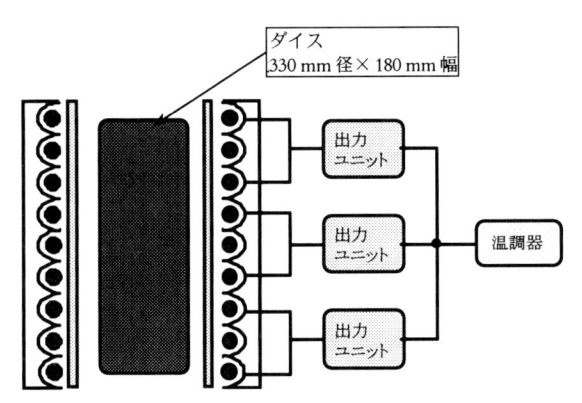

所要電力　三相　AC200V　36kW
冷却水量　20リットル/min
ランプ冷却ガス　200リットル/min

**図2.5.2**　外径330 mm ダイ・ダイリングの赤外線平板炉加熱使用例

線ランプの前面を透明石英ガラス板で保護している．さらに赤外線ランプの長寿命化のためにランプ端子シール部を乾燥空気で強制空冷する構造とした．

　赤外線加熱炉の模式図を図 2.5.3 に示した．赤外線イメージ加熱では抵抗炉と違って周囲を保温する必要がないし，保温材の加熱のための電力と時間の節約となり，また加熱の時のみ通電すれば良い．省スペース，省エネルギー，生産効率の向上，クリーン加熱に役立っている．

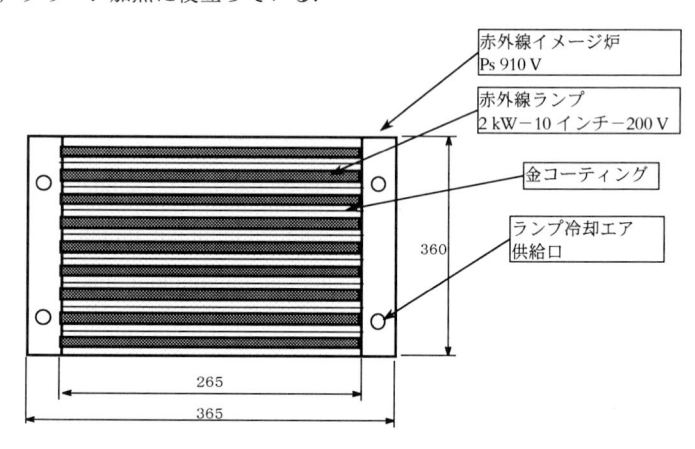

図中ラベル：
- 赤外線イメージ炉 Ps 910 V
- 赤外線ランプ 2 kW－10 インチ－200 V
- 金コーティング
- ランプ冷却エア供給口

寸法：265，365，360

図 2.5.3　ダイ・ダイリング用赤外線平板炉模式図

# 3 高温材料試験への応用

## 3.1 高温引張り試験

　赤外線イメージ炉は一般の引張り試験機に比較的簡単に取り付けることができ，次のような効果をあげることができる．

①指定試験温度（最高 1550℃）まで高速（60〜80℃/min）で加熱できる．一般に使用されている抵抗炉では，高温の試験温度に到達するのに 20〜50 倍の時間がかかり，昇温過程で試料自身が変質してしまうおそれがある（例えば結晶粒の粗大化，再結晶化，成分元素の拡散，表面酸化など）．赤外線加熱では昇温時間が極めて短いから，試験温度における真の材料特性を把握することができる．

②室温までの冷却速度（300℃/min）が速いので，時間あたりの試験本数が増える．

③熱電対により試料自身の温度を検出，制御し，正確な温度制御ができる．

④抵抗炉と比較して小型で，引張り試験機に取り付けやすく，真空中測定も可能．

⑤試料以外に余分に加熱する部分が少なく，全体的に省エネルギー．

　図 3.1.1 は適用例の写真，図 3.1.2 に模式図，図 3.1.3 に引張り試験片，図 3.1.4 に温度分布データを示した．試験温度 400〜800℃で±25 mm 間隔の温度差は±4〜5℃となっている．表 3.1.1 に主な仕様を示した．高温の引張り試験の他に，金属材料およびセラミックス材料の引張りクリープ試験（JIS Z 2271（1978）），

引張りクリープ破断試験（JIS Z 2272（1978）），耐熱合金の高温引張り試験（JIS Z 0567（1978）），曲げ試験，圧縮試験などにも赤外線加熱炉が使用されている．

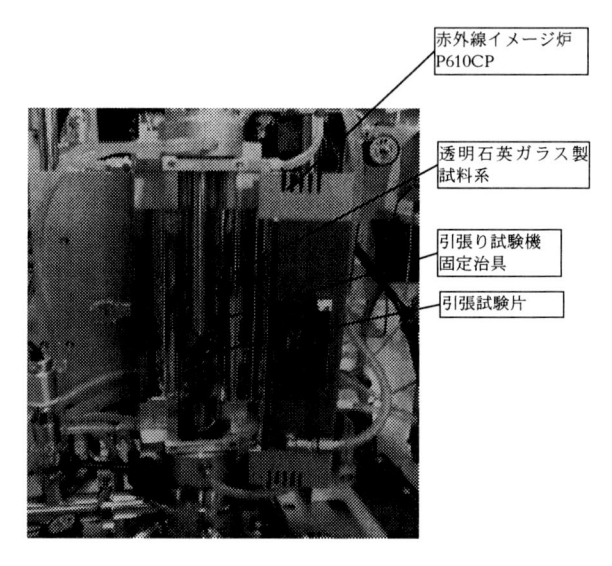

図 3.1.1　引張り試験機に搭載した赤外線加熱炉例

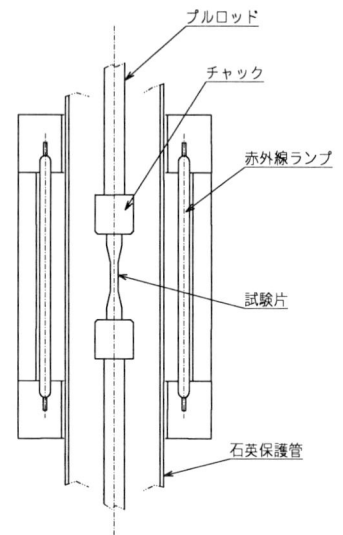

図 3.1.2　赤外線加熱引張り試験模式図

3 高温材料試験への応用　　　　　　　　　　　　　　　　　　　　　　　　　　　83

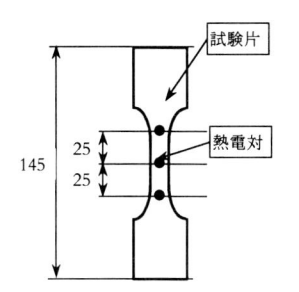

| 温度 | 温度分布 |
|---|---|
| 300 ℃ | ΔT=5 ℃ |
| 500℃ | ΔT=5 ℃ |
| 800℃ | ΔT=5 ℃ |

10号試験片，赤外線イメージ炉 RHL-P610CP 使用
温度分布は，引張り試験機固定治具の構造・形状・熱容量によりことなる．

**図 3.1.3** 引張り試験片

(a) 引張試験片　温度分布
試験片　10 mm径×SUS　500 mm 長さ
◆ 400℃保持

試験片の温度分布は，引張り試験の固定治具の構造・形状，容量などによってことなる．

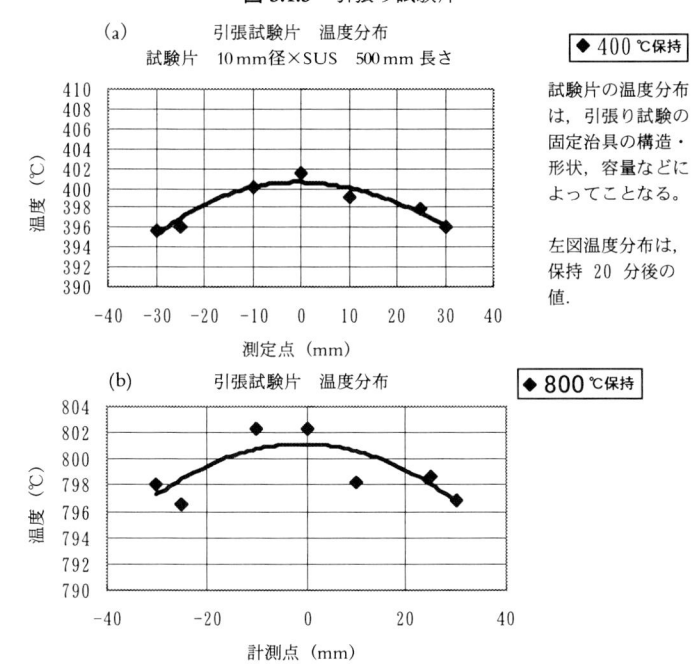

左図温度分布は，保持 20 分後の値．

(b) 引張試験片　温度分布
◆ 800℃保持

**図 3.1.4** 引張り試験片の温度分布データ (a) 400℃, (b) 800℃

**表 3.1.1** 引張り試験機に搭載した赤外線加熱炉仕様性能

| 温度範囲 | RT〜1000℃ (1200℃ max) |
|---|---|
| 加熱雰囲気 | 大気中 |
| 昇温速度 | 10℃/s　max (任意設定可能) |
| 均熱精度 | ΔT=5℃ |
| 制御方式 | 試料につけて熱電対によるクローズドループ制御方式 |

## 3.2 セラミック材料の耐熱衝撃性試験への応用

急速加熱または冷却によって熱ひずみが生じ，物体内部に熱応力が生ずる現象を熱衝撃 (thermal shock) という．セラミック材料は一般に融点が高く，高温強度も大きいので高温で使用する場合が多いが，熱衝撃で割れを生じやすいという欠点がある．そこで耐熱衝撃性を高めるために様々な改良が加えられているが，そのためには正確で操作が容易な耐熱衝撃性試験機が必要となる．

図3.2.1の装置は赤外線イメージ炉で急速加熱し，高温から水中焼入れする動作を自動化した装置で，緻密質のファインセラミックスの耐熱衝撃性試験に用いられる．表3.2.1に装置の主な仕様を示した．図3.2.2に熱衝撃試験の温度プロファイルの一例を示した．

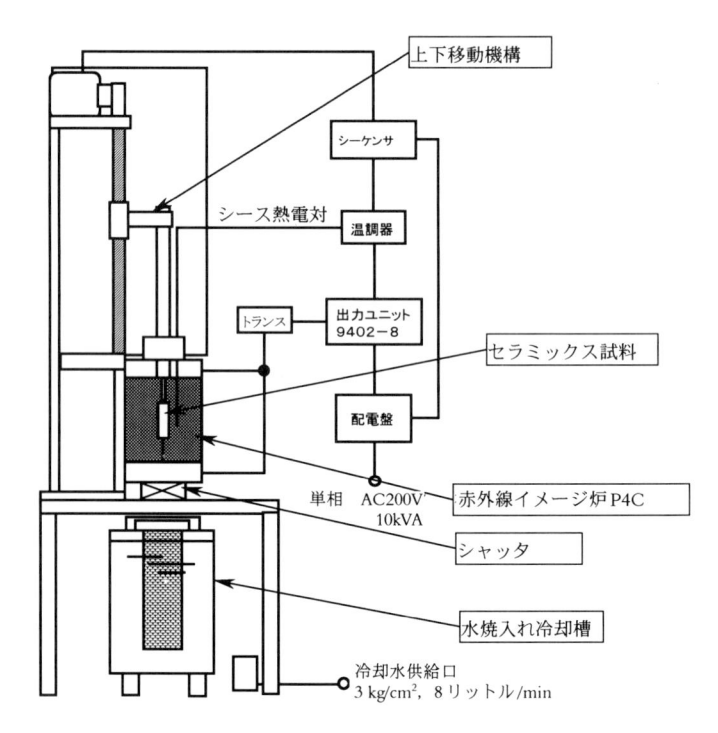

**図 3.2.1** セラミック材料耐熱衝撃性試験機ブロック図

3 高温材料試験への応用

表 3.2.1 耐熱衝撃性試験仕様性能

| プログラム温度範囲 | 50～1000℃（1300℃ max） |
|---|---|
| 試料サイズ | 7.5 mm 径×55 mm 長さ |
| 加熱雰囲気 | 大気中，不活性ガス中 |
| 昇温速度 | 10℃/s |
| 冷却方式 | 水焼入れ冷却槽による水中焼入れ方式 |
| 制御方式 | 熱電対によるクローズドループ制御方式 |
| 上下移動速度 | 1000 mm/s |
| 繰返し回数 | 任意設定可能 |

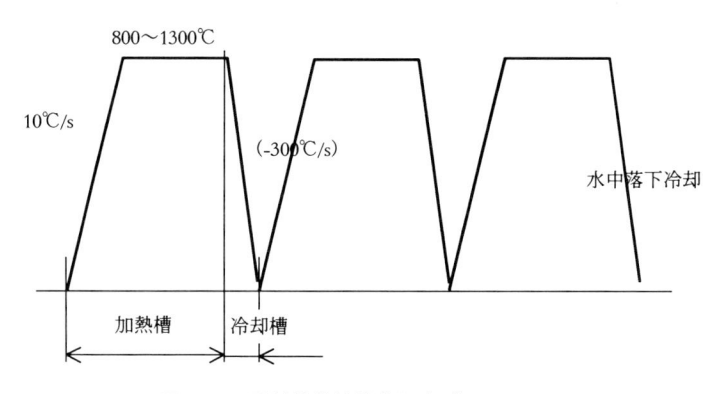

図 3.2.2 耐熱衝撃性試験温度プロファイル

## 3.3 AE 法による静的熱疲労試験

　試料を固定したままで急速加熱・急速冷却を繰り返して，試料の熱疲労による割れを観察する静的な熱疲労試験法がある．この場合，割れの発現を AE（acoustic emission）法によりとらえることができる．AE 法は，試料内に割れが生じるとき，放出される破壊エネルギーが音響パルスとなって伝搬する現象を利用して，この音響パルスをセンサで検出，解析する方法である．この方法の利点は割れが何時の時点で発生したのかを測定後の AE の時間記録から読みとることができる点である．

図 3.3.1 に AE 法による熱疲労試験の模式図を示した．試料のセラミック材料を 1000 ℃ 以上の高温に急速加熱（昇温速度 = 10 ～ ℃/s）し，短時間高温に保持した後，強制空冷する．この温度パターンをプログラムして自動的に繰り返す．なん回か繰り返した時に材料に割れが発生したことを AE センサがキャッチする．試料の温度の記録と重ね合わせた記録の一例を図 3.3.2 に示した．AE の記録か

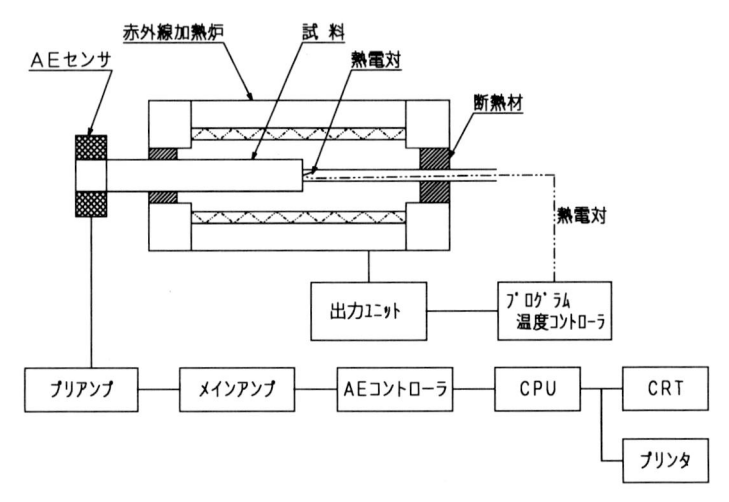

**図 3.3.1** AE 法熱疲労試験装置模式図

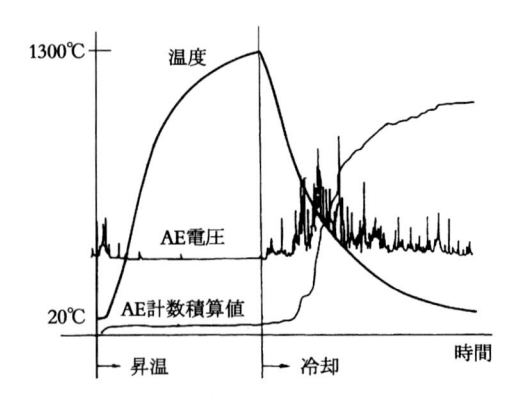

**図 3.3.2** 昇温・冷却過程の AE 検出（相庭吉郎，黒木智史による）[2]

3 高温材料試験への応用　　　　　　　　　　　　　　　　　　　87

ら，割れは加熱時でなく，冷却時に発生しており，特にある温度区間に発生していることが読みとれる．AEと温度の記録により割れの発生した時間とそのときの温度がわかる．この例の場合は割れは加熱ではなく，冷却過程で，温度範囲は1000〜500℃間に集中していることが読みとれる．

## 3.4 高温耐熱コーティング材の熱疲労試験

　耐熱コーティング材は表面から急熱されると，表面は急速に温度上昇して，内部に対して大きな温度勾配が発生する．そのために熱応力が発生して，それが繰り返されると，熱疲労により割れやはがれを生ずる．耐熱疲労のコーティング材の開発には熱疲労試験が不可欠である．

　図 3.4.1 に赤外線加熱方式の熱疲労試験装置のブロック図を示した．図 3.4.2 は熱疲労試験の温度サイクルの一例を示した．室温から 1400℃まで 100℃/s の昇温速度で加熱，1400℃に 10 秒間保持，直ちに自然放冷，6 分で 200℃まで下がる．この温度プロファイルを 1000 回，2000 回繰り返し，試験片の割れ，はがれをみるという試験である．

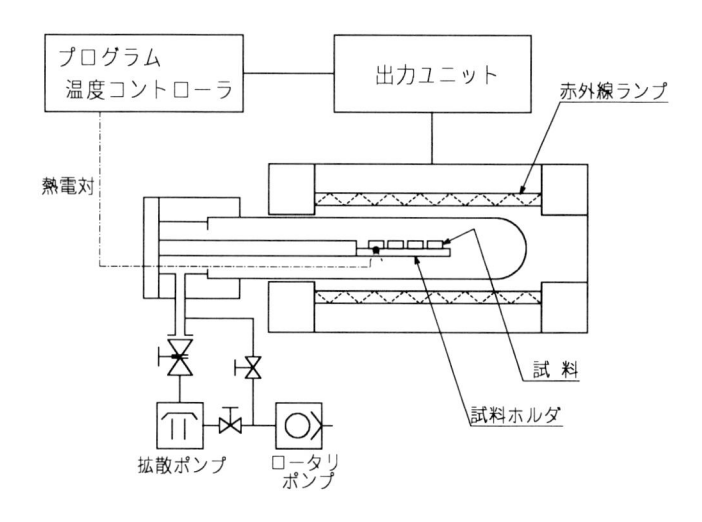

図 3.4.1　熱サイクル試験器ブロック図

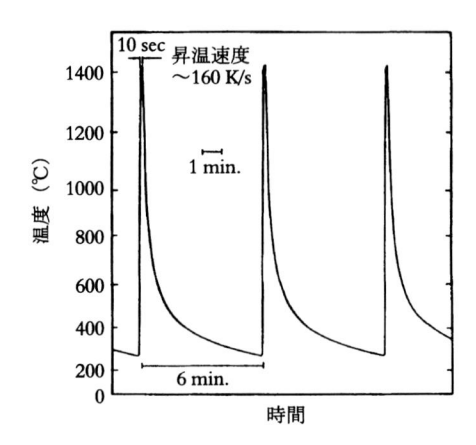

**図 3.4.2** 熱サイクル試験温度パターン（山田礼司による）[3]

赤外線加熱の熱疲労試験装置の特長は次のようである．
① 試料温度を精密に制御する．
② 雰囲気として真空，不活性気体，大気中など任意に選択．
③ 200 ℃/s の昇温速度で 1400 ℃ までの温度に急熱できる．

# 4 熱分析・分析化学への応用

　熱分析では　①試料の温度を検出，測定する，②試料温度を一定のあるプログラムに一致するように制御する，この二点を満足させた上で試料の物性を測定することが必要となる．実際に上の二点を満足させるには，赤外線イメージ加熱は最適な加熱方法である．以下の熱分析への赤外線加熱の利用の説明でこの点が明らかにしたい．

## 4.1　試料そのものの温度測定と制御の熱分析

　熱分析法の中で熱重量測定や熱膨張測定の場合，従来，試料温度を制御することはほとんどせずに，試料近傍の温度，または電気炉の温度を制御の対象とした．これは熱天秤や熱膨張計で試料温度を制御することは容易ではなく，特に真空雰囲気とした場合にはほとんど不可能に近かったからである．

　しかし熱分析の中にはどうしても試料の温度を制御しなければならない測定がいくつかある．①真空中の熱分析，②熱分解反応の定量的な測定（定温測定），③超伝導酸化物の酸素含有量と温度との定量的関係の測定（階段状加熱測定），④反応速度制御の熱分析，などで，加熱のために赤外線イメージ炉を使用することでこの問題がほぼ解決された．

## 4.2 真空熱分析

従来の抵抗炉では不可能であった真空中の試料の温度制御は，赤外線イメージ炉により可能となった．図4.2.1に蓚酸カルシウムの熱分解の真空熱天秤による測定を示した．

熱分解反応は多くの場合，吸熱反応をともなうから，試料温度は一定速度で昇温過程で熱分解が始まると急激に温度降下し始めるようになる．赤外線イメージ炉は応答速度が速く，しかも真空でも赤外線は直接に試料に95%到達するので，この熱分解の吸熱効果に直ちに対応して制御ができる．

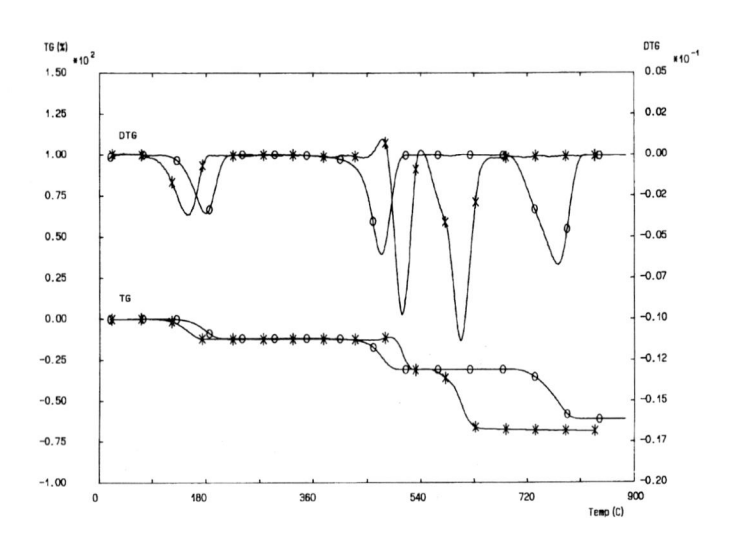

図 4.2.1　蓚酸カルシウム・一水塩の熱重量測定（笈川直美らによる）[4]

## 4.3 定温熱分析

図4.3.1は蓚酸カルシウム一水塩（$CaC_2O_4 \cdot H_2O$）を室温から急速加熱して155℃に一定に保った状態で結晶水の熱分解を熱天秤で測定したものである．反応式は

# 4 熱分析・分析化学への応用

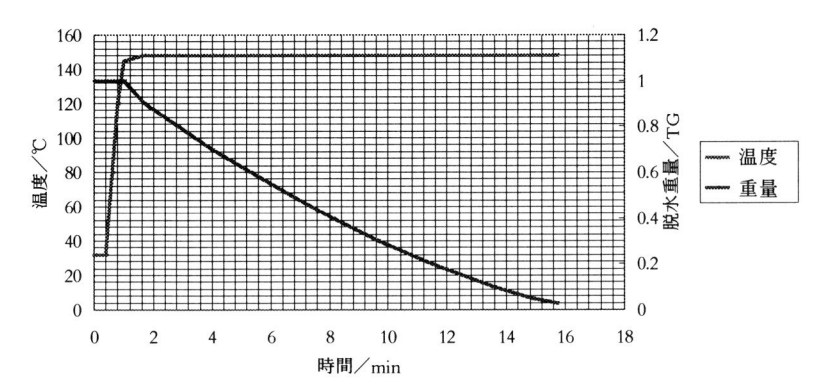

**図 4.3.1** 蓚酸カルシウムも 155 ℃ 定温熱重量測定（前園明一らによる）[8]

$$CaC_2O_4H_2 \cdot H_2O = CaC_2O_4 + H_2O \tag{4.3.1}$$

この測定は通常の抵抗炉では測定不可能で，赤外線イメージ加熱によりはじめて可能の測定である．この質量変化曲線から次のように反応速度の解析ができる．
　熱分解反応として次の反応速度式を仮定する．

$$-dX/dt = kX^n \tag{4.3.2}$$

ここで $X, t, k, n$ は反応による質量変化率，時間，反応速度定数，反応次数．反応速度定数がアーレニウスの式にしたがうと仮定すると，

$$k = A \cdot \exp(-E/RT) \tag{4.3.3}$$

ここで，$A, E, RT$ は頻度因子，反応の活性化エネルギー，気体定数，絶対温度．(4.3.2) 式より

$$\log(-dX/dt) = \log k + n \cdot \log X \tag{4.3.4}$$

図 4.3.2 (a) の恒温測定の $X \sim t$ 曲線から，$\log(-dX/dt) \sim \log(X)$ プロットを作図すれば，直線が得られ，直線の勾配より反応次数 $n$ が求められ，また直線と縦軸の切点より $\log(k)$ が求められる．(4.3.3) 式より

$$\log k = \log A - E/RT \tag{4.3.5}$$

(a) (b)

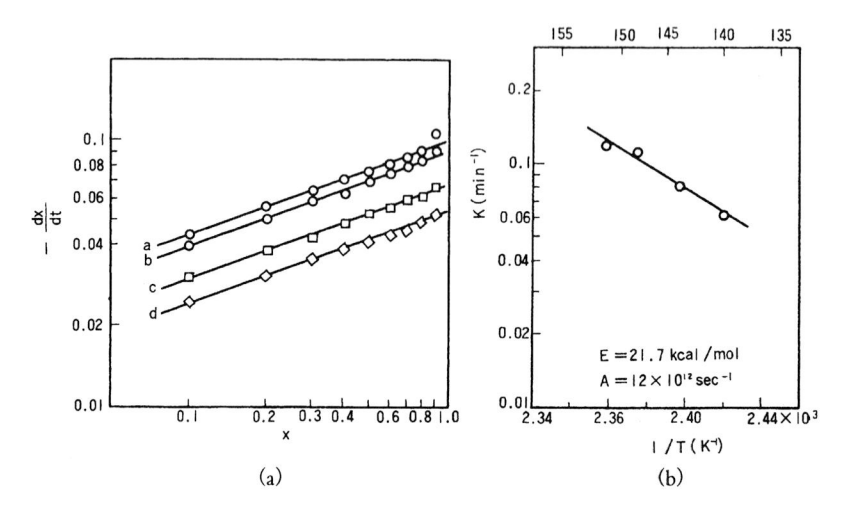

図 4.3.2　蓚酸カルシウム反応の速度論の解析

表 4.3.1　蓚酸カルシウムの脱水反応の反応速度パラメータ

| 測定者（測定年） | 昇温速度 ℃/min | 雰囲気 | 反応次数 $n$ | 活性化エネルギー $E$ (kcal/mol) | 頻度因子 $A$ |
|---|---|---|---|---|---|
| Freeman, Carroll (1958) | 10 | air | 1.0 | 22     5) | |
| Freeman (1961) | 定温法 | $N_2$ | 0.4 | 21     6) | |
| Chatterjee (1965) | 3 | $N_2$ | 0.5 | 22.1   7) | $1.4 \times 10^{13}$ |
| Ulvac (1974) | 定温法 | $N_2$ | 0.34±0.02 | 21.7   8) | $1.2 \times 10^{12}$ |

温度を変えた定温測定から，$\log k$ を求め，$\log k \sim 1/T$ プロットを作図すれば，図 4.3.2（b）に示すように直線が得られ，その勾配より $E/R$ が求められ，縦軸との切点より $\log A$ が求められる．表 4.3.1 に脱水分解反応の反応次数，活性化エネルギーおよび頻度因子の測定値を従来の測定と比較して示した．

## 4.4 階段状加熱測定

図4.4.1は試料温度を階段状に加熱した場合の熱膨張測定である．熱膨張測定より試料の熱膨張係数を求めたい場合，速い昇温速度の測定では試料の表面と中心部に温度差を生じ正確な熱膨張係数が得られないおそれがある．特に試料の直径の大きい場合や熱拡散率が低いセラミックや高分子材料の測定の場合ではその傾向が大きい．

定速昇温では試料の表面に熱電対を接触させて測定する場合，熱膨張係数の測定値は真の値よりも低く得られてしまう．逆に，熱電対を試料の中心部に挿入して測定すれば，高めの熱膨張係数を得てしまう．これを解決する方法として，階段状加熱測定がある．図に示されているように，試料の温度が平衡に達するまで保持して，平衡に至ったところで試料温度と長さ変化量を測定すれば，ほぼ平衡値に近い熱膨張係数値を求めることができる．

階段状加熱法には応答速度の大きい赤外線イメージ加熱が最も適した方法である．通常の抵抗炉では定温保持が不可能で，階段状加熱法は困難である．

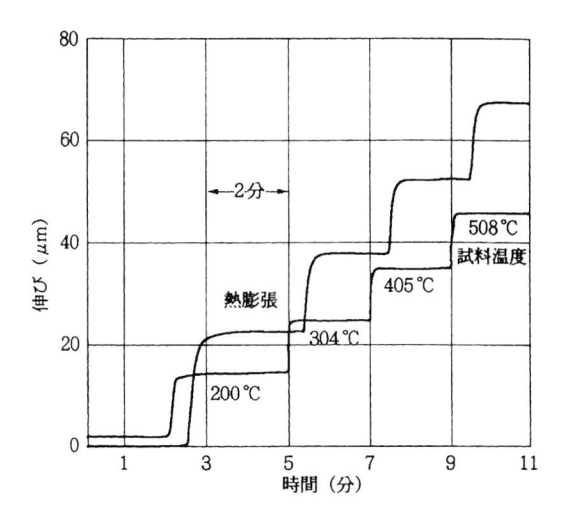

図4.4.1 白金試料の階段状（マルチステップ）加熱法による線膨張係数の決定

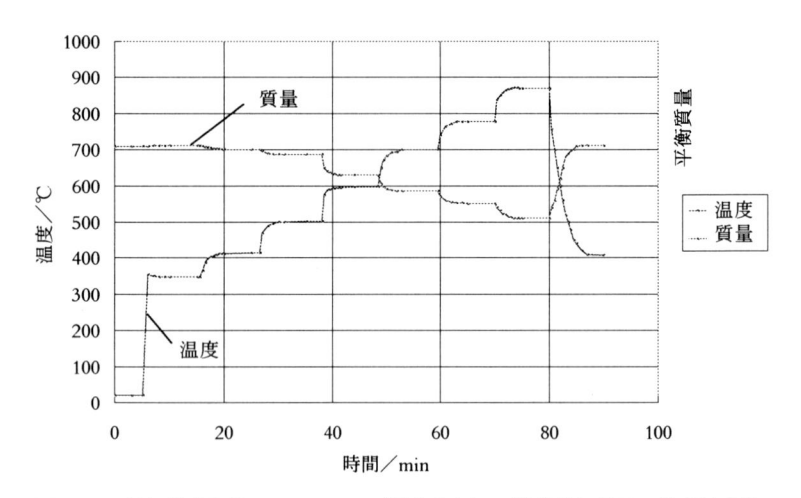

**図 4.4.2** 超伝導酸化物 YBa$_2$Cu$_3$O$_{6.74}$（斜方晶相）の階段状加熱時の熱重量曲線
（酸素分圧：大気分圧）（菊地昌枝らによる）[9]

図 4.4.2 は超伝導酸化物（YBa$_2$Cu$_3$O$_{6.74}$）の階段状加熱法による測定である．試料に接触している熱電対と赤外線イメージ炉をにより試料温度を精密に一定温度に制御しながら質量変化を連続的に測定し，温度〜酸化物中の酸素含有量の関係が求められた．

## 4.5 速度制御熱分析

熱膨張測定や熱天秤の測定では，試料温度 $T$，物性値 $X$，物性値の変化速度 $dX/dt$ を測定し，$dX/dt =$ 一定，または $dX/dt = f(T)$ となるように，試料温度 $T$ を制御する熱分析法を速度制御熱分析（rate controlled thermal analysis：RCTA）という．セラミックの焼結過程を定速の昇温速度で昇温すると，焼結速度は一定ではなくある温度範囲でピークをもつような経過をたどるが，ピークでは急激な焼結収縮が起こり，焼結材にひび割れを生ずる．そこで収縮速度が一定となるように温度制御すると，ひび割れがない緻密なセラミックに焼結することができる．図 4.5.1 は赤外線加熱により収縮速度が一定となるように制御した RCTA 熱分析である．

4 熱分析・分析化学への応用

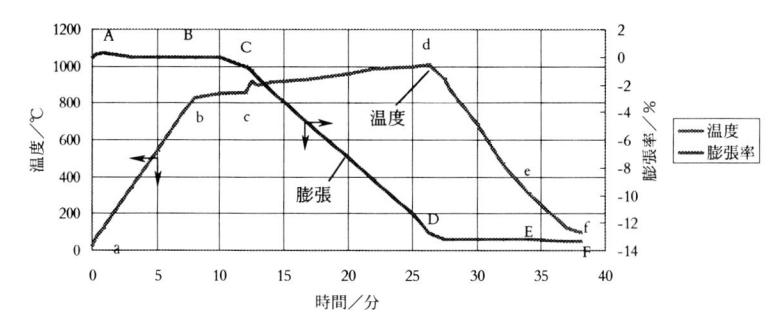

**図 4.5.1　焼結速度制御熱膨張測定**

収縮速度を 0.7%/min の定速で焼結するように制御させた．試料は Pb-Ca アルミナボロシリケートガラス，アルミナ，水晶混合粉末（W.S.Hachenberger らによる）[10]

## 4.6　昇温脱離分析への応用

### 4.6.1　昇温脱離分析とは

　一定速度で固体表面の温度を上昇させながら，脱離してくる物質による圧力変化や，脱離物質量の変化を測定することにより，固体表面の吸着物質を同定したり，吸着量や吸着状態，表面からの脱離過程などについての情報を得る方法を昇温脱離分析という．代表的なシステムのブロック図を図 4.6.1 に示した．脱離物

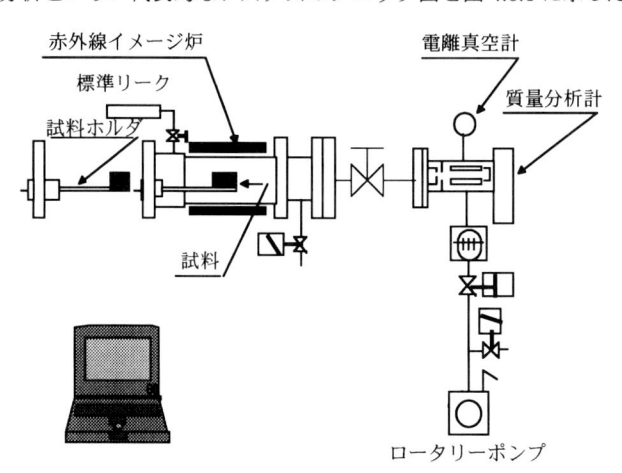

**図 4.6.1　赤外線加熱炉を使用した昇温脱離分析装置ブロック図**

質の同定や脱離量の測定には四重極質量分析計が多く用いられる．温度に対して脱離分子の序列が得られ，これを昇温脱離スペクトルという．昇温速度は 100 から 1000 K/s の瞬間脱離から 10 〜 0.01 K/s までの広い範囲にわたる．昇温脱離スペクトルの昇温速度を変えたときのスペクトルの形状変化の解析によって，吸着状態についての情報を得ることができる．

### 4.6.2　昇温脱離分析の加熱用に赤外線イメージ炉の応用

赤外線イメージ炉の特長である①クリーン加熱，②試料表面自身の正確な温度制御の点を利用して昇温脱離ガス分析用の加熱炉として各種の赤外線イメージ炉が利用されている．鉄鋼の遅れ破壊に起因する鋼中水素の放出や，シリコンウエハに成膜した膜材料からの放出ガス分析に利用されている．

### 4.6.3　昇温脱離分析装置の仕様

赤外線イメージ炉（型式：MILA3000-UVH），超高真空排気装置（型式：RG-202P），四重極子質量分析計（型式：MSQ-200）をシステムアップした昇温脱離分析装置の仕様を表 4.6.1 に，測定例を図 4.6.2 および図 4.6.3 に示した．

表 4.6.1　赤外イメージ炉を使用した昇温脱離分析装置仕様性能

| | |
|---|---|
| 測定質量範囲 | M/e=2〜200 |
| 到達圧力 | $5 \times 10^{-5}$ Pa 以下（ベーキング後） |
| 温度範囲 | 定温〜1200℃（最高） |
| 試料寸法 | 20 mm 幅×20 mm 長さ×2 mm 厚さ |
| 測定雰囲気 | 真空中 |

4 熱分析・分析化学への応用

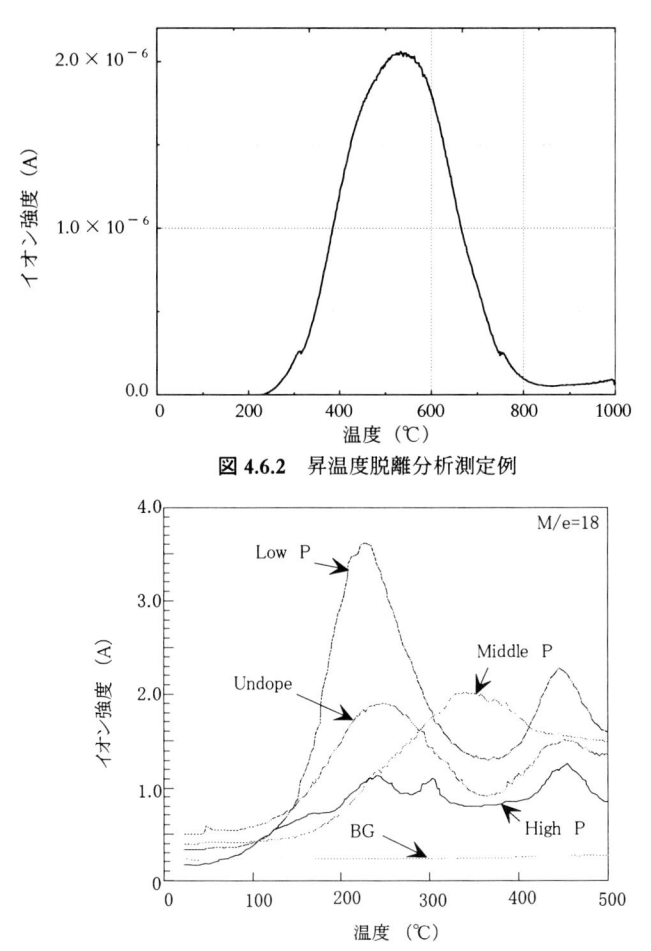

**図 4.6.2** 昇温度脱離分析測定例

**図 4.6.3** シリコンウエハの M/e=18（$H_2O$）昇温脱離スペクトル

## 4.7 高速簡易 DTA 装置の作り方と実験法

赤外線加熱炉を使って極めて簡単に高速加熱できる DTA の組み立てキットができる．図 4.7.1 にブロック図，図 4.7.2 に試料ホルダ周辺図を示した．加熱炉は赤外線平板炉（型名：Ps12）を 2 個組み合わせたものを使用する．このキッ

トの原型はかって東京工業大学の化学工学科の学生実験用に使われたものである．赤外線加熱炉を使用するメリットは，①昇温速度を速くできる，②冷却が速い，③一点あたりの測定時間が短いから効率的，④昇温速度を変えた測定ができるから，反応速度の解析に応用できる，⑤簡単な実験で DTA が手動で実体験でき，固相反応，固－気反応の反応温度，反応熱や反応の活性化エネルギーなどが求められる．

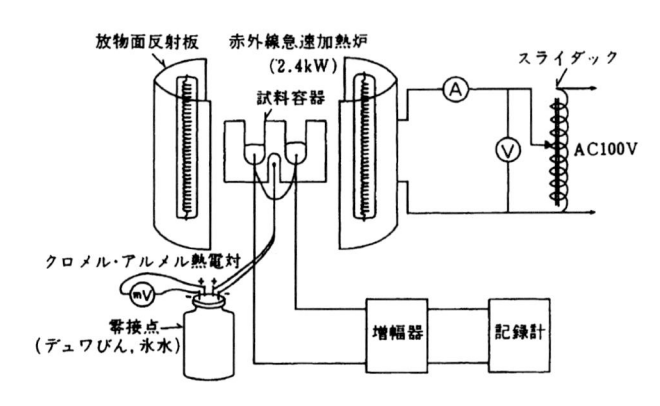

図 4.7.1　DTA のブロック（脇原将孝らによる）[11]

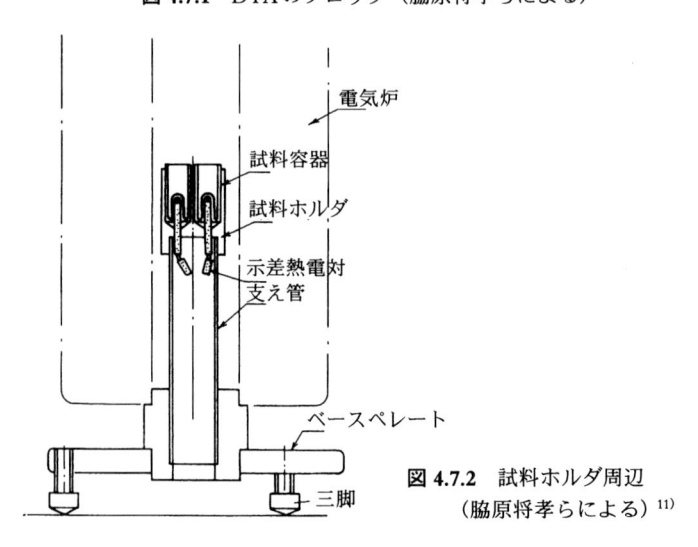

図 4.7.2　試料ホルダ周辺
　　　　（脇原将孝らによる）[11]

# 4 熱分析・分析化学への応用

DTAのピークから簡単な解析により次のような反応の速度論的解析が試みられている．H.E.Kissingerは潜熱をともなわない一次反応では，DTAのピーク温度 $T_m$（K）と昇温速度 $B$（K/min）との間にはの次のような関係があることを導いた．

$$d\left[\ln(B/T_m^2)/d(1/T_m)\right] = -E/R \qquad (4.7.1)$$

ここで $R, E$ は気体定数（8.31 J/mol·K），反応の活性化エネルギー（J/mol）．

実験では昇温速度を変えた測定を三回以上測定して，ピーク温度を読みとる．横軸に $1/T_m$，縦軸に $\ln(B/T_m^2)$ をプロットすると，図4.7.3にみられるような直線が得られる．この直線の勾配は $-E/R$ に相当するから，活性化エネルギー $E$ を求めることができる．

これらの値をもとに反応速度論的解析や反応機構の解析が試みられている．

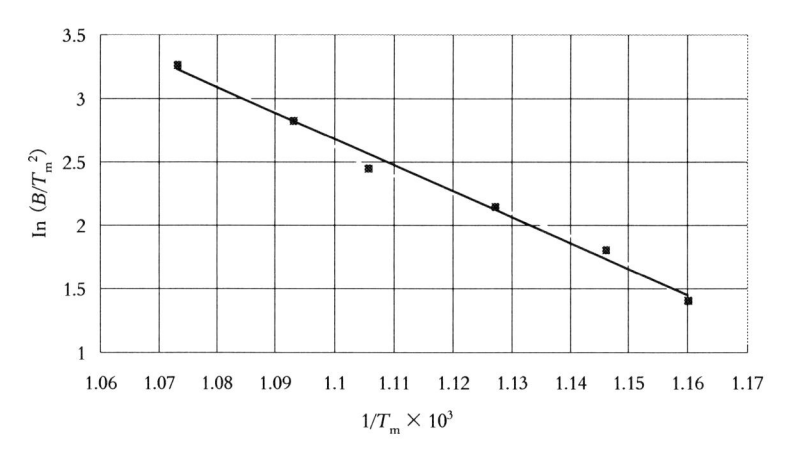

図 4.7.3 Kissinger プロット（H.E.Kissinger による）[12]

# 5 単結晶作成への応用

## 5.1 FZ法単結晶作成

帯溶融法（flaoting zone method：FZ法）は結晶引き上げ法（チョコラスキー法：CZ法）とともに工業用の高純度シリコン単結晶の二大製造法の一つである．CZ法はるつぼ内の溶融液体から単結晶を引き上げるのに対して，FZ法は図5.1.1に示すように，棒状結晶を立てて保持して溶融帯を上方に移動させることにより

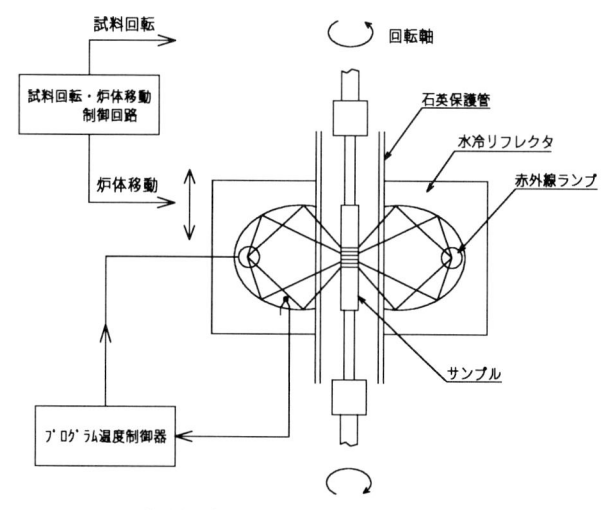

図5.1.1　点光源赤外線イメージ炉によるFZ法のブロック図

単結晶を作るので，るつぼからの汚染がなく，むしろ帯溶融法により純度が向上する．FZ法は比較的低融点の有機化合物の精製，単結晶作りにも利用されている．

FZ法の加熱源として赤外線イメージ炉を採用するメリットは：①加熱炉と試料の雰囲気を完全に分離でき．②汚染がないこと．③試料結晶の雰囲気を任意に選ぶことができ．④点光源型赤外線イメージ炉では結晶の局部に集光するから，FZ法に最も適している．

この装置の特徴は次のようである．
① AC 100 V，2 kW で 1600 ℃ を手軽に実現出来る．
② 自在のプログラムパターンと PID 制御で高精度な加熱制御が可能．
③ 観察窓より結晶成長の状況観察ができる（CCD カメラの取付け可能）．
④ シール構造により，真空中，ガス中，ガスフロー中での加熱が可能．

図 5.1.2 に装置の外観写真を示した．加熱炉にダブルタイプの点光源赤外線イメージ炉（型式：MR39-H）を用い，棒状結晶の回転機構と，炉体上下移動機構を装備している．この装置は単結晶作成の他に帯溶融法による結晶精製にも利用でき，超伝導材料，磁性材料，誘電体材料，化合物材料などの単結晶作成の研究，開発に利用されている．

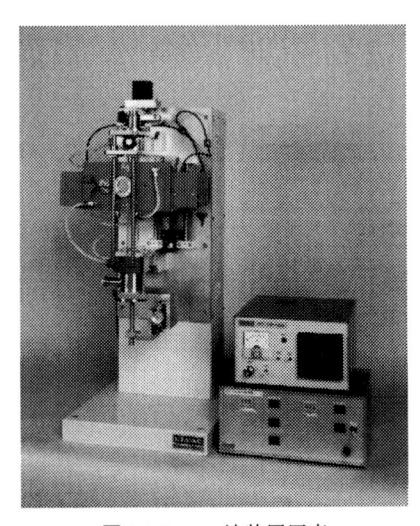

図 5.1.2　FZ法装置写真

# 5 単結晶作成への応用

表 5.1.1 に主な仕様を示した．

**表 5.1.1** ダブルタイプの点光源赤外線イメージ炉を使用した単結晶成長装置仕様性能

| 温度範囲 | RT～1600℃ |
|---|---|
| 加熱方式 | ハロゲンランプによる回転楕円面反射集光加熱 |
| 加熱雰囲気 | 不活性ガス中，ガスフロー中，真空中 |
| 試料サイズ | 1～5 mm 径，20～80 mm 長さ |
| 試料回転速度 | 1～50 rpm（ステッピングモータ駆動） |
| 炉上下移動 | 0.5 ～50 mm/h（ステッピングモータとリニアボールスクリュ駆動） |
| 床面積 | 約 700 mm 幅×600 mm 長さ |

## 5.2 化学輸送法による単結晶作成

一定温度に保持した高温部と低温部のある同じ系内で，高温部においた原料の固体物質を加熱蒸発させて，低温部に固体として生成させる反応で，酸化物，ハロゲン化物，硫化物などの化合物の精製や単結晶の成長に利用されている．図 5.2.1 の装置は化学輸送法による単結晶成長装置の一例である．加熱炉に赤外線平板炉を使用している．高温炉と低温炉は同じ平板炉の上下加熱構成である．高

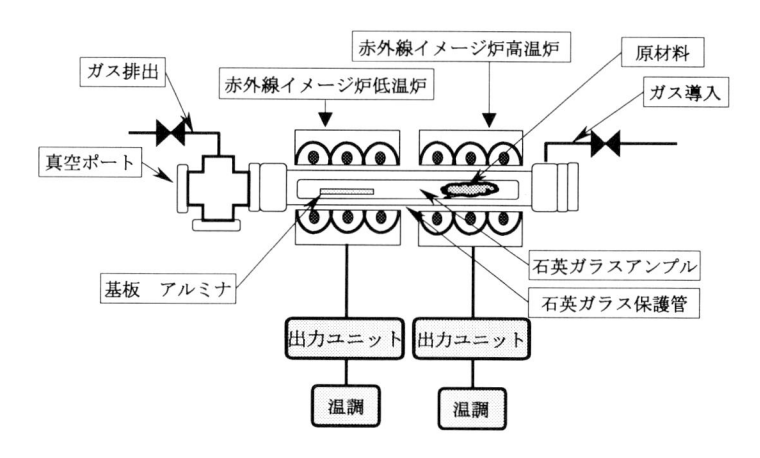

**図 5.2.1** 化学輸送法による単結晶成長装置

温部を 1000 ℃,低温部の温度を 400 ℃に制御した場合の温度プロファイルを図 5.2.2 に示した.

化学輸送法の装置に赤外線加熱炉を採用することによる特徴は次のようである.
① 高温部,低温部の温度を精密に設定,制御しているので再現性のある単結晶作成が可能,
② 赤外線は石英ガラス管をほとんど透過するから石英ガラスが加熱されず,クリーンな熱処理ができる,
③ 赤外線による放射加熱のためにシャープな温度勾配をつくることができる.

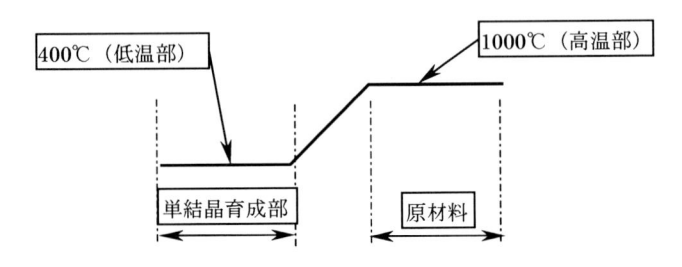

図 5.2.2　化学輸送法による単結晶成長装置温度プロファイル

# 6 溶接・溶融体への応用

## 6.1 小型ランプの封じきり

　小型メタルハライドランプの製造工程に，電極部のガラスを封止する工程がある．管球内部にはすでに発光素子（たとえば水銀）が入っているから，その部分の温度を上げずに電極部の封止材料のみを溶融し封止しなければならない．ガス加熱では加熱される部分が広がり，この要求を満足することができない．また高周波誘導加熱では局部的な高温は得られるけれども，雰囲気の汚染のリスクがあり，取り扱いが面倒で，設備費もコスト高という問題がある．ここで局部的に集光して,高温が得られる点光源タイプの赤外線イメージ炉が封じ切り工程に採用された．

　加熱炉として二光源型の赤外線イメージ炉（型式：MR39H）を使用した場合の模式図を図 6.1.1 に示した．赤外線イメージ炉使用のメリットは次のように考えられる．
①点光源型赤外線イメージ炉により，局部加熱ができる．（温度プロファイル：図 6.1.2）
②石英ガラス・チャンバ内の加熱によりクリーンな加熱で，汚染がない．
③小型で取扱いやすい．
④省エネルギー加熱，設備費が高周波誘導炉に比べて格段にい低コスト．
　表 6.1.1 に主な仕様を示した．

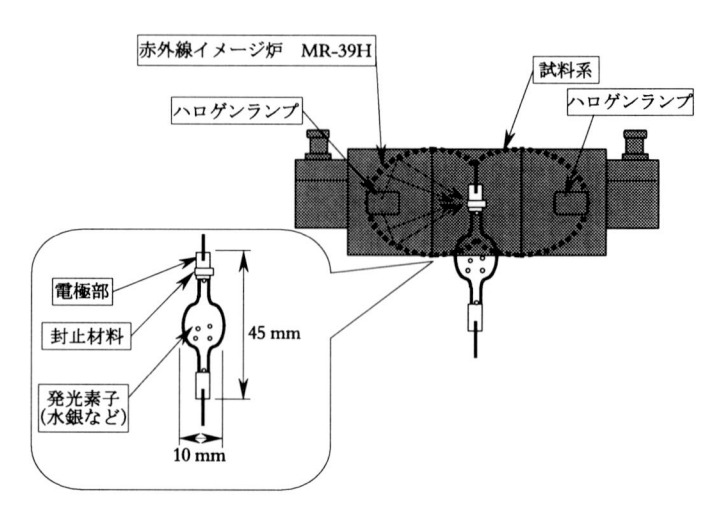

**図 6.1.1** ランプ封じ切り用点光源型赤外線イメージ炉模式図

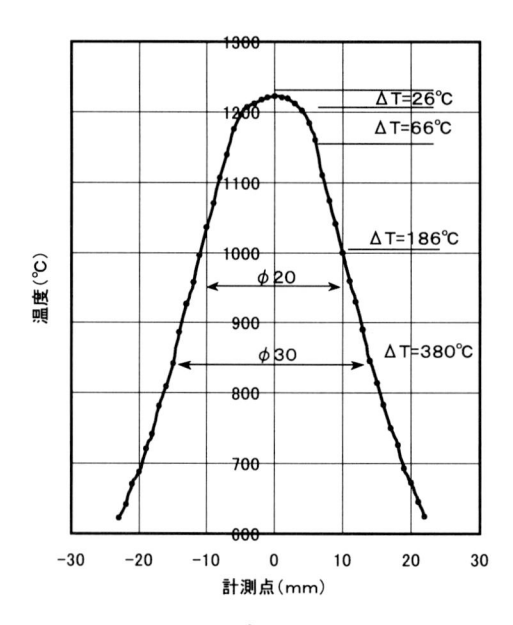

**図 6.1.2** 温度プロファイル（MR39H）

# 6 溶接・溶融体への応用

表 6.1.1 加熱仕様

| 項目 | 仕様性能 |
|---|---|
| 温度範囲 | RT〜約 1600℃ |
| 電源定格 | AC 100 V　2 kW |
| 冷却水 | 約 2 リットル／min |

## 6.2 接触角測定による濡れ性評価

### 6.2.1 接触角と濡れ性

　液体 A と固体 B を接触させたとき，互いに引き合う現象を濡れ（濡れ性）という．濡れ性を評価する最も一般的な方法に静滴法による接触角の測定がある．図 6.2.1 に静滴法による接触角測定を示した．接触角 $\theta$ と液体 A の表面エネルギー（表面張力ともいう）$\gamma_{lv}$，固体の表面エネルギー $\gamma_{sv}$，固体と液体の界面エネルギー $\gamma_{sl}$ との間には，

$$\gamma_{lv}\ \cos\theta = \gamma_{vs} - \gamma_{ls} \tag{6.2.1}$$

$\theta = 90°$ のとき $\gamma_{vs} = \gamma_{ls}$ となる．$\theta < 90°$ のとき $\gamma_{vs} > \gamma_{ls}$ となり，液体 A は固体 B とよく濡れる．逆に，$\theta > 90°$ のとき $\gamma_{vs} > \gamma_{ls}$ となり，液体 A は固体 B に濡れない．したがって「濡れる，濡れない」は，接触角が 90°より小さいか，大きいかで評価できる．

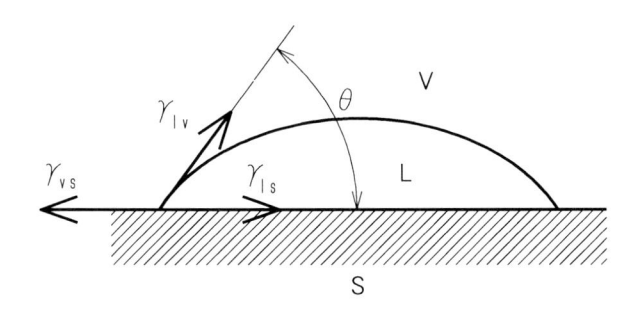

図 6.2.1　接触角の模式図

## 6.2.2 接触角と表面張力

水平におかれた固体平面上の液滴の輪郭形状は，次の連立微分方程式の解として与えられることが知られている．（図 6.2.2）

$$dX/d\phi = R\cos\phi \tag{6.2.2}$$

$$dZ/d\phi = -R\sin\phi \tag{6.2.3}$$

$$1/R = \beta(h-Z)\cdot b^2 + 2/b - (\sin\phi)/X \tag{6.2.4}$$

ここで $\beta$ はボンド数といわれる無次元数で，次式で示される．

$$\beta = \Delta\rho \cdot g \cdot b^2 / \gamma \tag{6.2.5}$$

上式の $b, h, \Delta\rho, \gamma, g, \theta$ は，液滴の頂点での曲率半径，液滴の高さ，液滴の気体／液体-界面における液滴と気体の密度差，表面張力，重力の加速度，接触角を示す． $\theta$ と $\phi$ の関係式は， $Z=0$ のときの $\phi$ は接触角 $\theta$ と一致するから，

$$\theta = \phi(Z=0) \tag{6.2.6}$$

実際には観測画像から得られる輪郭曲線の $(X, Z)$ データと，(6.2.2)〜(6.2.6) 式を解いた数値解から得られる理論曲線と比較して，その差の最小自乗和が最小となるように， $h, b, \beta$ の値を変えて計算し，実際の輪郭曲線に最も一致する値から接触角，表面張力が求められる．

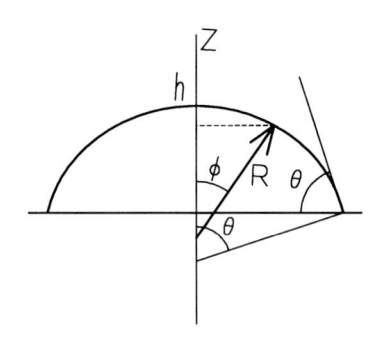

**図 6.2.2** 液滴の輪郭形状

## 6 溶接・溶融体への応用

### 6.2.3 濡れ性の応用例

液体と固体との濡れ性値は次のような多くの応用分野がある．
①繊維強化複合材料の金属母材－強化繊維との濡れ性：繊維の表面改質，合金成分の改善．
②鋳造金属と鋳型の濡れ性：型材に濡れないダイキャスト合金（薄肉）の開発．
③溶融ガラスと型材との濡れ性：濡れない型材成分の開発．
④はんだと接合金属との濡れ性：ラックスの開発，アルミニウムはんだの開発．
⑤溶融ガラスと紡糸ダイスの濡れ性：ダイス材の改善．

### 6.2.4 押出し液滴法濡れ性試験装置

押出し液滴法の原理を図 6.2.3 に示した．押し出し液滴法の特徴は：
①押出しにより新鮮な液滴表面で測定できる，通常の静滴法では室温から表面が露出．
②液滴直径を変えるのは容易，通常の静滴法では一回の測定で液滴サイズは変えられない．
③前進接触角，後退接触角が測定できる．

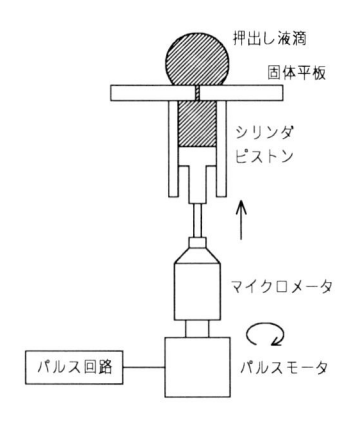

**図 6.2.3** 押出し液滴法の原理

図 6.2.4 に装置のブロック図を示した．表 6.2.1 に装置の主な仕様を示した．この装置の特長を次に示した．

① 赤外線加熱により急速加熱，急速冷却が可能，1200 ℃まで約 5 分で加熱昇温できる．
② 真空，不活性気体，大気中の任意の雰囲気で測定ができる．
③ 静滴法，押出し液滴法のいずれも測定可能．

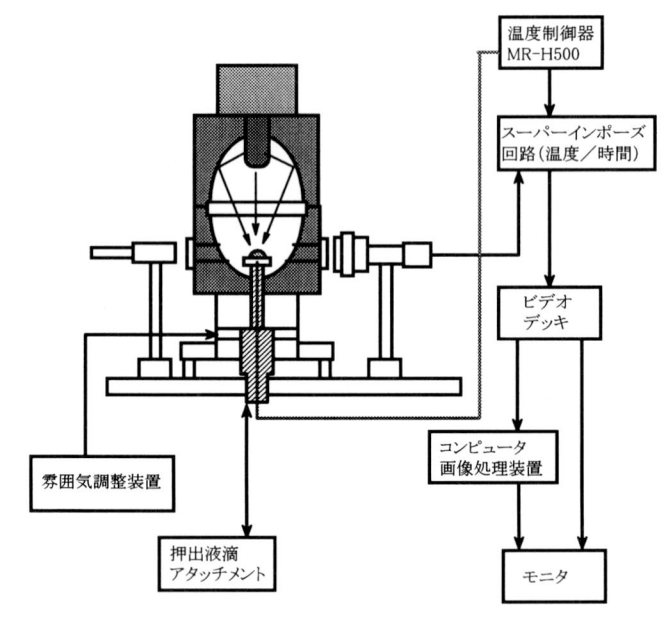

**図 6.2.4** 押出し液滴法濡れ性試験装置ブロック図

**表 6.2.1** 装置仕様

| 接触角測定方式 | 押出し液静滴法による輪郭観測 |
|---|---|
| 温度範囲 | 50〜1500℃ max |
| プロセス雰囲気 | ガス中，真空中，大気中 |
| 基板寸法 | 10 mm 直径×2 mm 厚さ |
| 液滴寸法 | 約 3 mm |
| モニタ | 14 インチカラー |
| ビデオデッキ | S-VHS 方式 |
| CCD カメラ | 39 万画素 |
| モニタ上の倍率 | 130 倍 max（14 インチモニタ上） |
| 画像処理・解析 | パソコン・解析ソフト |

# 7 その他の応用

## 7.1 ソーラーシミュレータ

　給湯用のソーラーコレクタは屋根の上に冷水を導いて，太陽熱で温水にして貯湯する一般に広く普及している家庭用の太陽熱の利用システムである，いろいろな技術的な問題がある．その主なものを列挙すると，①太陽熱をいかに効率よく吸収できるかという選択吸収膜の研究．②コレクタや導水管を水が通るので，その腐食を防ぐ防食の研究．③コレクタの温度が昼と夜とで周期的に変動し，これにともなってコレクタが周期的に伸縮するが，長期的な変形の研究などである．③についてはコレクタをそのまま使用して温度変動とその周期を短縮して過酷試験を課せなければならない．特にコレクタを異種金属やその他の材料で構成している場合，長期的な熱膨張差による変形ひずみ量の蓄積が問題となる．このために太陽光と類似の波長分布をもった赤外線平板炉の均一加熱を利用し，実際のコレクタを均一に加熱し，加熱・冷却の周期を短縮して加速試験が行われ，コレクタの大きさ，断面形状，コレクタ材料の選択と組み合わせなどの検討に使用された．

　図 7.1.1 は装置の写真である．コレクタに水を流さずに空だきした場合には，真空型のコレクタでは最高 250 ℃くらいに温度上昇するので，温度幅は 200, 250, 300℃に設定できる．高温度と低温度，周期と繰り返し数をセットすれば自動的に太陽光照射を模擬した試験を実施することができる．

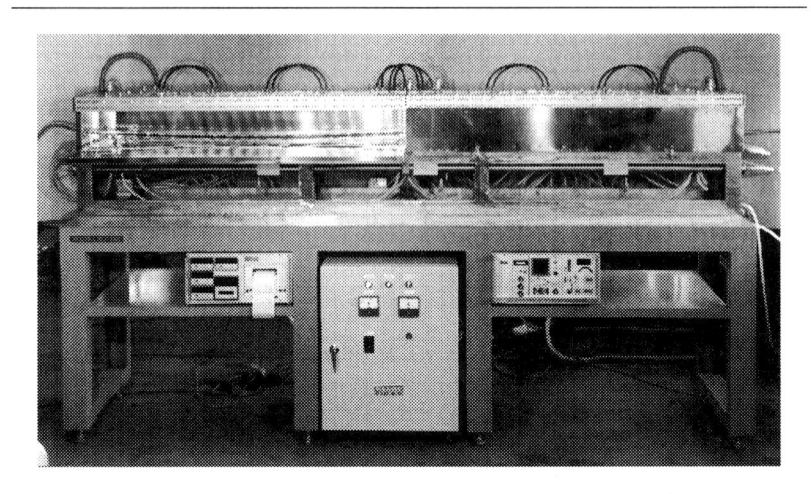

図 7.1.1　ソーラーシミュレータ（金井富義らによる）[13]

## 7.2　低重力実験装置

図 7.2.1 は密度の異なる二種以上の成分からなる物質を容器内で回転させながら加熱して，溶融，凝固させる実験装置のブロック図である．円筒状の容器の中心軸を回転軸とする回転 A と，これと直交する軸を回転軸とする回転 B の二重の回転を与えながら，赤外線イメージ炉で容器の温度を最高 1000 ℃ までの温度に精密に温度制御する機構をもっている．この二重回転で生じる低重力状態により容器内の液体試料の組成が均一化し，通常の重力下の溶融凝固ではできない均質な材料を作ることを実験目標としている．表 7.2.1 に装置の主な仕様を示した．

表 7.2.1　低重力実験装置仕様性能

| | |
|---|---|
| 温度範囲 | RT～1000℃ |
| 加熱方式 | 赤外線ランプによる放物面反射集光加熱（管状炉） |
| 加熱雰囲気 | 大気中（試料は密閉容器に収納） |
| 試料サイズ | 20 mm 径×80 mm 長さ（有効加熱長） |
| 試料回転速度 | 1～60 rpm（ステッピングモータ駆動） |
| 試料部回転速度 | 6 rpm（速度制御モータ駆動） |
| 床面積 | 約 1800 mm 幅×700 mm 長さ×1800 mm 高さ |

# 7 その他の応用

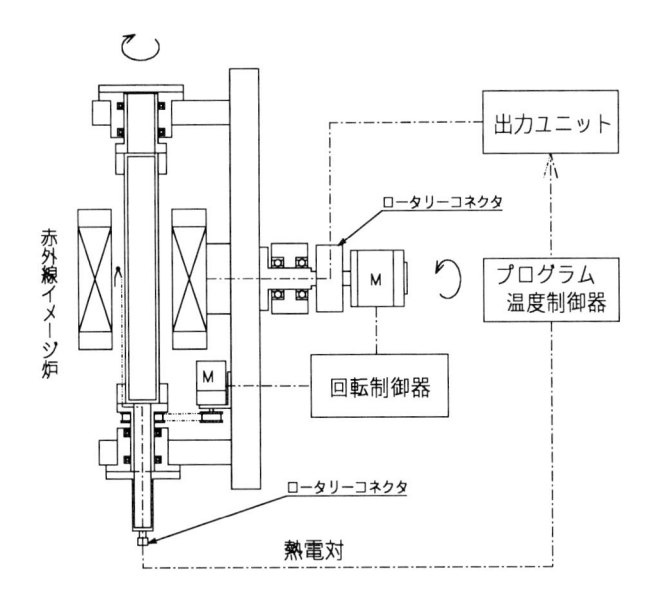

**図 7.2.1** 低重力実験装置ブロック図

この装置の特徴は次のようである.
① 円筒状容器の中心軸を回転軸とする回転Aと,この軸と直交する軸を回転軸とする回転Bの二重回転を与えながら試料温度を精密制御できる構造をもっている,回転Aは1〜60 rpmと可変,回転Bは6 rpm一定で回転できる.
② 試料容器をで回転させながら赤外線イメージ炉でmax.1000℃まで精密に制御できる.
③ 試料の雰囲気を真空,不活性,大気中と選ぶことができる.

参考文献
1) 竹原善一郎:電池―その化学と材料,大日本図書(1988)93.
2) 相庭吉郎,黒木智史:真空ジャーノル,**16** [1](1987) 42-43.
3) 山田礼司:真空ジャーノル,**12** [1](1983) 45-47.
4) 笈川直美,前園明一:第33回熱測定討論会(1997) 1A1020.
5) E.S.Freeman and B.Carroll: *J. Phys. Chem.*, **62** (1958) 394.
6) E.S.Freeman: "Doctoral dissertation", Rutgers. Univ., New Branswicr, N.J., (1961) 68.

7) P.K.Chatterjea: *J.Polymer Sci., Part A*, **3** (1965) 4253.
8) 前園明一, 加藤良三：熱・温度測定と熱分析, 日本熱測定学会 (1974) 75-83.
9) 菊地昌枝：熱測定, **20** [2] (1993) 89-100; M.Kikuchi, Y.Syono, A.Tokiwa, K.Ohishi, H.Arai, K.Hiraga, N.Kobayashi, T.Sasaoka: *Jpn. J. Appl. phys.*, **26** (1987) L1066.
10) W.S.Hackenberger and R.F.Speyer: *Rev. Sci. Instram.*, **65** [3] (1994) 701-706.
11) 谷口雅男, 脇原将孝：真空ジャーナル, **11** [1] (1982) 53-54.
12) H.E.Kissinger: *J. Research. N. B. S.*, **57** [4] (1956) 217-221.
13) 金井富義, 大畠芳昭, 浅野祐一郎：真空ジャーナル, **11** [1] (1982) 60-61.

# 第Ⅲ章
# 赤外線イメージ炉を用いた研究報告集

1 半導体・電子技術への応用
2 薄鋼板の熱処理技術への応用
3 高温材料試験への応用
4 分析化学への応用
5 結晶作製・溶融金属の研究への応用
6 セラミックス研究開発への応用

# 1　半導体・電子技術への応用

## 1.1　極薄シリコン酸化膜形成への応用

大阪大学
森田瑞穂

## 1　はじめに

　高度情報化社会へ向けて，コンピュータや通信システムなどの情報システムの高性能化が推し進められている．システム性能を向上させるためには，大規模集積回路（LSI）の高密度化が必要である．高密度 LSI を実現するためには，LSI の中枢デバイスである金属・酸化物・半導体電界効果トランジスタ（MOSFET）の微細化が不可欠である．このトランジスタにおいて，酸化物は電気絶縁体として働く．LSI 用 MOSFET では，半導体としてシリコン（Si），酸化物としてシリコン酸化物（$SiO_2$）が用いられている．MOSFET を微細化し，トランジスタ性能を向上させるためには，シリコン酸化物の薄膜であるシリコン酸化膜の厚さを限りなく薄くすることが要求される[1]．そして，超微細 MOSFET が正常に動作するために，シリコン酸化膜は極めて薄くなっても高い絶縁性と高い信頼性を有することが要求されている．
　シリコン酸化膜は，シリコンウェハ表面の熱酸化により形成されている．この形成プロセスは，ウェハの昇温（加熱），所定の温度での熱酸化，ウェハの降温（冷却）過程に分けることができる．そして，極薄シリコン酸化膜の形成においては，熱酸化温度までのシリコンウェハの昇温中に形成される昇温過程成長酸化膜の存在が無視できなくなってきている．薄いシリコン酸化膜において，昇温過程成長酸化膜の厚さの割合が大きいとシリコン酸化膜の絶縁特性が低下することがわかっている[2-4]．また，シリコンウェハを真空中や不活性ガス雰囲気中で昇温す

ると，シリコン表面がエッチングされ，表面粗さが増し，形成したシリコン酸化膜が低電界で絶縁破壊を起こすことが報告されている[5-7]．したがって，ウェハの昇温条件を精密に制御することにより昇温過程成長酸化膜の成長を抑止し，かつエッチングによる表面粗さの増加を防ぐことが重要である．また，シリコン酸化膜の絶縁破壊不良は，LSI 製造工程の清浄度に依存していることが多い．したがって，超清浄雰囲気でシリコンウェハを熱酸化することにより，極薄シリコン酸化膜を形成する技術が不可欠である．

ここでは，超清浄雰囲気におけるシリコンウェハ昇温過程での酸化膜成長の昇温速度依存性，最大昇温温度依存性，酸素ガス濃度依存性を明らかにし，極薄シリコン酸化膜の電気特性の昇温過程成長酸化膜厚依存性を明らかにしている．また，昇温速度を速くすることにより昇温過程で成長する酸化膜厚の割合を小さくして形成した極薄シリコン酸化膜を流れるトンネル電流の酸化膜厚依存性を明らかにしている．

## 2 極薄シリコン酸化膜形成装置

図1と2は酸化装置（アルバック理工社製，RTA-500S）の写真と概略図である．

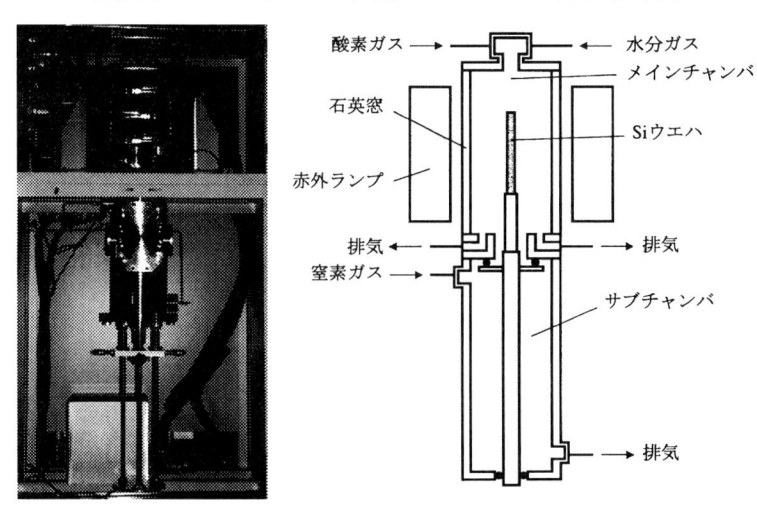

図1 酸化装置の写真

図2 酸化装置の概略図

本装置は，枚葉型であり，ウェハを縦置で縦方向に搬送する方式になっている．このため，装置の使用床面積を小さくできている．また，コールドウォール型反応チャンバ（メインチャンバ）を有し，赤外線ランプ光を円板型石英窓を通してウェハに両側から照射し，ウェハを加熱している．この加熱方式の特徴は，ウェハ以外の石英などの周辺材料を加熱する効果が小さいことである．石英は高温になると，蒸発して汚染源となり，また金属などが石英を拡散して反応チャンバ内を汚染することが問題となる．したがって，この方式により反応チャンバ内の汚染を防止することができる．通常6インチシリコンウェハを石英製ウェハホルダにセットして熱酸化している．ウェハの最大加熱温度は1000℃であり，最大加熱速度は100℃/sである．赤外線ランプ光をウェハに均一に照射するために，すりガラス石英窓を使用している．また，本装置は，反応チャンバ内のウェハの両側にシリコンや石英などの均熱板を設置することが可能な構造になっている．ウェハホルダは昇降シャフトに支持されており，パーティクルの発生源になる可能性がある昇降シャフトは，ウェハより下方に位置する構造になっている．ウェハは垂直に置かれるために，ウェハ自重によりウェハがたわむ可能性が低い．また，ウェハと石英ウェハホルダの接触面積が小さいために，ウェハが汚染されにくいことが期待できる．

　酸素ガスは，酸素ガス精製装置により超高純度化され，窒素ガスは，窒素ガス精製装置により超高純度化され，超清浄ガス供給装置により所定のガス流量に制御されて，超高純度酸素ガス，超高純度窒素ガスが酸化装置に供給される．

　反応チャンバのガスは，排気装置に排気される．排気装置には，ドライポンプが備えられており，反応チャンバを真空排気できる．また，排気装置に，露点計が備えられており，ガス中の水分量を計測できる．さらに，酸素濃度計が備えられており，ガス中の酸素濃度を計測でき，反応チャンバにおける酸素ガスから窒素ガスへの置換特性などの測定が可能である．

　ウェハの搬入は，反応チャンバと搬入チャンバ（サブチャンバ）に窒素ガスを流しながら，ウェハホルダを搬入チャンバに移動し，正面の開閉扉を開けてシリコンウェハをウェハホルダにセットし，扉を閉じた後，ウェハを反応チャンバに移動する方法で行っている．ウェハが反応チャンバに搬入された状態では，昇降シャフトのシールプレートにより反応チャンバはシールされた状態になっている．

赤外線ランプ加熱プログラム制御用設定温度は,赤外線ランプと石英窓との間に熱電対を埋め込んだ1 cm角のシリコンウェハを設置して,反応チャンバ内の汚染源とならない位置に設置された熱電対により測定している.酸化装置の設定温度でのシリコンウェハの表面温度は,熱電対を埋め込んだ6インチシリコンウェハを反応チャンバ内の石英製ウェハホルダにセットして加熱し,熱電対により測定した.このように,本装置は,超清浄雰囲気で昇温過程のシリコン表面の精密制御が可能となっている.

## 3 極薄シリコン酸化膜形成

シリコン酸化膜形成に使用したウェハは,Cz, p-Si（100）とn-Si（100）ウェハである. p-Siの抵抗率は8〜12Ω cm, n-Siの抵抗率は3.5〜3.7Ω cmおよび8〜12Ω cmである.ウェハ直径は6インチである.ウェハの洗浄は,オゾン超純水リンス洗浄,HF+$H_2O_2$+$H_2O$+界面活性剤溶液中超音波洗浄,オゾン超純水リンス洗浄,希HF溶液エッチング,超純水リンス超音波洗浄[8]を行った.そして,ウェハを1分以内に酸化装置にセットした.酸化種として酸素ガス,不活性ガスとして窒素ガスを用いた.熱酸化は大気圧で,総ガス流量は1 l/minで行った.

酸化膜の厚さは,自動エリプソメータを用いて測定した.MOSダイオードは,アルミニウムを蒸着した後,リソグラフィにより金属電極を形成して製作した.金属電極の面積は$1.8 \times 10^{-3}$ $cm^2$と$1.8 \times 10^{-4}$ $cm^2$である.電気特性は,MOSダイオードの電流密度－電圧特性を測定し,トンネル電流と絶縁破壊特性を評価した.

表1に昇温過程成長酸化膜の厚さの昇温速度依存性を示す[9, 10].ウェハは,n-Si, 3.5〜3.7Ω cmである.昇温は,酸素ガス大気圧で900℃まで行った.降温は,酸化膜成長を抑止するために100℃/s以上の降温速度で急激に行った.昇温速度を速くすることにより,昇温過程成長酸化膜を薄くできることがわかる. 50℃/sでは,900℃までの昇温中に0.96 nmの酸化膜が成長している.

図3に昇温過程成長酸化膜の厚さの最大昇温温度依存性を示す[9, 10].ウェハは,n-Si, 3.5〜3.7Ω cmである.昇温は酸素ガス大気圧で50℃/sで行った. 550℃までの昇温では顕著な酸化膜成長が起こらないことがわかる. 600℃以上の昇温過程で酸化膜が成長していることがわかる.

表2に昇温過程成長酸化膜の厚さの酸素ガス濃度依存性を示す[9, 10].ウェハ

は，n-Si，3.5〜3.7 Ω cm である．昇温は，50 ℃/s で 900 ℃ まで行った．酸素ガスの希釈には窒素ガスを用いた．0.3 % の酸素ガス濃度で，0.43 nm の酸化膜が成長している．この厚さは，酸化膜一分子層の厚さ（0.3〜0.4 nm）にほぼ対応

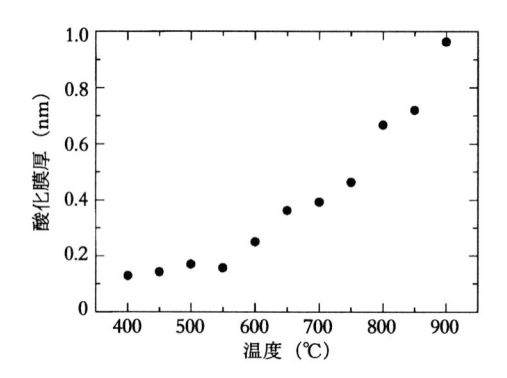

**図 3** 大気圧酸素ガス中で加熱速度が 50 ℃/s での加熱中に成長する酸化膜厚の最大加熱温度依存性

**表 1** 大気圧酸素ガス中で 900 ℃ までの加熱中に成長する酸化膜厚の加熱速度依存性

| 加熱速度（℃/s） | 酸化膜厚（nm） |
|---|---|
| 0.5 | 2.50 |
| 5.0 | 1.24 |
| 10 | 1.15 |
| 25 | 1.11 |
| 50 | 0.96 |

**表 2** 加熱速度が 50 ℃/s で 900 ℃ までの加熱中に成長する酸化膜厚の酸素ガス濃度依存性

| 酸素ガス濃度（%） | 酸化膜厚（nm） |
|---|---|
| 100 | 0.96 |
| 10 | 0.60 |
| 2 | 0.53 |
| 0.3 | 0.43 |

1　半導体・電子技術への応用

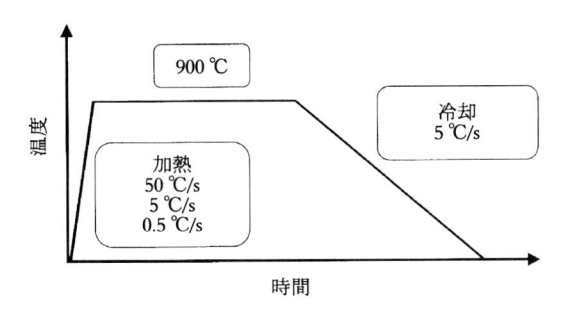

図4　熱酸化温度プロファイル

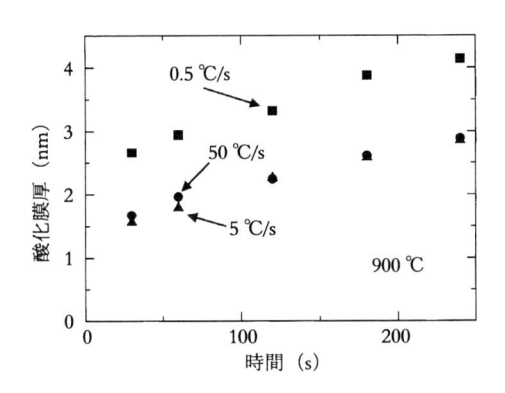

図5　シリコン酸化膜厚の酸化時間依存性

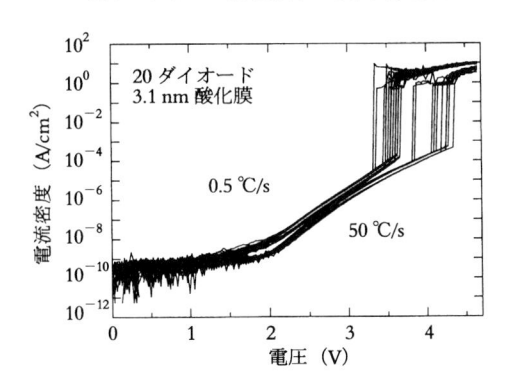

図6　極薄シリコン酸化膜を用いたMOSダイオードの電流密度－電圧特性

している．すなわち，昇温過程酸化膜成長を約一分子層に抑止する条件は，昇温速度が50℃/sの場合，酸素ガス濃度が0.3％である．

図4に極薄シリコン酸化膜を形成した酸化温度プロファイルを示す．昇温，所定温度，降温過程でガス圧，総ガス量を一定にして，昇温速度，酸素ガス濃度を制御して熱酸化を行った．ここでは，所定の熱酸化温度である900℃の時間を酸化時間としている．

図5は，シリコン酸化膜厚の酸化時間依存性を示す．ウェハは，p-Si，8～12Ωcmである．シリコン酸化膜厚は，昇温速度により異なることがあるのがわかる．したがって，極めて薄い領域で厚さを高精度で制御してシリコン酸化膜を形成するためには，所定の酸化温度での熱酸化速度への昇温過程成長酸化膜の影響を明らかにすることが重要である．

図6にMOSダイオードの電流密度－電圧特性の昇温速度依存性を示す[10]．ウェハは，n-Si，3.5～3.7Ωcmである．昇温速度50，0.5℃/sの条件で，全膜厚3.1 nmの酸化膜が形成された．昇温過程で成長する酸化膜厚は，それぞれ1.0，2.5 nmである．金属電極面積は，$1.8 \times 10^{-3}$ cm$^2$である．昇温速度50℃/sで形成した酸化膜を有するMOSダイオードのトンネル電流は小さく，絶縁破壊電圧は約0.7V高くなっている．昇温速度を速くすることにより，昇温過程での酸化膜成長が抑えられ，電気特性を向上させることがわかる．

図7にMOSダイオードの電流密度－電圧特性の酸素ガス濃度依存性を示す[10]．ウェハは，n-Si，3.5～3.7Ωcmである．酸素ガス濃度0.3，100％の条件で，全膜厚3.0 nmの酸化膜が形成された．昇温過程で成長する酸化膜厚はそれぞれ0.4，1.0 nmである．金属電極面積は，$1.8 \times 10^{-3}$ cm$^2$である．昇温過程成長酸化膜の厚さが薄いと，トンネル電流が小さくなることがわかる．

図8に極薄シリコン酸化膜を有するMOSダイオードの電流密度－電圧特性を示す[10]．ウェハは，n-Si，8～12Ωcmである．酸化膜厚を図中に示している．酸化膜は，昇温速度が50℃/s，酸素ガス濃度が100％で形成された．900℃での熱酸化開始から終了までを酸化時間として，酸化時間を変化させることにより膜厚が異なる酸化膜を形成している．金属電極面積は，$1.8 \times 10^{-4}$ cm$^2$である．膜厚が1.2 nmの酸化膜は，50℃/sの昇温過程と5℃/sの降温過程のみの酸化で成長した酸化膜である．

極薄シリコン酸化膜を流れるトンネル電流は，理論的に酸化膜厚と酸化膜のエ

# 1 半導体・電子技術への応用

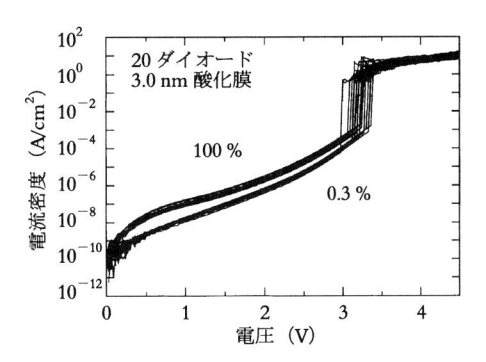

図7 極薄シリコン酸化膜を用いたMOSダイオードの電流密度－電圧特性

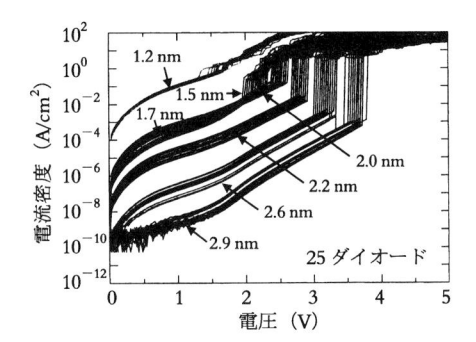

図8 極薄シリコン酸化膜を用いたMOSダイオードの電流密度－電圧特性

ネルギ障壁高さにより決定される．酸化膜厚が薄くなってもエネルギー障壁高さが変化しないとすると，酸化膜厚が薄くなるとトンネル電流は増加する．図8において，酸化膜厚が薄くなると電流が増加しているが，1.5，1.7，2.0 nmの酸化膜の電流がほぼ等しい．これらの酸化膜では，エネルギー障壁高さが変化していることが考えられる．酸化膜厚が薄くなってもエネルギー障壁高さが低下しない極薄シリコン酸化膜形成法を開発することが重要である．

## 4 おわりに

絶縁性の高い極薄シリコン酸化膜を形成するために，熱酸化プロセスを昇温酸化膜成長過程と所定温度酸化膜形成過程に分けて制御する観点で，大気圧熱酸化

におけるSi（100）昇温過程の精密制御法の研究を行い，全酸化膜厚が約3 nmのシリコン酸化膜において，900℃の所定酸化温度形成酸化膜に対して900℃までの昇温過程成長酸化膜を薄くすると，MOSダイオードのトンネル電流を低減できることを確認した．

高絶縁性の極薄シリコン酸化膜を形成するためには，昇温過程成長酸化膜を制御することが重要であり，赤外線ランプ加熱により昇温速度を速くすることができ，トンネル電流が小さい極薄シリコン酸化膜を形成できる．また，高信頼性の極薄シリコン酸化膜を形成するために，赤外線ランプ加熱によりコールドウォール型反応チャンバ内でシリコンの熱酸化ができ，超清浄雰囲気で極薄シリコン酸化膜形成が可能である．

今後の課題として，LSIデバイスが要求するシリコン酸化膜を実現するために，酸化膜厚が薄くなってもエネルギ障壁高さが高い極薄シリコン酸化膜を形成する方法の開発が重要である．極薄シリコン酸化膜形成装置の課題としては，シリコンウェハの均一加熱が挙げられる．極薄シリコン酸化膜の膜厚および膜質を均一に形成するためには，所定の酸化温度でのシリコンウェハの均一加熱に加えて，昇温過程での均一加熱が重要である．

参考文献
1) International Technology Roadmap for Semiconductors (1999).
2) M.Morita and T.Ohmi: Mat. Res. Soc. Symp. Proc., **259** (1992) 19.
3) M.Morita and T.Ohmi: The Physics and Chemistry of $SiO_2$ and the $Si-SiO_2$ Interface 2, eds. C.R. Helms and B.E. Deal Plenum, New York, (1993) 199.
4) M.Morita and T.Ohmi: *Jpn. J. Appl. Phys.*, **33** (1994) 370.
5) M.Offenberg, M.Liehr, G.W. Rubloff and K. Holloway: *Appl. Phys. Lett.*, **57** (1990) 1254.
6) M.Offenberg, M.Liehr and G.W. Rubloff: J. Vac. Sci. & Technol., **9** (1991) 1058.
7) K.Makihara, A.Teramoto, K.Nakamura, M.Y. Kwon, M.Morita and T.Ohmi: *Jpn. J. Appl. Phys.*, **32** (1993) 294.
8) T.Ohmi: *J.Electrochem. Soc.*, **143** (1996) 2957.
9) K.Nishimura, S.Urabe and M.Morita: Proc. 9th Int. Conf. Production Engineering, Osaka, (1999) 421.
10) S.Morita, T.Okazaki, K.Nishimura, S.Urabe and M.Morita: Ext. Abstr. Int. Workshop on Gate Insulator, Tokyo (2001) 110.

# 1.2 急速熱処理を用いた高誘電体薄膜の形成

室蘭工業大学
福田　永，K.M.A. Salam，野村　滋

## 1 はじめに

　半導体集積回路(LSI)の技術革新ほど目覚しいものは他に例を見ない．1948年のトランジスタの発明から今日の高性能コンピュータの出現までわずか半世紀しかたっていない．この50年間に回路規模は10億倍となり，動作速度も100万倍に高速化した．原始人が車輪を発見して以来，人力の荷車を経て今日の自動車が出来るまで少なくとも1万年を要したが，半導体の分野ではそれと同等の技術革新を僅か50年でやり遂げたことになる．1970年代，LSIは電卓や時計といった限られたパーソナル機器に用いられていたが，21世紀を迎えた今日，家電製品はもちろんのこと，インターネット，情報通信，自動車，電車，航空機，人工衛星，さらには銀行・証券取引など産業のほとんどの分野においてLSIが不可欠となっている[1]．

　LSIの進歩を支えてきたのは半導体製造における微細加工技術，電子回路設計技術，それらを支援するCAD技術などの先端技術である．特に半導体微細加工技術の著しい進展により，1チップあたりに搭載できる素子数は飛躍的に増加した．微細化を進めると素子性能は向上し，それに負荷する寄生キャパシタやインダクタンスなども低減される．その結果，動作速度が向上する．これをスケーリング則による素子性能の向上という[2]．図1は，LSIに用いられる電界効果トランジスタ（MOSFET）の縮小（スケールダウン）を示したものである[3]．たとえばゲート長 $L$ を $L/K$ に縮小する場合を考える．ここで，$K$ はスケーリング係数

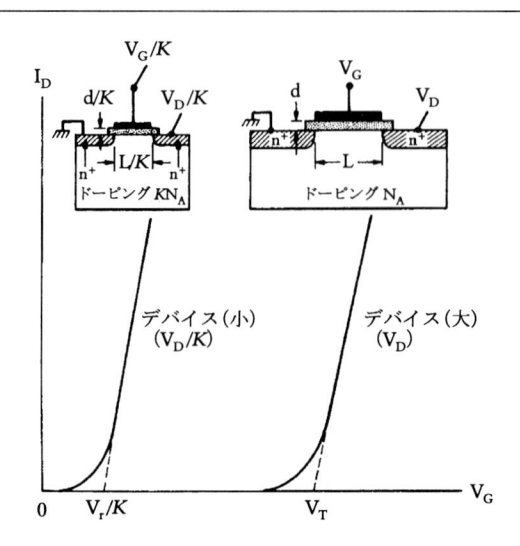

**図1** スケーリング則による MOSFET の縮小化

と呼ばれ，例えば 1 μm の MOSFET を 0.1 μm に縮小するならば，$K=10$ となる．デバイスの縮小において，ゲート長のみならずゲート酸化膜厚 $d$ も $d/K$ に薄膜化し，かつ電源電圧 $V_D$ を $V_D/K$ に低下させ，さらには基板不純物濃度も $N_A$ から $KN_A$ に増加させる．そうしないとチャネルにキャリアが誘起されないことのみならず，パンチスルー（ソースからドレインのキャリアの突き抜け現象）が生じ，MOSFET は正常に動作しなくなる．さらにはゲート酸化膜にかかる電界が増加し，絶縁破壊を引き起こし信頼性が著しく低下する．一般に，MOSFET の最大動作周波数 $f_T$ および相互コンダクタンス $g_m$ は，

$$f_T = \frac{g_m}{2\pi LWC_{ox}}$$

$$g_m = \frac{W\mu C_{ox}}{L}(V_G - V_T)$$

で表される[3]．ここで，$C_{ox}$ はゲート容量，$L$ はゲート長，$W$ はゲート幅，$\mu$ はキャリアの移動度である．それゆえ，MOSFET の高速動作化を図るには，ゲート酸化膜を可能な限り薄く（$d \to$ 小として $C_{ox}$ を増加する）し，かつゲート長を縮小する（$L \to$ 小）とすることが要求される．表1は，1998 年版の国際半導体技術ロードマップ（ITRS）を抜粋したものである．例えば，2011 年には $L=0.035$

# 1 半導体・電子技術への応用

表1 1998年版 ITRS ロードマップの抜粋

| Shipment Year | 1997 | 1999 | 2002 | 2005 | 2008 | 2011 | Unit |
|---|---|---|---|---|---|---|---|
| MPU Gate | 200 | 140 | 100 | 70 | 70 | 35 | nm |
| MPU total Trs. | 11M | 21M | 76M | 200M | 520M | 1.4G | Trs./chip |
| Logic $V_{DD}$ | 2.5-1.8 | 1.8-1.5 | 1.5-1.2 | 1.2-0.9 | 0.9-0.6 | 0.6-0.5 | V |
| $T_{ox}$ | 5-4 | 4-3 | 3-2 | 2-1.5 | <1.5 | <1.0 | nm |
| Max $E_{ox}$ | 5-4 | 5 | 5 | >5 | >5 | >5 | MV/cm |
| DRAM | 64M | 256M | 1G | 4G | 16G | 64G | Bits/chip |
| (Chip size) | (170) | (240) | (340) | (480) | (670) | (950) | mm$^2$ |
| Flash $T_{ox}$ | 8.5 | 8 | 7.5 | 7 | 6.5 | 6 | nm |
| Flash W/E | 100K | 100K | 100K | 100K | 100K | 100K | cycles |
| NOR Cell | 0.6 | 0.3 | 0.15 | 0.08 | 0.04 | 0.02 | μm$^2$ |

The International Technology Roadmap for Semiconductors: 1998 版

μm,ゲート酸化膜厚 d<1 nm の MOSFET を,1チップあたり 1.4 G（ギガ）搭載したマイクロプロセッサ（MPU）が市場に出ることになる[4].実際,インテル社は,上記の MPU を前倒しして 2005 年までに量産するという具体的な計画を宣言している.MPU 高速化に対する米国の並々ならぬ意気込みが伺える.インテル社が発表した世界最小の MOSFET では,ゲート長 $L$=0.03 μm,ゲート酸化膜厚 $d$=0.80 nm である.酸化膜厚でみるとオングストロームの領域に達しており,シリコン（Si）原子で 4〜5 原子層積み上げただけの驚異的な高さである.問題はゲート酸化膜をどこまで薄くできるかということである.現在使われているシリコン酸化膜（$SiO_2$）は厚さが 2 nm 以下になると直接トンネリングにより大きなリーク電流が流れてしまう.また欠陥密度が指数関数的に増加する.すなわちスタンバイ時（OFF 状態）でも大電流が流れ,正常なスイッチング動作（ON／OFF 動作）が不可能になる.現在,ULSI の全ビット動作を考えると,実用的な限界は 2 nm 程度であるといわれている[5].ゲート酸化膜の薄膜化は一重にシリコン酸化膜の比誘電率 ε が 3.9 であることに由来している.発想をかえて,$SiO_2$ に代わる高誘電率ゲート絶縁材料（ε>10）を模索したほうが手っ取り早いという考え方がある[4,6].高誘電率ゲート絶縁膜の利点は,$SiO_2$ のように極端な極薄化をしなくとも同等のゲート容量が得られ,かつリーク電流も抑止できる点にある.しかし,ゲート電極材料との整合性,バンドオフセットの問題,界面酸化物やシリサイドの形成,デュアルゲート CMOS のしきい値電圧 $V_T$ 制御,および

化学量論的組成のずれ（ノンストイキオメトリ）に起因するイオン伝導など多くの重要課題が残されており，実用化にはまだ障壁が高い[6,7]．

これまで，様々な高誘電体膜形成方法が検討されてきた．本研究では有機金属熱分解（MOD）を用いた高誘電体薄膜形成について紹介する．MOD の利点は，大面積の製膜が可能なこと，組成制御性が良いこと，原材料の長期保存が可能なことが挙げられる[6]．さらには大規模な真空装置を要しないことが何よりの利点である．本研究では，これまで DRAM キャパシタ絶縁膜として実績のある酸化タンタル（$Ta_2O_5$）薄膜に注力して研究を行った．特に次世代 ULSI ゲート絶縁膜としての可能性を検討した．

## 2 実験方法

CZ 法，（100）面，比抵抗 9～12 Ωcm の p 形 Si ウエハを 1.2×1.2 cm に切断し，これを試料として用いた．前処理として，超音波洗浄による脱脂，希釈フッ酸溶液による自然酸化膜除去，続いて RCA 洗浄を行った．MOD 材料（㈱トリケミカル研究所製）として，2－メトキシエタノール（2－MeOEtOH）を溶媒としたペンタエトキシタンタル（$Ta(OEt)_5$）を用いた．またテトラエトキシチタン（$Ti(OEt)_4$）を添加することを試みた．Ta：Ti 比率が，96：4，92：8，88：12，80：20 になるよう MOD 溶液を調合した．次に，MOD 溶液を Si 基板上に 2000 rpm で 5 秒，4000 rpm で 20 秒の条件でスピン塗布した．最初，有機溶媒を蒸発させるために赤外線ランプでプリベーク（110 ℃，10 分）を行った．続いて有機物の昇華と薄膜の結晶化のために赤外線照射による急速加熱を行った．用いた装置は，アルバック理工製 MILA-3000 である．急速熱処理装置の概略を図 2 に示す．光源に主波長 1.0 μm のタングステン－ハロゲンランプを使用している．そのため Si への吸収効率が高まる[9]．その結果，僅か数秒間で高温域（1000 ℃）まで達する．加熱処理条件として，昇温速度を 20 ℃/s，熱処理温度を 600～1000 ℃，熱処理時間を 1～3 分とした．製膜後，エリプソメトリ法による膜厚測定，X 線回折（XRD）および原子間力顕微鏡（AFM）を用いた結晶評価，また透過電子顕微鏡（TEM）による断面観察を行った．さらにバックコンタクト形成後，試料表面に 0.5 mmφ の Al ドット電極を形成した MIS 構造を作製し，容量－電圧（C－V）および電流－電圧（I－V）測定を行った．

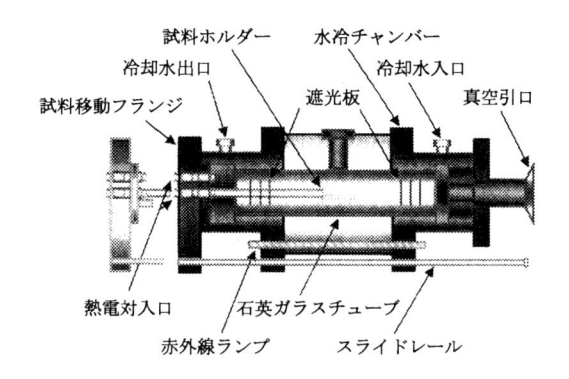

1 半導体・電子技術への応用　　　　　　　　　　　　　　　　　　　　131

図2　赤外線急速加熱装置の概略図（アルバック理工製 MILA-3000）

## 3 実験結果

### 3-1 薄膜構造評価

図3は，$Ta_2O_5$ 薄膜の XRD パターンについて結晶化温度依存性を調べたものである．600℃の熱処理では膜構造はアモルファス（非晶質）構造であるが，700〜800℃にかけて結晶化が急速に進行していることがわかる．XRD パターンにみられるこれらのピークは，斜方晶（$\beta$-$Ta_2O_5$）構造を表しており，(101)，(107)，(116)，(0016) および (105) 方位ピークと同定される（JCPDS ファイル No.21-1199）．熱処理温度 900℃の場合のみ，ピーク強度が最も大きくなるのは興味深

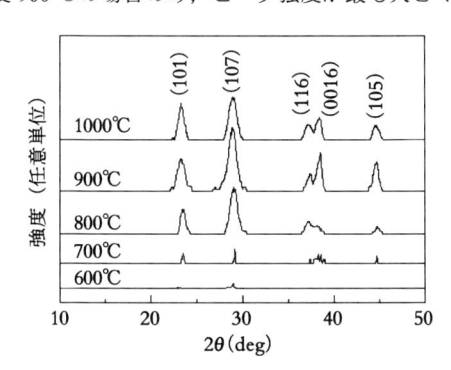

図3　$0.92Ta_2O_5 - 0.08TiO_2$ 薄膜の XRD パターン
　　　図は熱処理温度依存性を表す

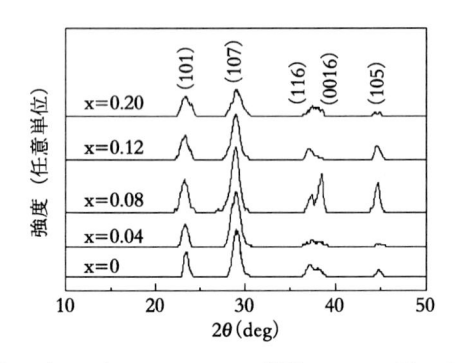

**図4** $(1-x)\mathrm{Ta_2O_5}-x\mathrm{TiO_2}$ 薄膜の XRD パターン
図は組成比 ($x$) 依存性を表す

い．図4は，$(1-x)\mathrm{Ta_2O_5}-x\mathrm{TiO_2}$ 薄膜における XRD パターンで，組成 ($x$) 依存性を調べたものである．総じて β-$\mathrm{Ta_2O_5}$ 構造をしている．ただし，$x=0.08$ の試料のみが最もピーク強度が大きい．$\mathrm{Ta_2O_5}$ 構造は酸素不足状態の組成，すなわち $\mathrm{Ta_2O_{5-\delta}}$ 構造と考えられている[10]．もし薄膜の格子欠陥に酸素イオン ($\mathrm{O^{2-}}$) よりもイオン半径の小さい金属イオン（例えば $\mathrm{Ti^{4+}}$) が置換されるならば，結晶構造は原子レベルで修復できるものと考えている．ただし，適量を越える $\mathrm{TiO_2}$ 混入は，$\mathrm{Ta_2O_5}$ の結晶構造自体を変え，欠陥を新たに作る可能性がある．図5は，$0.92\mathrm{Ta_2O_5}-0.08\mathrm{TiO_2}$ 薄膜の表面モホロジーを観察したものである．図3からも推測できるように，アモルファス状態を維持している状態（600℃）では表面粗さが 2.7 nm と小さく極めて平坦であることがわかる．また結晶粒も確認されていない．一方，900℃では結晶成長が起こり，それとともに表面凹凸が増加する．表面粗さも約 8.5 nm となった．図6は $0.92\mathrm{Ta_2O_5}-0.08\mathrm{TiO_2}$ 薄膜の断面構造を示したものである．AFM 像にも示されたように，結晶粒（約 10 nm）の成長が確認できる．結晶粒径に依存して表面に凹凸が生じていることも確認できる．また，界面に 2 nm 程度の厚さの酸化層が存在していることもわかる．この酸化層は，結晶化アニール過程で膜中から拡散した水成分が酸化種となって形成されたと考えている．しかし，急速熱処理を用いているため酸化が抑止され，それゆえ酸化層の厚さ自体も飽和していると判断される．実際，通常の電気炉酸化では 10 nm 以上の酸化成長が起きていることが確認されている．

1　半導体・電子技術への応用

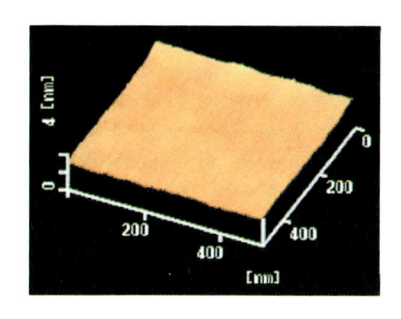

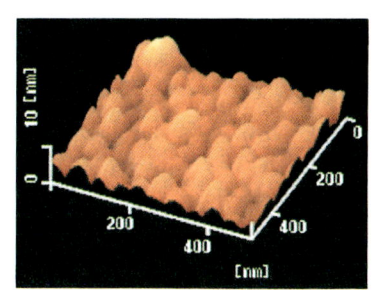

(a) 熱処理温度 600 ℃　　　　　　(b) 熱処理温度 900 ℃

図5　0.92 $Ta_2O_5$ － 0.08 $TiO_2$ 薄膜表面モホロジー

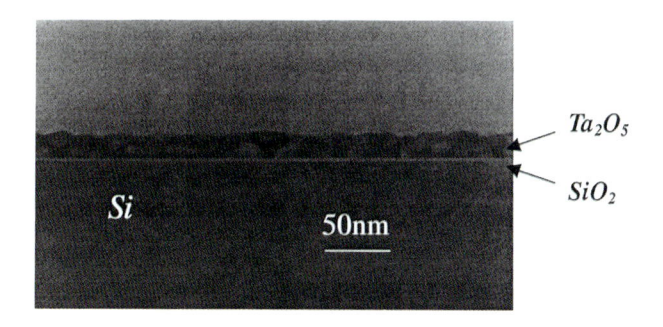

図6　0.92 $Ta_2O_5$ － 0.08 $TiO_2$ 薄膜／Si 界面の断面 TEM 像

3-2　電気的特性

　図7は，0.92 $Ta_2O_5$ － 0.08 $TiO_2$ 薄膜について，C － V 特性のアニール温度依存性を示したものである．蓄積領域の容量（$C_{ox}$）で見ると，アニール温度の増加とともに $C_{ox}$ は増加する傾向を示す．しかし，1000 ℃アニールでは再び $C_{ox}$ が減少する傾向を示す．図6で見られたように，界面の酸化層が成長して直列キャパシタンスとなるため，$C_{ox}$ が低下したと考えられる．また，800 ℃以下では，フラットバンド電圧が負方向に 0.5 V 程度シフトしていることから，膜中に正電荷

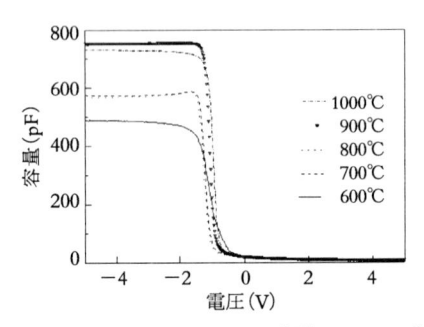

**図7** 0.92 $Ta_2O_5$ − 0.08 $TiO_2$ 薄膜の C − V 曲線
（図は熱処理温度依存性を表す）

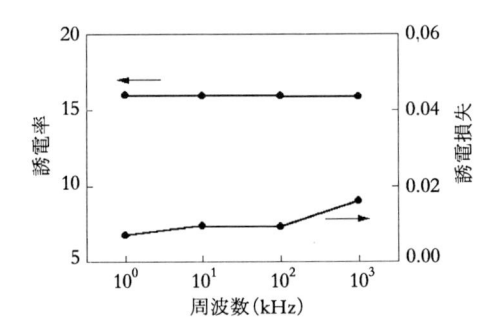

**図8** 誘電率および誘電損失の測定周波数依存性
（試料は 0.92 $Ta_2O_5$ − 0.08 $TiO_2$ 薄膜）

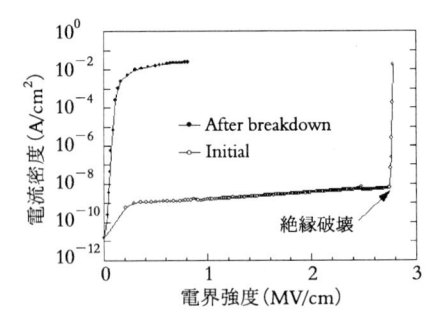

**図9** 0.92 $Ta_2O_5$ − 0.08 $TiO_2$ 薄膜の I − V 特性
（図は絶縁破壊前と絶縁破壊後の特性を示している）

が存在していることがわかる．一方，900℃以上では理想曲線に漸近するので，熱処理温度の上昇に伴い正電荷が消失する傾向があると思われる．図8は，誘電率および誘電損失（tan δ）の測定周波数依存性を示したものである．誘電率は，$0.92 Ta_2O_5 - 0.08 TiO_2$薄膜が最も高く，最大16なる値が得られた．また誘電率に関しては周波数依存性が見られていないが，誘電損失については周波数とともにやや増加する傾向が見られた．この原因については未だ不明であるが，電極／誘電体界面の抵抗成分などが影響していると考えられる．図9は，$0.92 Ta_2O_5 - 0.08 TiO_2$薄膜のI－V特性を示したものである．電流は印加電界とともに徐々に増加し，3 MV/cm前後で絶縁破壊を起こしている．破壊後，再度測定したところオーミック伝導となった．絶縁破壊前の伝導については，膜中の欠陥に起因するイオン伝導が考えられる．印加電界および温度に依存していることから，Poole-Frenkel型の伝導が考えられる．この伝導は，

$$J = CE \exp\left(-\frac{q\phi_t}{kT}\right) \times \exp\left(\frac{1}{rkT}\sqrt{\frac{q^3}{\pi\varepsilon_0 kT}}\sqrt{E}\right)$$

と表される[11]．ここで，$C$は定数，$E$は電界強度，$T$は温度，$\phi_t$はトラップ準位，$k$はボルツマン定数，$r$は係数で，$1 \leq r \leq 2$，$q$は電荷量，$\varepsilon_0$は誘電率を表す．

図10は，得られたI－V特性をPoole-Frenkelプロットしたものである．$1 \leq E < 2 MV/cm$の範囲で比較的良く再現されていることがわかる．デバイスはこの範囲で動作させるので，リーク電流を最小限に抑止する必要がある．すなわち，膜中の欠陥に起因するイオン伝導をいかに制御するかが重要な鍵になる．図11は，リーク電流密度と誘電率について組成比依存性をまとめたものである．$0.92 Ta_2O_5 - 0.08 TiO_2$薄膜（$x=0.08$）が，誘電率が最も高く（$\varepsilon=16$），かつリーク電流が最も低い（$10^{-9} A/cm^2$以下）結果となった．このことは，$Ta_2O_5$薄膜に含まれている酸素空位にイオン半径の小さい金属イオン（$Ti^{4+}$）が置換されたため，イオン伝導が大幅に低減できたためと考えている[12,13,14]．それと同時に，$Ta_2O_5$薄膜の結晶構造も回復し，誘電率を増加させたと考えられる．現在，酸素空位にTiイオンが有効に置換されているかどうかを確認するために，フーリエ赤外分光による解析を開始している．

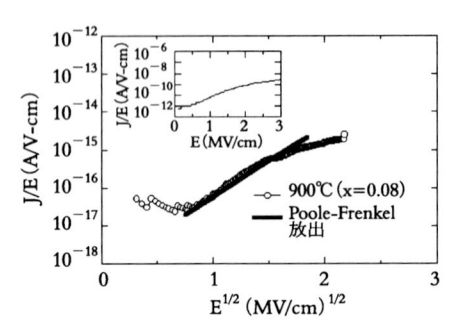

図10 I－V特性のPoole-Frenkelプロット
試料は0.92 $Ta_2O_5$ － 0.08 $TiO_2$ 薄膜

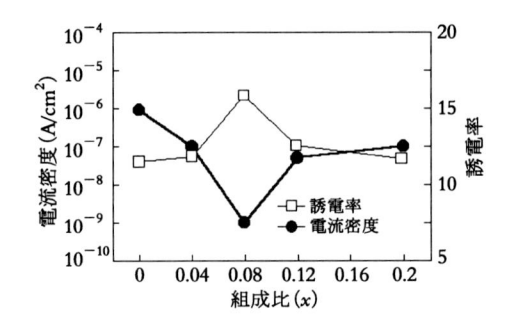

図11 リーク電流密度と誘電率における組成比（$x$）依存性

## 4 まとめ

　本研究は，次世代ULSIに搭載する微細MOSFETゲート絶縁膜として，酸化タンタル（$Ta_2O_5$）薄膜に着目した．$Ta_2O_5$薄膜の形成は有機金属熱分解（MOD）を用いた．また，MOD調合の際，微量の$TiO_2$を添加することを試みた．得られた高誘電体膜は，$(1-x)\,Ta_2O_5 - xTiO_2$膜となった．薄膜の構造については，X線回折，原子間力顕微鏡および透過電子顕微鏡を用いて評価した．また，誘電特性として比誘電率および誘電損失を評価し，また絶縁性特性としては電気伝導および絶縁破壊強度について評価を行った．組成比をパラメータとして結晶性を調べた結果，$x=0.08$が最も結晶化が進行していることが確認できた．また，ア

ニール温度が 900 ℃で結晶性が良く，誘電率が最大 16 となった．また，リーク電流は $10^{-9}$ A/cm$^2$ まで低下した．純粋な $Ta_2O_5$ は酸素不足酸化物であり，少量の酸素サイトが空孔となっている．その結果，欠陥準位を形成しイオン伝導をもたらす．本研究では，$Ta_2O_5$ 膜に適量の $TiO_2$ を添加したことで，イオン半径の小さい Ti イオンが酸素サイトに有効に収まり，その結果，結晶性の向上，誘電率の増加およびリーク電流の低減がなされたと考えている．本研究での成果は，高誘電体膜が本来持っている"不定比性"を制御できることのみならず，次世代 ULSI への道が開けたという点で極めて意味のあることと考えている．

参考文献
1) 三菱電機㈱編：わかりやすい半導体デバイス，オーム社（1996）．
2) 野村　滋，福田　永 共著：極薄シリコン酸化膜の形成と界面評価技術，リアライズ社，（1997）11．
3) S.M.Sze: Semiconductor Devices Physics and Technology, Wiley, (1985) 217.
4) 日経マイクロデバイス（2001）2 月号，50．
5) J.H.Stathis and D.J.DiMalia: IEDM Tech. Dig., (1998) 163.
6) 鳥海　明：電子情報通信学会論文誌 C, **J84-C** [2] (2001) 76.
7) G.D.Wilk, R.M.Wallance and J.M.Anthony: *J. Appl. Phys.*, **89** [10] (2001) 5243.
8) 川合知二 編著：消えない IC メモリー FRAM のすべて―，工業調査会（1996）59．
9) V.E.Borisenko and P.J.Hesketh: Rapid Thermal Processing of Semiconductors, Plenum, (1997) 1.
10) 齋藤安俊，齋藤一弥 編訳：金属酸化物のノンストイキオメトリと電気伝導，内田老鶴圃，（1992）139．
11) C.Chaneliere, J.L.Autran and R.A.B.Devine: *J. Appl. Phys.*, **86** [1] (1999) 480.
12) H.Fujikawa and Y.Taga: *J. Appl. Phys.*, **75** [5] (1994) 2538.
13) K.M.A.Salam, H.Konishi, M.Mizuno, H.Fukuda and S.Nomura: *Jpn. J. Appl. Phys.*, **40**, Pt.1 [3A] (2001) 1431.
14) 鯉沼秀臣編著：酸化物エレクトロニクス，培風館，（2001）31．

# 1.3 急速昇温加熱処理した強誘電体薄膜の電気特性

㈱日立製作所　日立研究所
生田目俊秀, 鈴木孝明, 門島　勝

## 1　はじめに

　ペロブスカイト構造をもつ高・強誘電体は，高い誘電率と外部からの電界が印加されていない状態で自発的に分極している特徴を有しており，図1に示すような $ABO_3$ 構造で表すことができる．高誘電体を用いた集積化，大容量化およびダウンサイジング化が進められているチップコンデンサにおいては，比誘電率 ($\varepsilon_r$)（誘電体と真空の誘電率の比）の高い材料への変換が試みられている．
　比誘電率が300以上の誘電体材料としてはペロブスカイト型複合酸化物のチタン酸バリウム $BaTiO_3$ [BTO]，ジルコンチタン酸鉛 $Pb(Zr,Ti)O_3$ [PZT] および $Pb(Mg_{1/3}Nb_{2/3})O_3$ [PMN] が挙げられる．

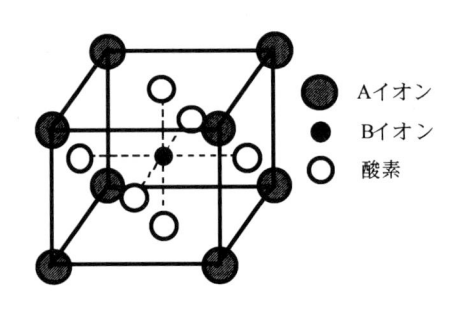

図1　$ABO_3$ の結晶構造

1 半導体・電子技術への応用   139

　また，強誘電体材料としては，$(Bi_2O_2)^{2+}(A_{m-1}B_mO_{3m+1})^{2-}$ の化学式で表される Bi 層状構造化合物（Bi-layer type compounds）などがあり，この特異な電気特性を利用して高速動作と不揮発性を合わせ持った不揮発性メモリ（FRAM：Ferroelectric Random Access Memory）の開発が盛んに行われている[1]．

　PZT 薄膜は，残留分極（2Pr）が 20～40 $\mu C/cm^2$ と非常に大きいという特徴がある．一方，Bi 層状構造化合物である $SrBi_2Ta_2O_9$［SBT］薄膜は，書き換え疲労が小さく，インプリント効果の小さいことが分かり，新規なキャパシタ材料として注目されている．

　高誘電率材料である PMN はバルク体で $\varepsilon_r$ が約 10000（室温）と非常に高いことが知られている．しかし，PMN はペロブスカイト単相を生成することが難しく，比誘電率の小さなパイロクロア相が低温度安定相として成長しやすいという問題点があった．PMN バルク体の作製では，このパイロクロア相の生成を抑制するために，あらかじめ $MgNb_2O_6$ を作製した後に，PbO と反応させるコランバイト法が用いられている[2]．一般に，熱処理段階での Pb 蒸発の抑制がペロブスカイト単相の安定作製に直結しており，そのために昇温速度および出発組成が検討されている．

　また，同様に強誘電体材料である SBT 膜についても，アモルファスからペロブスカイト相の結晶成長において，残留分極の小さな不定比化合物のフルオライト構造を形成しやすい問題を含んでいた．

　上記の課題を解決するために，アモルファスで成膜した後の熱処理工程での工夫が重要であり，PMN 高誘電体膜と SBT 強誘電体膜のペロブスカイト単相形成に有効な形成技術について解説する[3,4]．

## 2　実験方法と結果

　SBT 薄膜と PMN 膜は，有機金属錯体を出発原料としたスピンコート（4000 rpm / 30 sec）法で塗布した後，大気中でドライ（150 ℃），ベーク（300～500 ℃）を行った．コート～ベークまでの操作を 3～9 回繰り返すことで膜厚 180～720 nm の薄膜を得た[3,4]．基板には Pt(200 nm) / Ti(20 nm) / $SiO_2$ / Si を用いた．

　その後，SBT 薄膜と PMN 膜の急速昇温加熱処理（RTA：Rapid Thermal Annealing）は，赤外線ゴールドイメージ炉（TA7000，HPC-7000，アルバック理

工製)を用いて 500～900 ℃の範囲で,雰囲気酸素濃度を制御して行った.

## 3 PMN 薄膜の熱処理と特性変化

　先ず,PMN 薄膜において,ペロブスカイト単一相の作製技術について説明する.PMN 薄膜の Pb / Mg 組成とペロブスカイト相の生成割合の関係を図 2 に示す.100 % $O_2$ 中,RTA で結晶成長を行った.ペロブスカイト相の生成割合は Pb 組成に敏感であり,Pb 組成が増加するに従ってペロブスカイト相の割合が増加する傾向を示した.最適な組成は Pb 20 % と Mg 10 % リッチ組成にすることであり,これによってペロブスカイト単相が得られる温度域を高温度側までシフトでき,熱処理温度 650 ℃ でペロブスカイト単相が得ることに成功した.また,この場合においても,昇温速度を遅くすると,パイロクロア相の成長が促進されることより,昇温速度も重要な因子の一つであることが分かった.

　上記の最適な RTA 条件で形成した PMN 膜 (180 nm) に上部 Pt 電極を蒸着して作製した Pt / PMN / Pt コンデンサの容量および tanδ の温度特性を図 3 に示す.容量の測定周波数 1 k～100 kHz による相違はほとんど認められなかったが,tanδ は周波数が高くなるに従って若干増加する傾向を示した.また 20 ℃ では,容量が 7 μ $F/cm^2$, tanδ が 0.03 (100 kHz)の値を示して,薄膜コンデンサへのこの材料の可能性を示した.

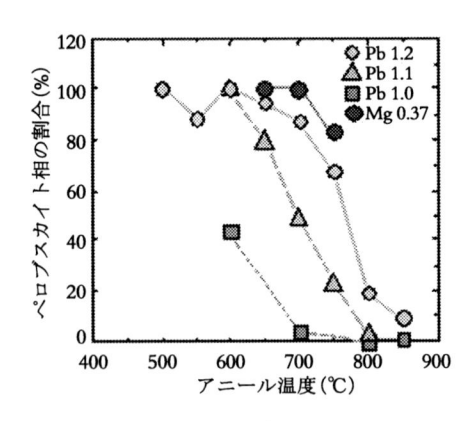

図 2　組成比とペロブスカイト相の関係

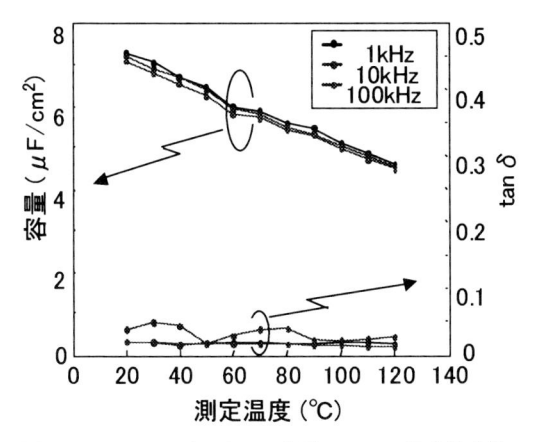

図3 PMN コンデンサーの容量, tanδ の温度依存性

## 4 SBT 薄膜の雰囲気熱処理と特性変化

次に, SBT 薄膜は, 通常, 結晶化温度が 800 ℃以上と高温度のために, Si-LSI プロセスを考えると厳しい条件であり, 低温度形成が望まれていた. そこで, 開発した低酸素濃度熱処理法を用いて形成した SBT の結晶構造について説明する[3]. 600 ℃で RTA 処理した SBT 薄膜の X 線回折パターンを図 4 に示す. 100 % $O_2$ 雰囲気では, 低温度で安定なフルオライト構造が認められるが, 0.7 % $O_2$ の低酸素濃度雰囲気にすることで, ペロブスカイト構造に変化していることが分かる. これは, 低酸素雰囲気で, SBT 構成の金属酸化物の部分溶融による結晶化が促進されたことを示唆している.

次に, 650 ℃の低温度で作製した SBT 薄膜の Pt / SBT / Pt キャパシタにおけるヒステリシス特性を図 5 に示す. 同一熱処理条件で作製した 100 % $O_2$ の試料に比べて 0.7 % $O_2$ の試料はヒステリシスも大きく, 電圧が 0 V における残留分極値も増大した. しかし, 0.7 % $O_2$ の雰囲気においても, 昇温速度が遅い場合には結晶粒が粗大化してリーク電流が増大する傾向であった.

以上より, 高・強誘電体の金属酸化物材料を半導体および電子部品等に用いようとする場合には, 製造プロセスから要求される仕様のために, 厳しい条件下での作製となる. このプロセスウインドーを拡げる一つの手段として急速加熱方法があり, 既に半導体プロセスにおいては有効な方法として活用されている.

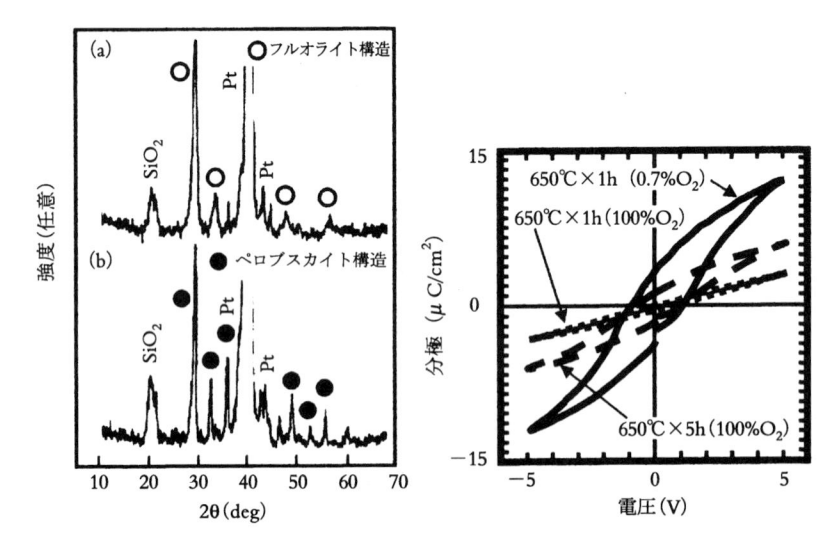

図4 SBT薄膜のX線回折パターン
（(a) 100 % $O_2$, (b) 0.7 % $O_2$ で RTA600℃処理）

図5 SBTキャパシタのヒステリシス特性

## 参考文献

1) 塩崎　忠，阿部東彦，武田英次，津屋英樹：強誘電体薄膜メモリ，㈱サイエンスフォーラム．
2) S.L.swartz and T.rshrout: *Mater. Res. Bull.*, **17** (1982) 1245.
3) T.Suzuki, T.Nabatame and K.Higashiyama: *Trans. IEE of Japan*, **118-A** [4] (1998) 414.
4) 生田目俊秀，鈴木孝明，岡本達司，綿引誠次，荻原　衛，田中　稔，松山治彦：電子情報通信学会シリコン材料・デバイス研究会「強誘電体薄膜とその応用」，大阪大学，3/5,6（2001）6.

# 1.4 ビスマス系強誘電体薄膜の形成とデバイス応用

東北大学電気通信研究所 IT-21 センター，東京工業大学精密工学研究所
徳光永輔

## 1 はじめに

近年，強誘電体メモリ（FRAM）は，高集積度，高速駆動，高耐久性，低消費電力を実現する理想的なメモリとしての期待が益々高まり，すでに小規模ながら実用化が開始されている．FRAM には強誘電体キャパシタを用いたキャパシタ型と，強誘電体ゲートトランジスタを用いたトランジスタ型とがある．キャパシタ型 FRAM のメモリセルは，図 1 に示すように従来の DRAM のストレージキャパシタを強誘電体キャパシタで置き換えたいわゆる 1T1C 型（トランジスタ 1 個とキャパシタ 1 個で構成される）が主流となりつつある．キャパシタ型では，

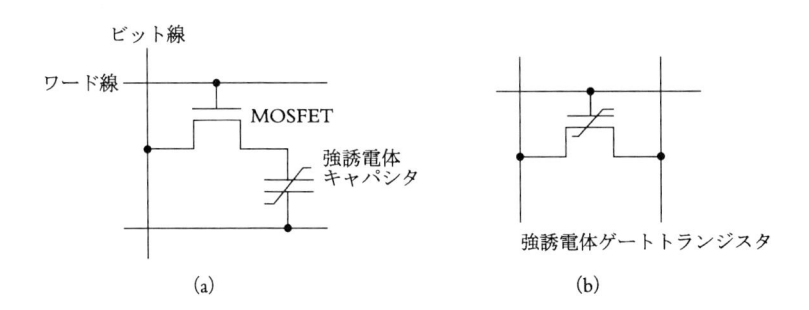

**図 1** （a）強誘電体キャパシタを用いた 1T1C 型 FRAM，および（b）強誘電体ゲートトランジスタを用いた 1T 型 FRAM のメモリセル

記憶した情報の読み出しには強誘電体の分極反転を伴うため，破壊読み出しとなる．これに対し，トランジスタ型の FRAM では，図に示すように強誘電体ゲートトランジスタ 1 個でメモリセルを構成できる．この場合，情報の読み出し時に強誘電体を分極反転させる必要がないため，非破壊読み出しが可能である．さらに，原理的にはスケーリングが可能で高集積化にも適しているため，将来の不揮発性メモリとして注目を集めている．

強誘電体ゲートトランジスタは，強誘電体膜をゲート絶縁膜として用いた電界効果型トランジスタ (FET) であり，強誘電体膜の分極によりチャネルのコンダクタンスを制御し，かつ強誘電体の残留分極によりデバイスの状態を記憶する．強誘電体を用いて半導体のコンダクタンスを制御するというアイディアは非常に古いもの[1,2]であるが，良好な強誘電体／Si 界面を形成することが極めて困難であるため，現在でも強誘電体ゲートトランジスタを用いた不揮発性メモリは実用化されていない．しかし，最近になって安定して動作する強誘電体ゲートトランジスタの試作例が報告されるようになり，次世代の強誘電体メモリとして再び注目されるようになってきた．本稿では，強誘電体ゲートトランジスタに要求される強誘電体材料の特性について述べ，さらにいくつかの強誘電体材料の薄膜をゾルゲル法によって形成した結果を紹介する．

## 2 トランジスタ型 FRAM 用強誘電体材料に求められる特性

強誘電体ゲートトランジスタは，ゲート絶縁膜として用いた強誘電体膜の分極によりチャネルのコンダクタンスを制御するデバイスである．図 2 に強誘電体ゲートトランジスタの種類を示す．強誘電体薄膜を直接半導体基板上に形成した強誘電体ゲートトランジスタを MOSFET に倣って MFSFET（金属／強誘電体／半導体 FET : Metal-Ferroelectric-Semiconductor Field Effect Transistor) と呼ぶ．しかし前述のように，良好な特性を持つ強誘電体/半導体界面の形成が困難なことから，常誘電体のバッファ層が挿入されることが多い．この場合は MFIS-FET（金属／強誘電体／絶縁体／半導体 FET : Metal-Ferroelectric-Insulartor-Semiconductor FET）と呼ばれる．また，金属または導電性酸化物のフローティングゲートを介して強誘電体薄膜を形成したものを，MFMIS-FET と呼ぶ．

強誘電体ゲートトランジスタを設計する際に考えなければいけないことは，強

# 1 半導体・電子技術への応用

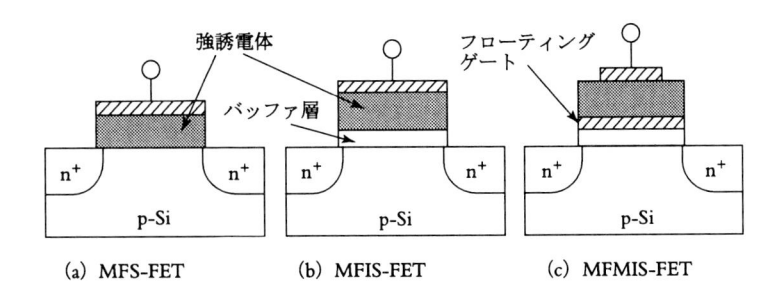

**図2** 各種強誘電体ゲート FET の構造

(a) MFS-FET　(b) MFIS-FET　(c) MFMIS-FET

誘電体の残留分極の値と，FET のチャネルのコンダクタンスを制御するために必要な電荷量が大きく異なる点である．強誘電体の残留分極の値は，$SrBi_2Ta_2O_9$（SBT）で通常 $10\,\mu C/cm^2$ 程度，$Pb(Zr,Ti)O_3$（PZT）では $30-50\,\mu C/cm^2$ にもなる．これは通常の MOSFET でチャネルのコンダクタンスを制御するのに必要な電荷量よりはるかに大きい．例えば，$10\,nm$ の $SiO_2$ で PZT の残留分極並の $30\,\mu C/cm^2$ を誘起しようとすると，87 V もの印加電圧が必要である．この時の印加電界は 87 MV/cm にも達し，$SiO_2$ の絶縁耐圧を大きく越えてしまうため，実際にはこれほど大きな電荷量は利用できないことになる．

このような電荷量の不整合を是正するためには，MFMIS 構造を用い，さらに上部の強誘電体キャパシタ（MFM 部）の面積を下部の MIS 部よりも小さく設計することが有効である[3]．しかしこの場合は上部強誘電体キャパシタと比較してかなり大きな（6-15 倍）MIS-FET が必要となるため，微細化には向いていない．従って「残留分極の小さな」，正確に言えば FET のチャネル制御に必要な電荷量と同程度の分極量をもつ強誘電体材料を探索，開発することが望ましい．また，トランジスタのしきい値電圧のシフト量（これをメモリウインドウとよぶ）が抗電圧の 2 倍となるため，抗電界が比較的「大きい」材料が望まれる．このような要求はキャパシタ型 FRAM の場合とは全く異なったものである（キャパシタ型 FRAM 用強誘電体材料としては，高密度化・微細化のために大きな残留分極をもつ材料，また低電圧駆動のために小さな抗電界をもつ材料が求められる）．もちろんリーク電流が小さく，良好な角形比をもつヒステリシスループが求められる．

## 3 ゾルゲル法による (Sr, Ba)Bi$_2$Ta$_2$O$_9$膜の作製

　従来までの強誘電体材料としては PZT や SBT があるが，トランジスタのゲート絶縁膜に応用するためには小さな残留分極を得る必要がある．今回は 10 μC/cm$^2$ 程度と比較的小さい残留分極をもつ SBT を出発原料として，SBT 中の Sr を一部 Ba に置換し，残留分極値がどのように変化するかを調べた．SBT の強誘電性は主に TaO$_6$ 八面体の歪みにより生じるため，イオン半径の大きい Ba で Sr を一部置換することでこの歪みを抑制でき，残留分極が小さくなると考えた．

　成膜にはゾルゲル法を用いた．Pt / Ti / SiO$_2$ / Si 基板上にゾルゲル液をスピンコートし，160 ℃で乾燥させた後，700～800 ℃の温度で酸素雰囲気中で 30 分の結晶化アニールを行った．結晶化アニールでは，基板を 2 枚用いて，1 枚目のサンプルの上に強誘電体のコート面を向かい合わせて 2 枚目のサンプルを載せ，Bi の揮発を抑制して結晶化を促進させる効果がある「face-to-face」アニール法を採用した．結晶化には ULVAC 理工社製の赤外線高速アニール炉（RTA）を用いている．なお，原料液は，良好な電気的特性が得られる Bi 過剰，Sr 欠損の組成（Sr$_{0.8-x}$Ba$_x$Bi$_{2.2}$Ta$_2$O$_9$）とし，Ba 組成は 0 から 0.6 まで変化させた．上部電極には電子ビーム蒸着法により形成した Pt を用い，上部電極形成後に 750 ℃，30 分の二次アニール処理を行っている．

　図 3 は Ba 組成が 0（すなわち従来の SBT）と 0.15 の場合の P－E ヒステリシ

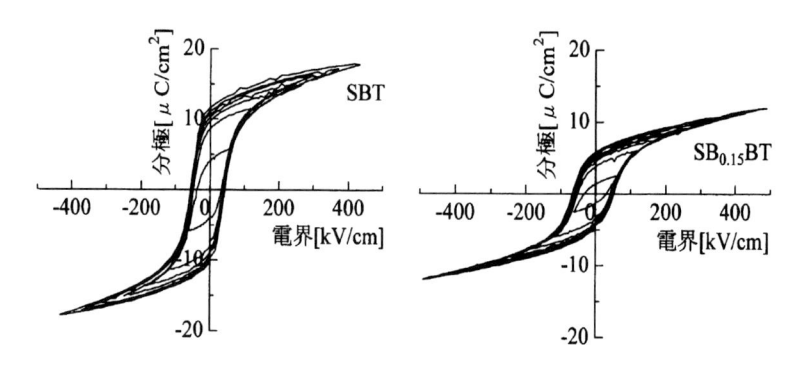

**図 3**　SBT および Sr$_{0.65}$Ba$_{0.15}$Bi$_{2.2}$Ta$_2$O$_9$ の P－E 特性

# 1 半導体・電子技術への応用

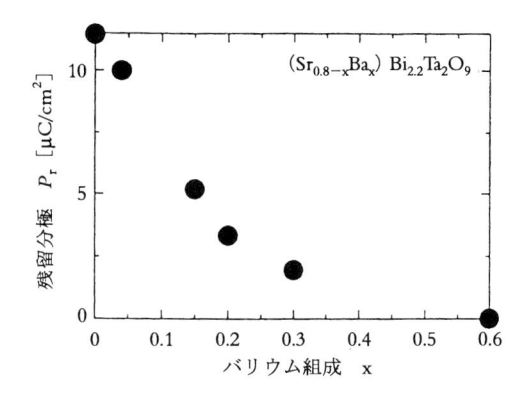

**図4** $Sr_{0.8-x}Ba_xBi_{2.2}Ta_2O_9$ 膜の残留分極のバリウム組成依存性

スループである．Ba を添加しない SBT の場合，残留分極が $10 \sim 12\ \mu C/cm^2$ をもつ矩形性の良好な特性が得られていることがわかる．これは他の文献等と比較しても遜色のない特性である．一方 Ba を添加して $Sr_{0.65}Ba_{0.15}Bi_{2.2}Ta_2O_9$ とした試料では，残留分極が $5\ \mu C/cm^2$ 程度と SBT の半分ほどになっていることが分かる．さらに P–E ヒステリシスループの矩形性もそれほど劣化していない．図4は作製した様々な Ba 組成の試料について残留分極の値をプロットしたものである．Ba 組成を増加させるに従って残留分極が小さくなっていく様子が分かる．Ba 組成が 0.6 の場合には明確な強誘電性は観測できなかった．また，残留分極の低下に伴って抗電界の減少が懸念されたが，抗電界に関しては明確な Ba 組成依存性は認められなかった．従って，Ba 組成が $0.15 \sim 0.3$ 程度の膜について，残留分極値が $5\ \mu C/cm^2$ 以下，抗電界は $50\ kV/cm$ という特性が得られることが明らかとなり，トランジスタ応用には Ba 添加 SBT 膜が従来の SBT 膜よりも適していることが分かる．

## 4 まとめ

最初にトランジスタ型 FRAM に用いる強誘電体材料に要求される物性を整理し，小さな残留分極と比較的大きい抗電界が必要であることを指摘した．次に，

に，残留分極を小さくすることを目的として，$SrBi_2Ta_2O_9$ 中の Sr の一部を Ba に置換した $(Sr,Ba)Bi_2Ta_2O_9$ 膜を作製して電気的特性を評価した．Ba を添加することで残留分極を小さくすることができ，Ba 組成 x が 0.15～0.3 の $Sr_{0.8-x}Ba_xBi_{2.2}Ta_2O_9$ 膜において，残留分極が 2～5 $\mu C/cm^2$，抗電界 50 kV/cm が得られた．

参考文献
1) I.M.Ross: US Patent 2791760 (1957).
2) J.L.Moll and Y.Tarui: IEEE Trans. Electron Devices ED-10, (1963) 333.
3) E.Tokumitsu, G.Fujii and H.Ishiwara: *Appl.Phys. Lett.*, **75** (1999) 575.

# 1.5 次世代LSI配線用低誘電率多孔質シリカ膜の開発

㈱アルバック筑波超材料研究所ナノスケール材料研究部
村上裕彦

## 1 はじめに

　半導体集積回路はその駆動周波数が年々高周波化し,その配線密度も高くなってきている.こうした多層配線プロセスを有するロジック系の半導体素子では,配線遅延が素子全体の信号遅延を引き起こす要因となる.配線を流れる信号速度は,図1に示すように配線抵抗と配線容量に比例しており,配線遅延を改善するためには配線抵抗と配線容量を低減することが重要である.それゆえ,現在さまざまな低誘電率材料の開発が行われており,シリカをベースとした有機Spin-on

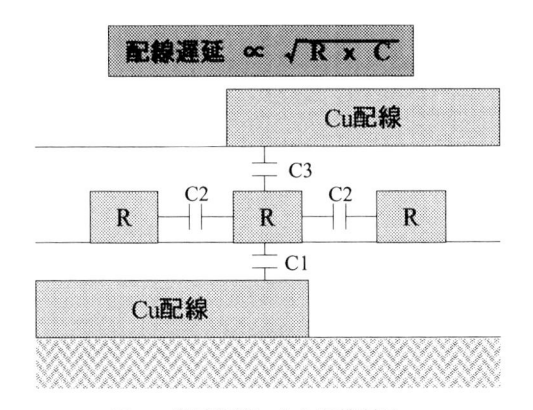

図1　多層配線による配線遅延

Glass (SOG) や有機高分子材料などの有機材料の研究が主流となっている．一方，さらに先をにらんだ低誘電率材料の開発では，材料に空孔（比誘電率 1.0）を導入する多孔質化，低密度化が必須になる．

多孔質化の方法には，ウエットゲルの超臨界乾燥法[1]，シリカ微粒子法[2] などの方法が報告されている．これらの多孔質材料の大きな問題は，機械的強度が著しく低下し，配線工程の研磨プロセス (CMP) で剥離・破損が生じることにある．我々は，空孔サイズと形状をナノメーターオーダで制御することにより，低誘電率（1.5 − 2.0）と高強度を同時に満足する多孔質 SOG (ISM-1.5) 膜を提案してきた[3,4]．

## 2　ISM-1.5 膜の作製方法

我々が提案する ISM-1.5 膜は，塗布法で成膜する無機 SOG 膜である．具体的な成膜プロセスは (図 2)，アルコキシシランを有機溶媒の存在下で加水分解・部分重縮合する化学反応工程，溶液を回転塗布する成膜工程，380 〜 450 ℃の温度で焼成する熱処理工程からなる．

ナノメーターオーダの空孔構造は，あらかじめ塗布液に混入させた複数の添加剤をタイミング良く蒸発させることで形成することができる．この時，LSI プロセスの要求（プロセス時間の短縮と添加剤の除去タイミング）から，熱処理装置には真空理工製赤外線ランプ加熱炉を利用した．赤外線ランプ炉を利用する利点は，1) 昇温速度が速い，2) 降温速度が速い（炉体が加熱されないので），3) 加

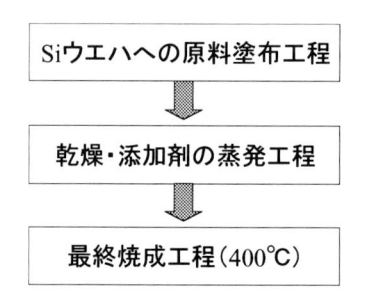

```
┌─────────────────────────┐
│  Si ウエハへの原料塗布工程  │
└─────────────────────────┘
            ↓
┌─────────────────────────┐
│   乾燥・添加剤の蒸発工程    │
└─────────────────────────┘
            ↓
┌─────────────────────────┐
│   最終焼成工程（400℃）    │
└─────────────────────────┘
```

図 2　多孔質シリカ膜（ISM-1.5 膜）の作製プロセス

熱プロセス雰囲気を自在に制御できる（高真空からガス雰囲気まで）などが挙げられる．

## 3 ISM-1.5 膜の特性評価

ISM-1.5 膜は無機 SOG 塗布膜であり，有機系低誘電率膜に比べ耐熱性が高いことや，従来のエッチング技術が利用できる．ここでは，ISM-1.5 膜の SEM および TEM 観察結果と基本的な特性評価結果について紹介する．

### 3-1 比誘電率測定と空孔率

Si 基板に成膜した ISM-1.5 膜表面に Al 電極を形成し，MIS 構造によりその電荷を測定（1 MHz）し，次式により比誘電率 $\varepsilon_r$ を算出した．

$$\varepsilon_r/\varepsilon_0 = C \cdot d/\varepsilon_0 \cdot S \tag{1}$$

ここで，$C$ は電荷，$d$ は膜厚，$\varepsilon_0$ は真空の誘電率，$S$ は上部電極の面積，をそれぞれ表す．

添加剤の量の違いにより（空孔密度の違いにより），比誘電率 1.5 － 2.0 の範囲で ISM-1.5 膜を作製することができる．

この時の空孔率 $p$（$0<p<1$）は，膜中の空孔が均一に分散しているものとし，かつ，シリカの比誘電率が 4.0 であると仮定すると，

$$k_{ISM1.5} = 4.0/1 + p(4.0-1) \tag{2}$$

で表される[5]．この式から比誘電率 1.5 を空孔率に換算すると約 55 ％に相当する．

### 3-2 SEM および，TEM 観察による膜構造観察

図 3 に ISM-1.5 膜の断面 SEM および，TEM 写真を示す．図 3 の膜中には 50 ％程度の空孔が存在するが，空孔を確認することはできない．このことは，ISM-1.5 膜が通常のシリカ微粒子膜と異なったナノ構造を有することを示している．

今のところ，薄膜での空孔観察に成功していないが，小角 X 線回折では，周期的な数ナノ程度の微細構造を示唆する結果を得ている．しかし，その詳細な構造に関しては不明である．いずれにせよ，ナノオーダの空孔が均一に分散している

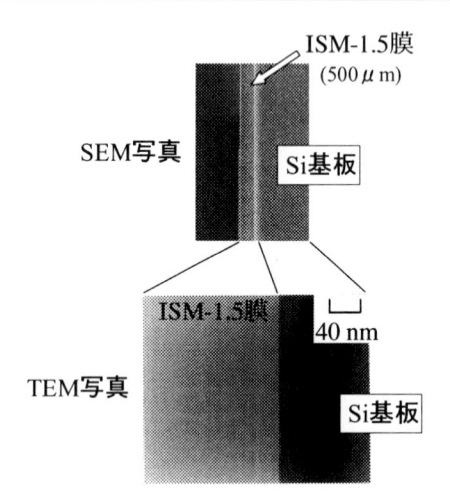

図3 ISM-1.5膜の断面SEM-TEM写真

ものと考えられる．

### 3-3 吸湿特性

通常，疎水化処理をしていない多孔質膜では，高湿度下において空孔に水蒸気が吸着し，その誘電率は急激に上昇する．半導体プロセスでは，基板洗浄工程やCMP工程といった湿式工程がある．そこで，我々は，多孔質シリカでありながら，水分を吸着しないようにISM-1.5膜を疎水化膜にしている．この方法は，疎水化処理のプロセスを工程に入れることは無く，出発原料にあらかじめ工夫を施して，膜自体を疎水化している．

疎水化したサンプルの吸湿評価は，次の二方法で行った．

1：サンプルを水中放置した後，室温乾燥させ，比誘電率の測定を行った．

2：サンプルを湿度99％・温度60℃雰囲気中で24時間放置した後，室温乾燥させ，比誘電率の測定を行った．

上記，いずれのサンプルも誘電率の上昇は確認されず，ISM-1.5の疎水性が優れていることを確認している．

1 半導体・電子技術への応用　　　　　　　　　　　　　　　　　　　153

## 3-4 耐電圧試験

ISM-1.5 膜の耐電圧特性は，3 V ステップで電圧を印加し，リーク電流の測定をもって評価した．図 4 に測定結果を示す．印加電界 2.5 MV/cm まで，リーク電流値が 1.0E-9 A/cm$^2$ 以下を保持しており，絶縁破壊が起こらない．この値は，現状のシリカ絶縁膜には劣るものの，他の有機系低誘電率材料と比較すれば，非常に優れた性能である．

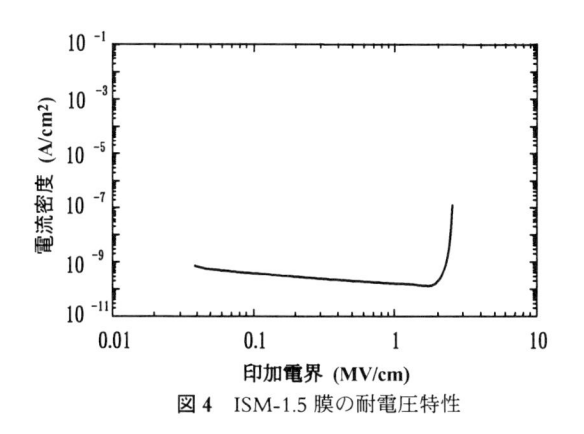

図 4　ISM-1.5 膜の耐電圧特性

## 3-5 CMP 耐性

半導体の積層プロセスには機械的に平坦化するという CMP プロセスが応用さ

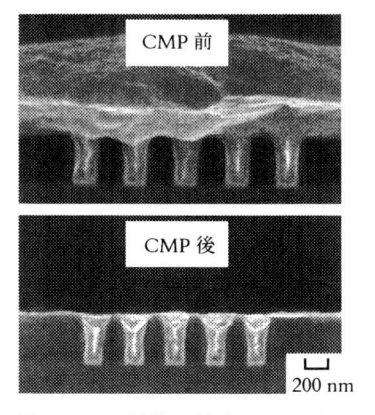

図 5　CMP 前後の断面 SEM 写真

れている．それゆえ，絶縁膜にもこの研磨プロセスに耐えうる強度が要求される．ここでは，テスト用のラインパターンを用いて，CMP プロセスの耐性評価を行った．図 5 は ISM-1.5 膜を成膜し，適当なラインをエッチングで作製し，TaN のバリア層形成，Cu シード層成膜，めっきによる Cu 埋め込みを行った後，CMP によって平坦化したサンプルの断面 SEM 写真である．CMP 条件の最適化がなされていないが，ISM-1.5 膜が CMP 耐性を有することが確認できた．

## 4 まとめ

これまで，空気を利用した多くの低誘電率材料が検討されてきたが，デバイスへのインテグレーションを考えたとき，膜強度の低下が大きな問題となっていた．

我々が開発した低誘電率多孔質シリカ膜は，比誘電率が 1.5 − 2.0 と低いにもかかわらず，CMP プロセスに耐える強度を有している．ISM-1.5 膜は，比誘電率の値をみる限り，多世代にわたって使用できる可能性がある．今後は，プロセスインテグレーションを含めて，LSI 配線への実用化を検討する必要がある．

### 参考文献

1) 特許公開　平 9-213797．
2) T.Ramos, K.Rhoderick, R.Roth, S.Wallace, J.Drage, J.Dunne, D.Endisch, R. Katsanes, N.Viernes and D.M.Smith: Proc. DUMIC, Santa Clara,（1998）211-218.
3) 田中千晶，村上裕彦：第 61 回応用物理学会学術講演会講演予稿集，（2000）4a-4-27.
4) H.Murakami, C.Tanaka and H.Yamakawa: Proc. Advan. Metall. Confer. 2000, San Diego,（2000）173-174.
5) 例えば，吉川公麿：応用物理，**68**（1999）1215-1225.

## 1.6 精密制御アニールによる新しいSOI基板の作製

NECシリコンシステム研究所
小椋厚志

### 1 はじめに

長く高性能LSI用基板として期待されてきたSOI（Si on insulator；絶縁膜上に単結晶Si層を持つ基板構造）であるが，1998年のIBMの製品発表に端を発する今の急激なブームは，いよいよ後戻りのない本格的な実用化への道を確実に歩んでいるように見える．しかしながら，現在のSOI基板の品質が将来ともに満足できるレベルにあるわけではなく，バルクの場合もそうであった以上にSOI基板の継続的な品質の改善が望まれる．特に，将来の50 nm級デバイスへの応用を考えると，結晶品質の向上とともにSOI層およびBOX（Buried oxide：埋め込み酸化膜）層の超薄膜化が重要な課題となる．

高ドーズの酸素をSi基板にイオン注入し，高温熱処理を加えることでBOXを形成するSIMOX（Separation by oxygen implantation）法は，現状で最もSOI層の膜厚均一性に優れた製造方法であるが，BOXの薄膜化が困難であり，またBOX界面近傍の結晶欠陥の存在がSOI薄膜化に伴い深刻な問題となる[1-3]．これらの課題を解決するために，近年低加速注入や分子注入などの従来SIMOXの改良技術が注目されている．ここでは，SIMOXの高度化のためにイオン注入後の熱処理条件，特に赤外線イメージ加熱により昇温速度と雰囲気酸素濃度を精密に制御することで，酸素イオン注入量のドーズウィンドウの拡大やBOX界面近傍の欠陥を減少できることを示す[4]．さらに雰囲気酸素の役割の詳細な評価結果に基づき，酸素イオン注入を用いないSOI形成方法を提案し，その評価結果を報告する．

## 2 昇温速度制御による低ドーズ SIMOX のドーズウィンドウの拡大

低ドーズ SIMOX には連続な埋め込み酸化膜が形成される条件として，酸素注入量に $4 \pm 0.5 \times 10^{17}/cm^2$ の狭いドーズウィンドウが存在する[3]．我々はドーズウィンドウより低いドーズでは埋め込み酸化膜の形成に寄与する酸素析出核が少なすぎるため，ドーズウィンドウより高いドーズでは競合する析出核が多すぎるために連続な埋め込み酸化膜が形成されないものと考え，高温熱処理の際の昇温速度を変化させることで酸素析出が生じる析出核の利用効率を制御することを試みた．熱処理に使用した赤外線イメージ炉は試料自身の温度を直接制御することができるので，精密に昇温速度や保持温度を制御して実験を行った．

実験では，酸素ドーズ 2, 3, 4 および $6 \times 10^{17}/cm^2$ の各試料に対して，昇温速度を変化させて 1340 ℃ 5 時間の熱処理を $Ar/O_2 = 100/0.5$ 雰囲気で行い，得られた構造を観察した．図 1 に TEM による観察結果をまとめて示す．ドーズウィンドウよりも低い条件では，通常の熱処理（昇温速度 20 ℃/分）を施すと不連続な $SiO_2$ 島が形成されるが，昇温速度を遅くすることでドーズウィンドウ内と同様の連続な埋め込み酸化膜を持つ完全な SOI 構造が得られた．また，逆にドーズウィンドウより高いドーズ条件では，通常の熱処理では埋め込み酸化膜内に多

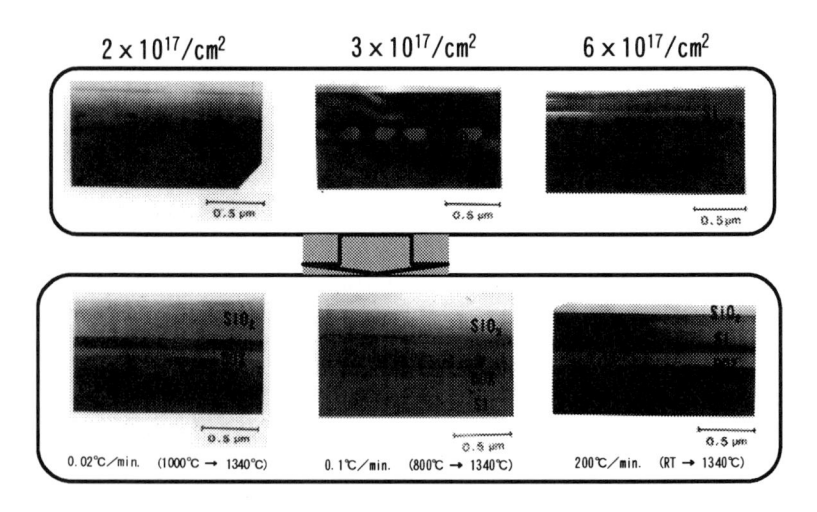

**図 1** 赤外線イメージ加熱装置

数の Si 島が見られるが,昇温速度を早くすることで完全な SOI 構造となることを見出した.なお,通常のドーズウィンドウ内の試料では昇温速度 20 ℃/min で良好な SOI 構造が得られた[4].

Si 基板中に安定に存在し得る $SiO_2$ 析出物のサイズは温度に依存し,高温になる程サイズが大きい[5].したがって,本研究で昇温速度を遅くすることは,より高い温度でも安定に存在できるサイズに析出物が成長するのを待ってから,次の温度に移行させることを意味する.つまり,昇温速度を調整することで,最終的に埋め込み酸化膜の形成に寄与することができる析出核の数を選択することが可能であることを示している.

## 3 熱処理雰囲気制御による酸素析出過程の制御

次ぎに,熱処理雰囲気の酸素濃度を変化させることでも酸素析出プロセスの制御が可能であり,SOI 構造に影響を与えることを確認した.図2は,$2 \times 10^{17}/cm^2$ の試料に対して,図1の場合に比べて早い昇温速度(0.03 ℃/min)で,雰囲気の酸素濃度を変化させて 1340 ℃ 5 時間の熱処理を施した結果である.図1で用いた $Ar/O_2$ 流量比 100/0.5 では,熱処理の結果不連続な $SiO_2$ 島のみが形成されているのに対して,酸素流量比を増加するにつれて $SiO_2$ 島の体積が増加し,$Ar/O_2$ = 100/1.0 で連続な埋め込み酸化膜の形成が確認された.

Si 結晶中の酸化物の析出に関しては,従来より数多くの研究成果が報告されているが,筆者の知る限り熱処理雰囲気による影響に関する記述は見当たらない.ただし,それらの観察対象は多くの場合バルクとしての Si 結晶内での現象であ

| $Ar/O_2$ 流量比 = 100/0.5 | = 100/0.8 | = 100/1.0 |

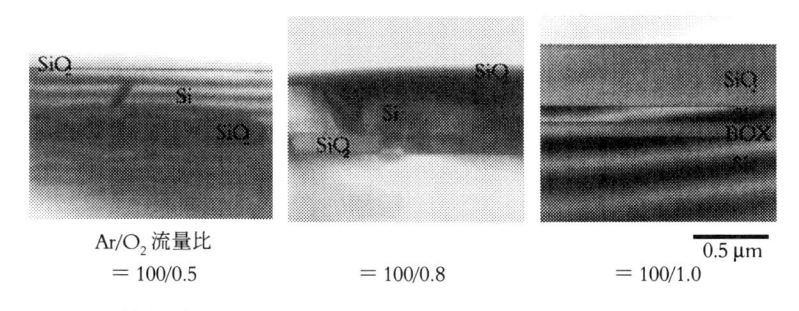

図2 精密熱処理制御による低ドーズ SIMOX のドーズウィンドウの拡大

り，本報告のように表面に極めて近い領域での現象とは異なる．低ドーズSIMOXにおける酸化物の析出および成長はSi基板表面近傍での現象であり，それゆえに熱処理雰囲気の酸素の影響を強く受けたものと考えられる．

和田らは，Si中の酸素析出物に関して以下の式を示した[6]．

$$V(T,t) = \frac{8\pi\sqrt{2}}{3}\left[\frac{C_I - C_E}{C_S - C_E}D(T)t\right]^{2/3} \quad (1)$$

ここで，$V(T,t)$は析出物の体積，$T$および$t$は温度および時間，$C_I$および$C_E$はそれぞれ格子間および熱平衡の酸素濃度，$C_S$は析出物中の酸素濃度，$D(T)$は酸素の拡散定数を示す．熱処理雰囲気からSi基板中に拡散した酸素は，$C_I$を増加することに寄与し，昇温速度を遅くすること（$T$や$t$の増加）と同様に酸素析出を促進する．そのため，図2では図1に比べて昇温速度を速くしたにもかかわらず，$2\times10^{17}/cm^2$のドーズでSOI構造を得ることを可能としたと考えられる．

## 4 ダメージピークに埋め込み酸化膜を持つSOI構造の形成

さらに，昇温速度と酸素流量比を増加すると，図3に示すように今までとは全く異なったSOI構造が得られる．すなわち，従来の濃度ピーク（$R_p$：イオン注入された酸素濃度が最大の深さ）に代わって，ダメージピーク（$D_p$：イオン注入ダメージが最大となる深さ）に埋め込み酸化膜が形成されている．さらに，濃度ピークには$SiO_2$島が多数存在し，埋め込み酸化膜と$SiO_2$島に両端を持つ結晶欠陥（転位）が見られる．ダメージピークでは注入酸素濃度は濃度ピークに比べて低いものの，Si結晶にダメージが存在するために酸素との結合が容易であり，酸素析出が生じやすいと考えられる．ここでは，熱処理雰囲気から導入された酸素が濃度ピークに比べて表面に近いダメージピークでより効率的に酸素析出と析出物の成長に関与したため，このような構造が形成されたと考察される[7]．

ダメージピークに埋め込み酸化膜を形成することは，最も酸素イオン注入が結晶にダメージを与えた領域を埋め込み酸化膜で置き代えることとなり，SOI活性層の結晶欠陥を低減する効果が期待できる．SIMOX法で作成したSOIでは表面近傍の欠陥密度は比較的小さいものの，埋め込み酸化膜に近づくにつれて欠陥密度が増加し，特にダメージピークに対応する深さから欠陥の急増する[8]．このことは，特に将来の極微細デバイスに必要な膜厚50 nm以下の超薄膜SOI基板に，

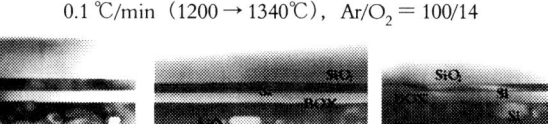

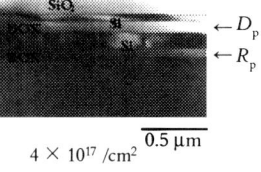

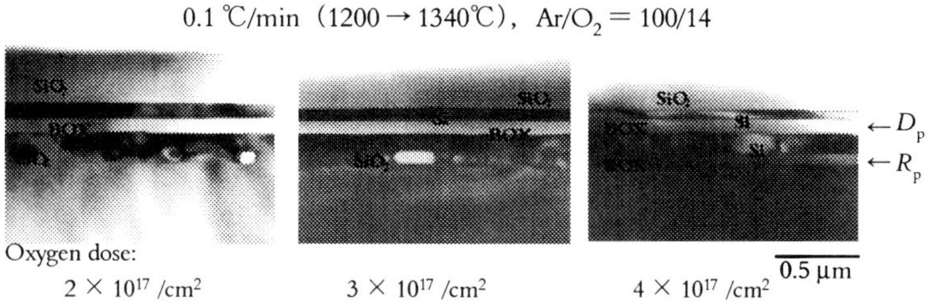

1　半導体・電子技術への応用

0.1 ℃/min（1200 → 1340℃），Ar/O$_2$ = 100/14

Oxygen dose:
2 × 10$^{17}$ /cm$^2$　　　3 × 10$^{17}$ /cm$^2$　　　4 × 10$^{17}$ /cm$^2$　　0.5 μm

← $D_p$
← $R_p$

**図3**　雰囲気酸素を利用した SOI 基板の作製

SIMOX を適用することを想定すると重大である．ダメージピークに埋め込み酸化膜を持つ SOI 構造は，最も結晶欠陥の多い領域を埋め込み酸化膜下に閉じ込めた構造であり，デバイス作製領域の結晶欠陥の低減が期待できる．さらに埋め込み酸化膜下に存在する SiO$_2$ 島と結晶欠陥は，デバイスに近い領域でのゲッタリングサイトとして有効に働くことが期待できる．

　図3ではさらに，酸素ドーズ 2－4×10$^{17}$/cm$^2$ の試料に対して同じ熱処理（1200 ℃からの昇温速度：0.1 ℃/分，熱処理雰囲気：Ar/O$_2$ = 100 : 14）を加えて得た構造が示されている．図から，全てのドーズに対してSi活性層と埋め込み酸化膜の膜厚がほぼ等しく，ドーズが増すに連れて濃度ピークの酸素析出物のサイズと密度のみが増大し，4×10$^{17}$/cm$^2$ で連続な埋め込み酸化膜となっていることがわかる．この結果から，ダメージピークに形成された埋め込み酸化膜を構成する酸素は，その大部分がイオン注入されたものではなく熱処理雰囲気から導入されたものであると推定される．したがって，適当な方法で酸素の析出核を Si 基板の所望の深さに形成することができれば，酸素イオン注入を行わなくても熱処理のみで SOI 構造を形成することも可能であると考えられる．

## 5　軽元素注入法による当たらしい SOI 形成技術

　図4は O$^+$ イオン注入を用いない新しい SOI 形成方法の概念を示す．プロセスは何らかの方法で酸素析出の核と成るダメージを導入し，酸素を含む雰囲気で適当な熱処理を加えることで雰囲気酸素の Si 基板内での析出および析出物の成長と合体を促進し，SOI 構造を形成しようとするアイディアである．

　酸素の析出核を形成する方法としては，いくつかの手法が考えられるが，ここ

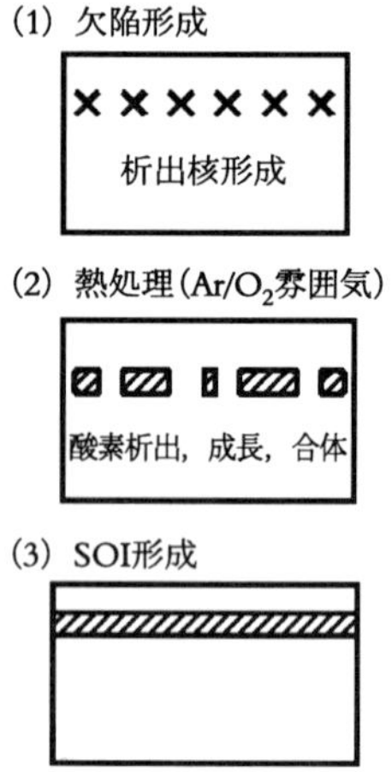

(1) 欠陥形成

　　析出核形成

(2) 熱処理（Ar/O$_2$雰囲気）

　　酸素析出，成長，合体

(3) SOI形成

図4　ダメージピークに BOX を持つ新しい SOI 基板

では軽元素をイオン注入する方法を試みた．軽元素注入では，注入イオンが Si 基板中で凝集し，その後の熱処理初期に基板外に外方拡散することで基板中に空洞を残し，この空洞が効果的な酸素の捕獲中心として働くことが知られている[9]．また軽元素ではイオン注入ダメージが酸素や他の元素注入に比べて小さく，結果的に得られる SOI 活性層の結晶性の向上にも有利であることが期待される．

図5は He$^+$ 注入で得られた結果を示す．ここでイオン注入条件は，加速電圧 45 KeV，でドーズ $1\times10^{17}/cm^2$ とした．図より，He$^+$ イオン注入で導入したダメージが酸素析出核として有効に働くこと，昇温速度を遅くするとで析出物が成長す

He$^+$ イオン注入（$2\times10^{17}/cm^2$）

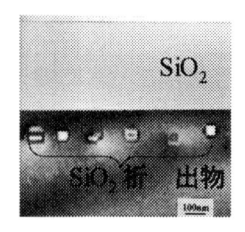

| Ar/O$_2$: 100/20 | Ar/O$_2$: 100/13 | Ar/O$_2$: 100/6 |
| 昇温速度：0.1 ℃/min. | 昇温速度：0.04 ℃/min. | 昇温速度：0.02 ℃/min. |

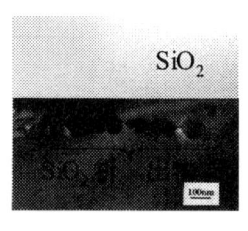

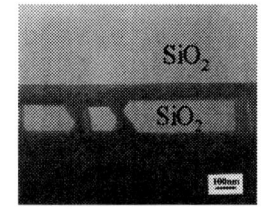

図5　酸素イオン注入を伴わない新しい SOI 基板作製方法（概念）

ること，さらに昇温速度を遅くすると成長した析出物が成長，合体することが確認された．

この He 注入ドーズでこれ以上昇温速度を遅くしても，連続な BOX は形成されなかった．これは，析出物の成長ではなく，析出核の密度が目的には足りないためであると考えられる．そこで，$He^+$イオンの注入量を増加することで，酸素析出核の密度を増加することを試みた．図6は，ドーズ $4 \times 10^{17}/cm^2$ として得られた構造を示す．図より，連続な BOX を持つ完全な SOI 構造が形成されたことが確認できる．以上の結果から，酸素イオン注入を行わなくても，軽元素注入と酸素を含む雰囲気での適切な熱処理で，SOI 構造の形成が可能であることが原理的に実証された[10]．

$He^+$ イオン注入（$4 \times 10^{17}/cm^2$）

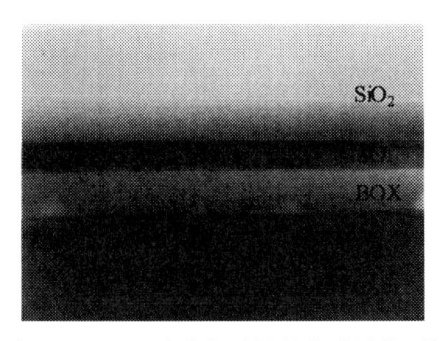

図6 軽元素イオン注入による，雰囲気酸素の析出促進と析出物の精密熱処理による成長

参考文献
1) K.Izumi, M.Doken and H.Ariyoshi: *Electron. Lett.*, **14** (1978) 593.
2) G.K.Celler, P.L.F.Hemment, K.W.West and J.M.Gibson: *Appl. Phys. Lett.*, **48** (1986) 532.
3) S.Nakashima and K.Izumi: *J. Mater. Res.*, **8** (1992) 523.
4) A.Ogura: *J. Electrochem. Soc.*, **145** (1998) 1735.
5) R.Jones: Early Stage of Oxygen Precipitation in Silicon, Kluwer Academic Publishers (1996).
6) K.Wada, H.Nakanishi, H.Takaoka and N.Inoue: *J. Cryst. Growth*, **57** (1982) 535.
7) A.Ogura: *Appl. Phys. Lett.*, **74** (1999) 2188.
8) A.Ogura, T.Tatsumi, T.Hamajima and H.Kikuchi: *Appl. Phys. Lett.*, **69** (1996) 1367.
9) Nakashima, et al.: MRS Fall Meeting (2000).

10) A.Ogura: *Jpn. J Appl. Phys.*, **40** (2001) L1075.

## 1.7 MOSFET 型シリコンフィールドエミッタの開発

産業技術総合研究所エレクトロニクス研究部門
金丸正剛

### 1 はじめに

　真空マイクロエレクトロニクスは1980年代後半から研究開発が活発化した比較的新しい電子技術であり[1]，半導体微細加工技術を用いて作製したミクロンサイズの電子源（微小電子源，微小エミッタ）から発生させた電子を利用することを特徴とする．応用例としては平面型ディスプレイ[2]，マイクロ波増幅素子[3]，極高真空測定用電子源[4]，各種センサ素子[5] などがあげられる．電子源から真空中に電子を取り出す方法は従来の熱電子放出ではなく，電界電子放出を用いることが多い．電界電子放出とは固体表面に $10^7$ V/cm 以上の強い電界を印加すると固体表面のエネルギー障壁の厚さが薄くなり，固体内の電子が量子力学的トンネル効果により真空中に飛び出す現象をいう（図1）．これによって得られる放出電流 $I$ は下式の Fowler-Nordheim（ファウラーノルドハイム）の式で与えられ，印可電界（電圧）に対して指数関数的に電流が増加する[6,7]．

$$I = SA \frac{E^2}{\phi\, t^2(y)} \exp\left(-B \frac{\phi^{3/2}}{E} v(y)\right) \; \left[\text{A}/\text{cm}^2\right]$$

　ここで $E$：電界強度（V/cm），$\phi$：電子源の仕事関数（eV），$S$：電子が放出される面積（cm$^2$），$A$=1.54×10$^{-6}$，$B$=6.83×10$^7$ である．また，式中の補正係数 $t^2(y)$，$v(y)$ は鏡像力を考慮した項である．電界放出電子源は電子がエネルギー障壁を越えるために熱エネルギーを必要とせず，電子源での熱発生がほとんどな

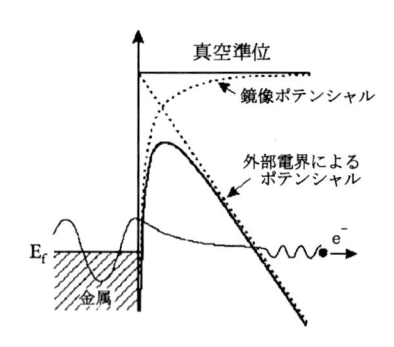

**図1** 電子の電界放出機構と電流電圧特性

い．そのため熱電子源に対比して冷電子源と呼ばれている．熱発生がないため，多数の電子源を同一基板上に集積することができる．このような集積電子源は電界放出エミッタアレイ（Field Emitter Array, FEA）と呼ばれ，以下の特長を持つ．
- 機械加工で作製していたミリメータサイズの冷電子源に比べて動作電圧を1桁以上低下できる．
- 電子源の高集積化により電流量を増大できる．
- 多数の電子源を同時に動作させることによって電流変動を減少できる．
- 低電圧化と残留ガスイオン化の減少によって低真空での動作が可能となる．

本稿では，冷電子源として円錐形シリコン電子源を取り上げ，その構造や作製方法を紹介する．さらに，当研究所において新たに開発したMOSFET構造シリコン電界放出電子源を紹介する．（2節以降では「電子源」を通常よく使用される「エミッタ」と表現する．）

## 2 微小冷電子源の作製と赤外線イメージ炉によるアニール

これまでに報告されている主な電界放出微小冷電子源にはスピント型モリブデンエミッタ[8]と円錐形シリコンエミッタ[9]がある．図2は円錐形シリコンエミッタの作製方法である．シリコンは微細加工技術が最も進んだ材料でありエミッタの微細化に有利であるとともに，エミッタと集積回路を同一基板上に混載するこ

## 1 半導体・電子技術への応用

(a) 反応性イオンエッチング

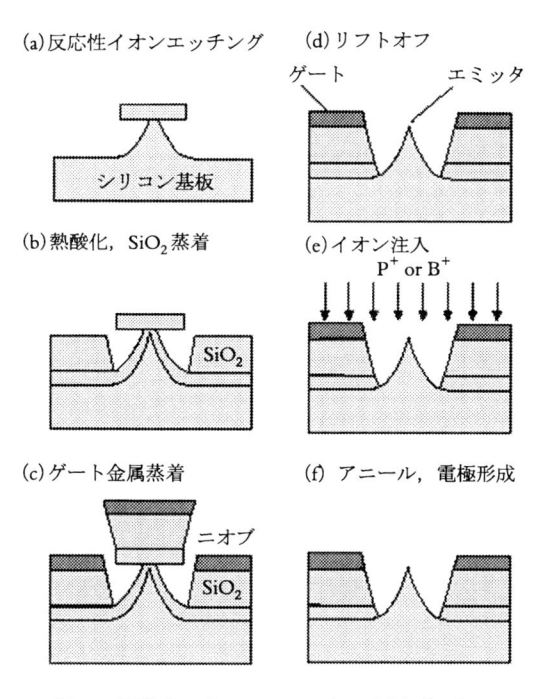

(b) 熱酸化,SiO$_2$蒸着

(c) ゲート金属蒸着

(d) リフトオフ

(e) イオン注入 P$^+$ or B$^+$

(f) アニール,電極形成

**図2** 円錐形シリコンエミッタの作製プロセス

とにより新しいデバイスへの発展が期待できる.エミッタ作製の最初の工程では円形の熱酸化膜をマスクにして基板シリコンをSF$_6$と酸素の混合ガスを用いた反応性イオンエッチングにより円錐台形状に加工する.次に酸化炉にて酸化を行い円錐台形先端部を先鋭化させ,円錐形エミッタとする.エミッタ先端の先鋭度合いは動作電圧を決定する重要な構造パラメータである.尖った先端を持つエミッタは低電圧で電子を放出できる.この先鋭度を決定するのが上述の酸化工程である.酸化が進むにつれてエミッタ先端が尖ってくるが,酸化が進みすぎるとエミッタの高さが低くなり動作電圧が高くなってしまう.したがって先鋭化とエミッタ高さのバランスをとって酸化することが必要である.

続いて,ゲート電極材料としてニオブ膜を蒸着する.この真空蒸着の際に,エミッタの上に残してある円形の熱酸化膜が蒸着マスクとなり,エミッタの周囲に自己整合的に絶縁膜とゲート電極が形成される.次に,反応性イオンエッチング

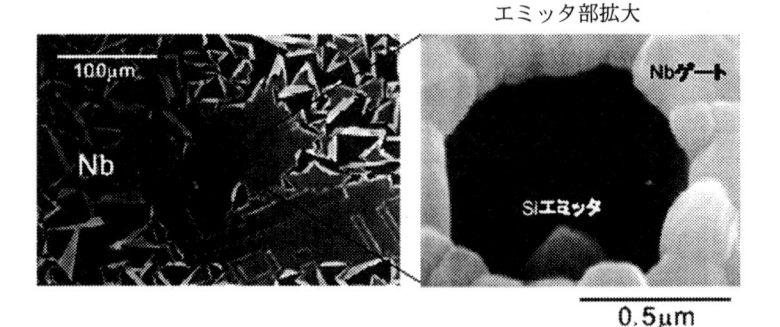

**図3** ニオブ（Nb）電極のアニールによる膜剥がれ（通常の電気炉加熱による）

を行いニオブ膜をゲート電極パターンに加工する．その後，試料を緩衝フッ酸に浸してエミッタ上のマスクと蒸着物をリフトオフにより除去する．これによりほぼエミッタ構造が完成する．さらに，エミッタにのみリン原子をドーピングするために選択イオン注入を行う．これによりエミッタの導電型（n 型，p 型）や導電率を制御して電子放出特性を変えることができる[10-12]．エミッタ周りのニオブ電極をイオン注入マスクとして利用すればニオブ電極の下のシリコン基板には不純物は導入されない．これによりエミッタにのみイオン注入を行うことができる．イオン注入後，注入損傷の回復と不純物の活性化のための熱処理（活性化アニール）が必要である．通常は高純度窒素ガス中での電気炉アニールが活性化アニールに用いられている．図3は高純度窒素ガス中で 800 ℃での加熱を行ったエミッタの走査型電子顕微鏡（SEM）写真である．アニールによりニオブ膜が下地酸化膜から剥がれてしまいゲート電極として使用できない状態になっている．またエミッタ周辺部の拡大写真でもわかるようにニオブ膜が多結晶化している．ニオブは酸化されやすい材料であるので電気炉に流す窒素ガス中に残留する酸素により酸化されることが影響しているのではないかと考えた．残留酸素は窒素ガス中に含まれるか，もしくは大気開放型電気炉にエミッタを挿入する場合に大気から取り込まれることが考えられる．そこで高真空中で加熱ができるアルバック理工㈱製，赤外線イメージ炉を用いて活性化アニールを行った．使用した赤外線イメージ炉はターボ分子ポンプにより真空排気を行い，$10^{-5}$ Pa 台の到達真空度が得られる．また，赤外線イメージ加熱を用いるため試料のみを加熱でき，周囲

# 1 半導体・電子技術への応用

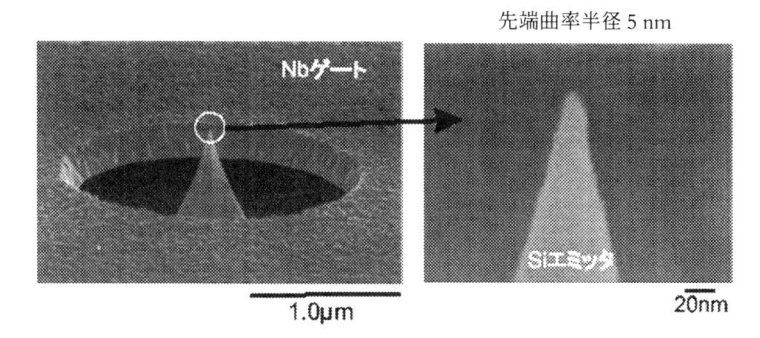

図4 作製した円錐形シリコンエミッタ（赤外線イメージ炉加熱による）

の炉心管を無用に加熱せずガス放出を抑制することができる．これによりほとんど残留酸素のない環境で試料をアニールすることができる．本装置にてアニールしたエミッタのSEM写真を図4に示す．ニオブ膜の剥がれや多結晶化が起こらず，成膜直後のニオブ膜と同等の表面形状を維持していることが分かる．また，注入不純物の活性化も電気炉と同等であることを確認している．

完成したエミッタの先端径は5 nmであり非常に先鋭化されていることが分かる．また，エミッタを取り囲んだニオブゲートが1 μm以下に近接しており，エミッタとゲートの間に印加する電圧が100 V以下の低電圧で十分電界放出を起こすことができることが電子放出実験により明らかとなっている．

## 3 MOSFET構造シリコンエミッタ

前節で述べたシリコンエミッタを実際の電子素子に応用するには放出電流の不安定性と面内不均一性の問題を解決しなければならない．電界放出エミッタは1節で示したFowler-Nordheim式に従った電流を放出する．この放出電流はエミッタの仕事関数と電界強度の指数関数であり，これらの値の変化に敏感である．一般に仕事関数は材料固有の値であるが，電界放出の場合はエミッタ表面での仕事関数となり一定値とはならないことが多い．真空に面した表面は作製プロセスによる汚染や真空中の残留ガスの吸着などにより実効的仕事関数が変化する．同一基板面内のエミッタごとに汚染の度合いやガス吸着量が異なるため，仕事関数が

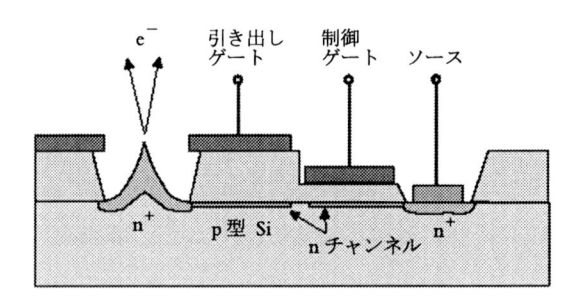

**図 5** MOSFET 構造シリコンエミッタ

不均一となり放出電流も不均一になる．残留ガスの吸着と離脱による仕事関数変化は放出電流の時間的変化をもたらす．さらに，エミッタ先端径の僅かなばらつきがエミッタごとの電界強度のばらつきをもたらし，放出電流が基板面内で不均一になる．この問題を解決するために我々が新しく考案したのが図 5 に示す MOSFET 構造シリコンエミッタである[13-16]．エミッタと MOS 型電界効果トランジスタ（Metal-Oxide-Silicon Field Effect Transistor, MOSFET）を一体構造にしたエミッタである．これは MOS トランジスタ内部での高精度で安定した電子供給機構を電界放出に利用して放出電流を安定化させようとしたものである．ここに示した MOSFET 構造エミッタは二種類のゲート電極を備えており，一つはエミッタから電子を放出させる引き出しゲート電極であり，もう一つはゲート電極下のチャネルのコンダクタンスを調整して放出電流を制御する役割をもつ制御ゲート電極である．ソース電極から流れ込む電子の量を制御電極でコントロールして一定の電子量をエミッタに供給することにより電流の安定化を行うことができる．このエミッタ構造作製プロセスは先に述べたシリコンエミッタとおおよそ同じである．プロセス後半で MOSFET 構造にするためにソース領域の窓開け工程と二種類のゲート絶縁膜形成工程が追加されているだけである．ここで重要なのが MOSFET を作製するために必要なイオン注入工程と活性化アニールをエミッタ構造を損なうことなく取り入れる工夫である．すでに述べたように活性化アニールでのニオブ膜の剥がれ問題は高真空中でのアニールにより解決できており，高真空赤外線イメージ炉を採用することで MOSFET 構造エミッタを実

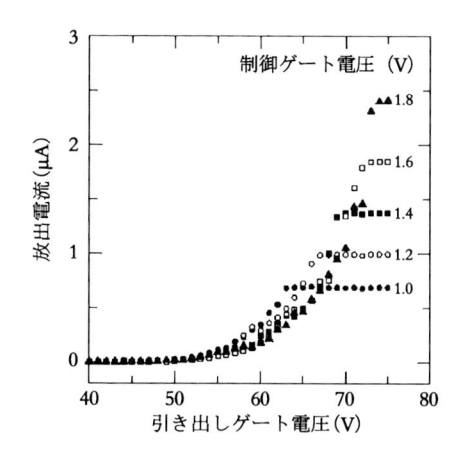

図 6 MOSFET 構造シリコンエミッタの電子放出特性

現することができるようになったと言える.
　典型的な放出特性を図 6 に示す. 制御ゲート電極の電圧をパラメータとして測定した結果である. 引き出しゲート電圧が低い場合には, 指数関数的特性であり制御ゲート電圧には影響されない. 引き出し電圧が高くなってくると, 放出電流が MOSFET のチャネル電流で制限されるため, 引き出し電圧に対して放出電流は飽和する. 飽和放出電流は制御ゲート電圧によりその大きさを制御することができ, 図の素子では 2 V 以下の低電圧で制御が可能であることが分かる. 従来の電界放出エミッタでは放出電流制御に引き出し電圧を利用していたため, 比較的高電圧の駆動回路を必要としていた. 一方, MOSFET 構造エミッタでは引き出し電圧は一定の直流電圧を印加しておき, 電流制御は制御ゲート電圧を数 V 程度変化させれば良いため, 駆動回路を通常の MOSFET 論理回路で構成でき, 特別の駆動回路を必要としない. これは応用の際に周辺回路への負荷を大きく低減できることを意味する.
　MOSFET 構造エミッタからの放出電流の時間変化を測定した結果を図 7 に示す. 比較のために通常の n 型シリコンエミッタからの放出電流の時間変化も示してある. n 型エミッタの場合には, 電子放出量が大幅に変動していることがわかる. 先に述べたエミッタへの残留ガスの吸着, 表面拡散, あるいは放出電子によりイオン化された残留ガスイオンのエミッタへの衝突などの影響により電流が変

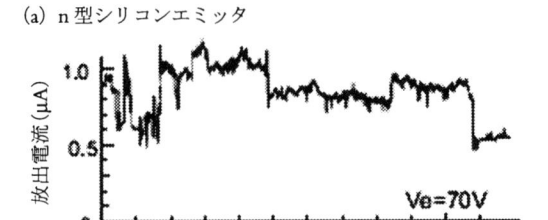

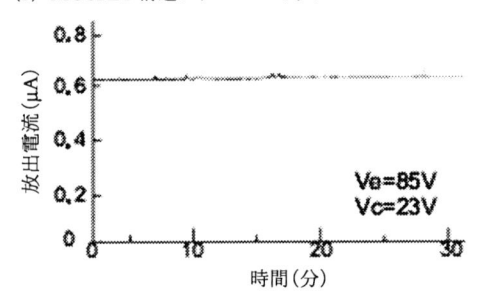

(a) n型シリコンエミッタ

[グラフ: 放出電流 (μA) vs 時間(分), Ve=70V]

(b) MOSFET 構造シリコンエミッタ

[グラフ: 放出電流 (μA) vs 時間(分), Ve=85V, Vc=23V]

図7 シリコンエミッタの放出電流安定性（1個のエミッタ，測定真空度 $5 \times 10^{-7}$ Pa）
(a) n型シリコンエミッタ，(b) MOSFET 構造シリコンエミッタ

動するものと思われる．一方，同じ現象は MOSFET 構造エミッタの先端においても生じていると考えられるが，エミッタに供給される電流が内蔵 MOSFET のチャネル電流により制限されるため，同図に示したように非常に安定した放出電流を得ることができる．言い換えると，MOSFET 構造エミッタでは内蔵 MOSFET が定電流源として作用してエミッタの電流変動を抑制しているともいえる．

## 4 おわりに

電子顕微鏡の電子源として実用化された電界放出エミッタが構造の微細化と集積化により，いわゆる電子デバイスとしての利用が可能となってきている．平面型ディスプレイとしての利用はすでに一部実用化されており，そこでの動作は超

# 1 半導体・電子技術への応用

高真空ではなく真空封止で実現できる高真空で可能となっている．これは半導体技術として開発された微細加工技術を適用した結果であると言える．本稿で紹介したMOSFET構造エミッタでは半導体デバイス構造を取り入れることがエミッタの特性改善に役立っている．これらの事例に限らず，今後も他の技術分野で開発された技術を電子源に利用することにより，新たな電子源の開発が進展することを期待する．

参考文献

1) T.Ustumi: Vacuum Micoroelectronics, Chap.1, ed. W.Zhu, John Wiley & Sons, New York, (2001).
2) 日経エレクトロニクス，No.654 (1996) 85.
3) H.Makishima, et al.: Technical Digest of 10th IVMC, Kyongju, Korea, (1997) 194.
4) C.Ohsima, et al.: *Vacuum*, **44** (1993) 595.
5) K.Uemura, et al.: *Jpn. J. Appl. Phys.*, **35** (1996) 6629.
6) R.H.Fowler, et al.: *Proc. R. Soc.*, **A119** (1928) 173.
7) C.A.Spindt, et al.: *J. Appl. Phys.*, **47** (1976) 5248.
8) C.A.Spindt: *J. Appl. Phys.*, **39** (1968) 3504.
9) K.Betsui : Technical Digest of 4th IVMC, Nagahama, Japan, (1991) 26.
10) T.Hirano, et al.: *Jpn. J. Appl. Phys.*, **34** (1995) 6907.
11) T.Hirano, et al.: *J. Vac. Sci. & Technol.*, **B14** (1996) 3357.
12) S.Kanemaru, et al.: *J. Vac. Sci. & Technol.*, **B14** (1996) 1885.
13) T.Hirano, et al.: *Jpn. J. Appl. Phys.*, **35** (1996) L861.
14) T.Hirano, et al.: *Jpn. J. Appl. Phys.*, **35** (1996) 6637.
15) J.Itoh, et al.: *Appl. Phys. Lett.*, **69** (1996) 1577.
16) S.Kanemaru, et al.: *Appl. Surf. Sci.*, **111** (1997) 218.

## 1.8 赤外線イメージ炉を用いた塗布熱分解法による大面積超伝導膜の作製

産業技術総合研究所
熊谷俊弥, 真部高明, 山口　巖, 相馬　貢,
土屋哲男, 近藤和吉, 塚田謙一, 水田　進

### 1　はじめに

　高温超伝導が発見されてから15年が経過した．最近，超伝導薄膜の合成技術およびそのシステム応用技術の進歩が著しく，薄膜限流素子やマイクロ波デバイスへの応用が最も実用化が近いと目されている[1,2]．ここで限流素子とは超伝導体の超伝導－常伝導転移がきわめて迅速におこることを利用して発電設備等のヒューズ替わりに用いるものである．また，後者はマイクロ波領域における超伝導体の低い表面抵抗を利用して，高感度，高分解能の移動体通信基地局用フィルタシステムを形成しようとするもので，現状のシステムに比べてはるかに高性能であることが実証されており，米国では1000台規模の稼動実績がある．
　これらの素子の実用化においては大面積超伝導膜の大量生産法の確立がコストを決定する重要な鍵を握っている．金属酸化物膜を作製するパルスレーザ蒸着法，スパッタ法，共蒸着法などの気相プロセスは，緻密で高品質な超伝導膜が作製可能であるがその反面，大面積化に限界がありまた製膜速度が遅く量産化は困難である．これに対し，液相法の一種である塗布熱分解法は高価な真空装置を必要とせず，需要の急拡大が予想されるマイクロ波フィルタ素子等の開発にとって，低コストで高品質な膜を大量生産するのに最も適した手法と考えられている．
　産総研では，1987年の超伝導フィーバーの中で世界に先駆けて塗布熱分解法による高温超伝導膜の合成を提案・実証し，製法基本特許を日米英独仏で取得し，その後も情報通信や電力利用分野への応用をめざして高臨界電流密度化 (77

1　半導体・電子技術への応用　　　　　　　　　　　　　　　　　　　　173

K で 1 MA/cm$^2$ =1 × 10$^6$ A/cm$^2$ 以上）や大面積化のための技術開発を継続してきた[3]．本稿では赤外線イメージ炉を用いた塗布熱分解法による大面積超伝導膜の作製について紹介する．

## 2　塗布熱分解法とは ── エピタキシャル膜の重要性

この方法は，図1に示したように原料である金属有機化合物の溶液を基板に「塗って焼く」だけというきわめて単純な工程でできている．プロセスが簡単で高真空や高電圧を発生させる大がかりな装置を使わないため，いろいろな形状をした大面積の薄膜や長尺のテープをつくるのに適し，何よりも低コスト，低エネルギー負荷であるという長所をもっている．

超伝導セラミックス膜の実用化のためには抵抗ゼロの状態で流せる電流密度（単位面積当たりの電流）の上限値（＝臨界電流密度, $J_c$）ができるだけ高いことが望まれる．ここでは YBCO と略称される YBa$_2$Cu$_3$O$_7$ という化合物の膜の作製について述べる．YBCO は臨界温度 $T_c$ が約 90 K で液体窒素温度より高く，空中浮遊のデモンストレーションでよくお目にかかる黒色の物質である．

酸化物超伝導体は結晶構造が異方性をもつため，超伝導電流の流れやすさも方向によって異なる．このため隣り合った結晶粒子が互いに異なった方向をむいたり，粒と粒との境界（＝粒界）の結晶格子が乱れたりすると電流が流れにくくなり $J_c$ が急激に減少する．つまり，超伝導電流の流れやすさを光の透過性にたとえると，角砂糖を構成する砂糖の粒のように粒子の向きがバラバラで粒界が乱れ

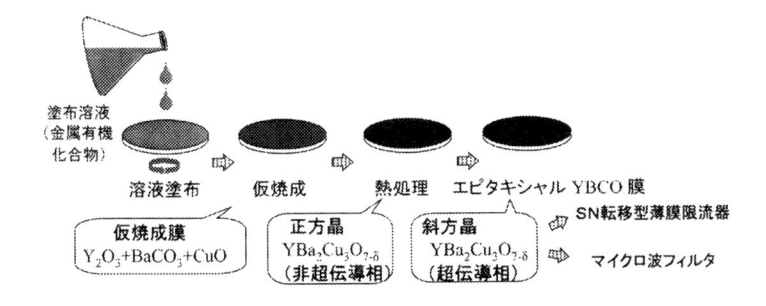

図1　塗布熱分解法による YBCO 膜の合成

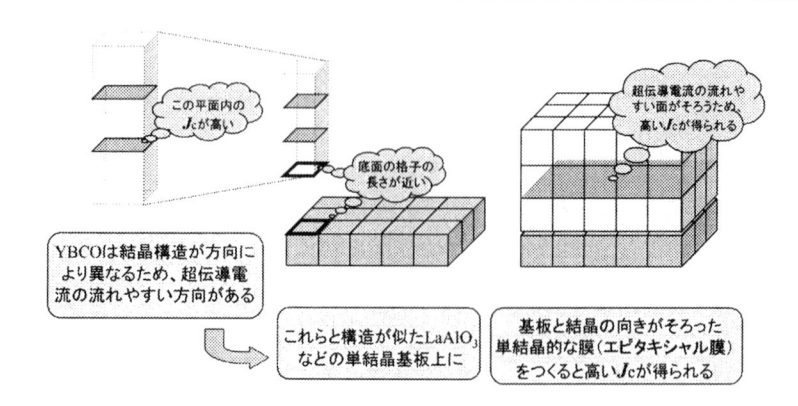

図2　単結晶基板上のエピタキシャル YBCO 膜

ていると光は透過しにくく白くなる（$J_c$ が低くなる）のに対し，氷砂糖のように一つの結晶（単結晶）になると透明になり光をよくとおすようになる（$J_c$ が高くなる）．超伝導体の単結晶を作製するのは氷砂糖をつくるのとちがって非常にむずかしいが，チタン酸ストロンチウム（$SrTiO_3$）やランタンアルミネート（$LaAlO_3$）のような YBCO と結晶構造が似ていて格子定数（＝結晶をつくる単位直方体の辺の長さ）が近い物質の単結晶基板の上に，基板と結晶粒子の向きがそろった単結晶的な膜（＝エピタキシャル膜）を形成することが広く行われている（図2）．これは種結晶の上に単結晶が育成されるのと同じ発想であるが，単結晶的な YBCO 膜ができれば $J_c$ は飛躍的に向上する．また，$J_c$ と表面抵抗（$R_s$）との間には相関性があり，$J_c$ が高いほど，$R_s$ が低くなることも知られている．

## 3　大面積エピタキシャル膜の作製と特性

　エピタキシャル YBCO 膜の合成は従来，気相プロセスにより行われてきた．気相法では減圧下で単結晶基板の上に結晶粒子を順に積み上げていくため，高い $J_c$ をもつエピタキシャル膜の生成しやすい条件（酸素分圧，温度）が非常にせまい（図3）にもかかわらず，この条件制御を精確に行えば比較的容易にエピタキシャル膜が合成されるからである．しかしながら，前述のように気相プロセスによる超伝導製膜は大面積化，量産化がむずかしく高コストとなるため，液相法による製膜がのぞまれていた．

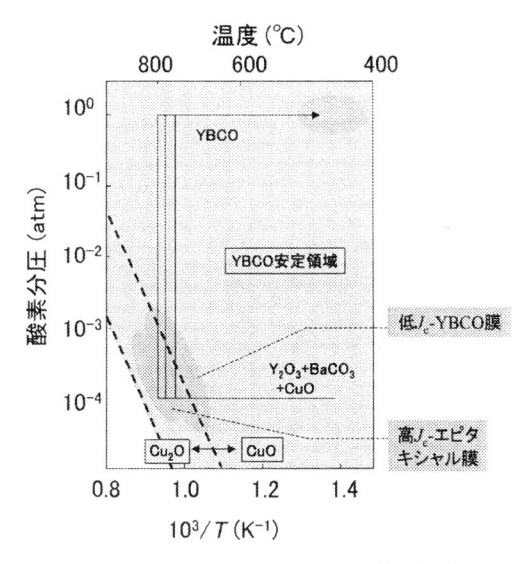

図3 エピタキシャルYBCO膜の作製条件

　一方,液相法によるエピタキシャル超伝導膜の作製においては,いったん積もらせたカラメルのような不定形の仮焼成膜をさらに高温で熱処理して原子の組み替えを行わせ,氷砂糖のような単結晶的な膜に変えてやる必要がある.この課題は厚さが約 1 μm 以下の YBCO 膜については,約 10 年前にわれわれが最適熱処理条件の探索を行い解決されている[3].

　しかしながら,マイクロ波フィルタや薄膜限流器で必要とされる大面積のエピタキシャル膜をこの方法でつくる場合には製品膜の均一性に関する問題点が新たに生じることがわかってきた.すなわち,塗布熱分解法の本焼過程は雰囲気ガスを流しながら急加熱しておこなうので,試料が小さいうちは不均一性が問題にはならないが,大面積・長尺になるにしたがってガスの流れや温度の不均一性が製品膜の不均一性として表れるため,素子として使いものにならなくなるのである.この際の温度の均一性は試料を一定温度に保持する間だけでなく,昇温過程においても要求されるという大変きびしいものであった.

　そこでわれわれは上・下面加熱方式の赤外線イメージ炉(アルバック理工製 RTA-85/85 を改造)に断面が 5×12.5 cm の矩形石英チャンバーを装備した装置を開発し(図4),大面積製膜のための最適熱処理条件の探索をおこなった.そ

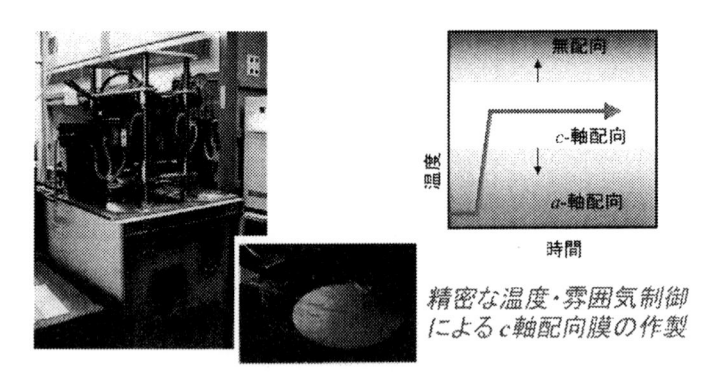

図4 赤外線イメージ炉（アルバック理工製 RTA-85/85 改造）を用いた YBCO 製膜

図5 エピタキシャル YBCO 膜をもちいた空中浮遊のデモンストレーション

の結果，定温保持過程だけでなく，昇温過程においても膜の全面にわたって温度の均一性をたもつことが可能となり，再現性よく大面積エピタキシャル超伝導膜を作製することに成功した[4]．

図5は物質研（現産総研）の一般公開でおこなった「超伝導 UFO キャッチャー」というデモンストレーションで，超伝導体が磁力線をつかまえてはなさない性質

1　半導体・電子技術への応用

図6　直径 5 cm の LaAlO$_3$ 板上に作製した膜厚 0.5 μm の YBCO 膜

図7　誘導法 $J_c$ 分布評価装置（テーバ社クライオスキャン®）

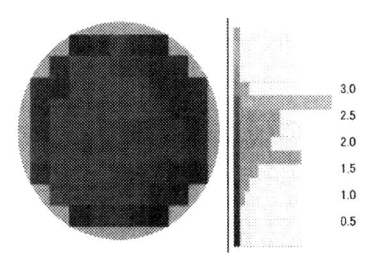

図8　直径 5 cm の YBCO 膜の $J_c$ 分布

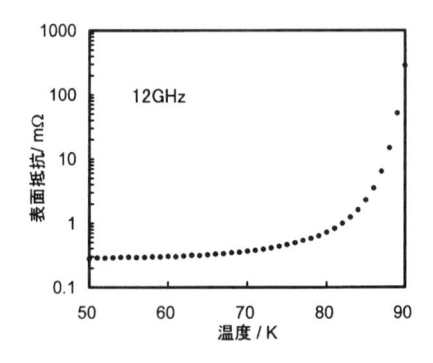

図9 直径 5 cm の YBCO 膜の表面抵抗の温度依存性

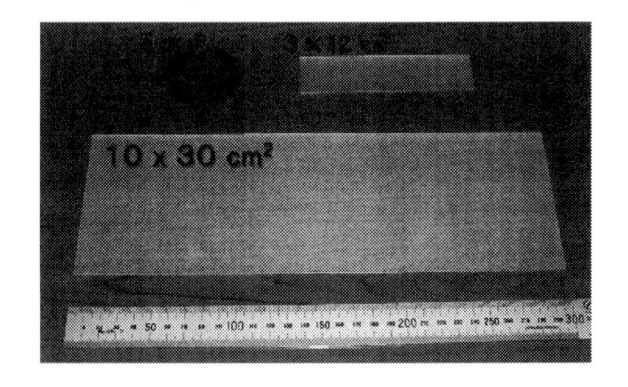

図10 大面積サファイア基板上への超伝導製膜（計画）

（ピン止め効果）を利用した空中浮遊の様子をしめしている．この実験で用いた超伝導体は厚さ $0.5\,\mu m$ の YBCO を 2 cm 角の $LaAlO_3$ 基板の両面に製膜したもので，$J_c$ が高いため YBCO の約 500 倍の重さの基板をいっしょに浮き上がらせることができる．

前述したように，大面積エピタキシャル膜の応用例としては交流限流器素子や移動体通信基地局用のマイクロ波フィルタの開発が挙げられる．われわれは前者に関してニューサンシャイン計画で大面積 YBCO 膜を作製する技術の研究開発を行っている．直径 5 cm の $LaAlO_3$ 基板に作製した YBCO 膜は非常に緻密で平滑である（図6）．この膜の $J_c$ 分布を図7に示す誘導法 $J_c$ 評価装置により調べたと

ころ, $2\times10^6$ A/cm$^2$ をこえる高い $J_c$ が均一に得られていることがわかった (図8).
また, マイクロ波フィルタへの応用を目指して表面抵抗 ($R_s$) を測定したところ, 図9に示すように, 測定周波数 12 GHz で 70 K のとき, $R_s$ =0.37 mΩ という低い値が得られた. これらは気相法で作製された超伝導膜の値に匹敵する特性である. 現在, 限流器応用の大面積化では平成15年度までに 10×30 cm のサファイア基板の上への製膜を計画している (図10). また, 平成14年度は, 大面積超伝導膜の量産化を目指して, ベンチャー会社である㈱バイオナノテック・リサーチ・インスティチュートとライセンシング型共同研究を行っている.

## 4 おわりに

以上のように均一で大面積加熱の可能な赤外線イメージ炉を用いた. 塗布熱分解法により $J_c$ 特性の高いエピタキシャル YBCO 膜が作製できることを紹介してきた. ここで開発されたエピタキシャル膜製造技術は, 固相反応によるエピタキシャル成長の新たな可能性を示すものとしてきわめて興味深いといえる. この方法は他の機能性セラミックス材料へ適用することも可能であり, $BaTiO_3$, $Pb(Zr,Ti)O_3$, $SrBi_2Ta_2O_9$ などの強誘電体あるいは巨大磁気抵抗効果をもつことで注目されている $(La,Sr)MnO_3$ のエピタキシャル膜の合成にも成功している[5].

謝　辞

クライオスキャン®(Cryoscan®) の写真の転載を許可していただいたテーバ社プルセイト博士 (THEVA社 Dr.Prusseit) と㈲ケイ・アンド・アール クリエーション吉田氏に感謝いたします.

参考文献
1) 北澤宏一 : 応用物理, **70** (2001) 3.
2) 野島敏雄, 佐藤　圭 : 応用物理, **70** (2001) 28.
3) 水田　進, 熊谷俊弥, 真部高明 : 日本化学会誌, **76** (1997) 17.
4) T.Kumagai, T.Manabe, W.Kondo, K.Murayama, T.Hashimoto, Y.Kobayashi, I.Yamaguchi, M.Sohma, T.Tsuchiya, K.Tsukada, S.Mizuta: *Physica C*, **1236** (2002) 378-381.
5) 山口　巌, 真部高明, 熊谷俊弥, 水田　進 : 日本応用磁気学会誌, **24** (2000) 1173.

# 1.9 カーボンナノ材料を用いた ディスプレイの開発

㈱アルバック筑波超材料研究所ナノスケール材料研究部
村上裕彦

## 1 はじめに

 最近のフラットパネルディスプレイ（FPD）の発展は，従来のCRT用途だけではなく，マン・トゥ・マシンのインターフェイスとしてその必要性が高まっている．低消費電力を活かした液晶ディスプレイ（LCD）が小型・携帯パネルを中心に利用され，最近では30型クラスの市販，さらには40型も視野に入れての開発が進んでいる．また，プラズマディスプレイ（PDP）などの新しいディスプレイが登場し，薄型フラット画面，あるいは大型フラット画面が消費者に大きな魅力となっている．

 このような大型フラットパネルとしての有望なディスプレイとして，フィールドエミッションディスプレイ（FED）が紹介された[1]．FEDは発光効率が高く（10 lm/W以上）低消費電力であり，さらに単純マトリックス駆動による低コスト化も期待できる．このような特徴を有するFEDは，蛍光体の自発光という点ではCRTの完成度を引き継ぐディスプレイである．CRTとFEDの基本的な違いは電子放出機構にある．CRTが熱電子放出（金属を加熱することにより仕事関数より大きなエネルギーをもつ電子が真空中へ飛び出す現象）を利用するのに対し，FEDは電界集中を利用してフェルミ準位付近にある電子をトンネル効果によって放出させる現象を利用している．

 この電界電子放出機構について考える．図1に金属表面近傍における電子のエネルギー状態を模式的に示す．室温では金属内の電子のポテンシャルエネルギー

# 1 半導体・電子技術への応用

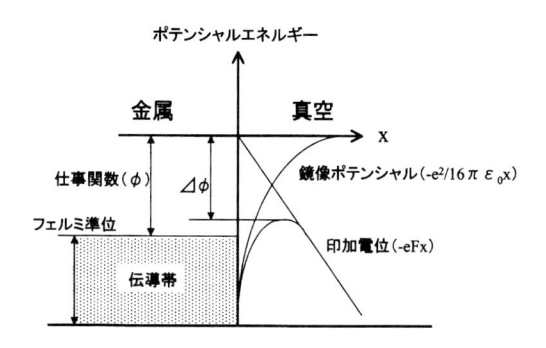

図 1 電界電子放出のエネルギーポテンシャル

はフェルミ準位以下にあり，金属外部の真空中でのそれよりも低くなっているため，電子がそのポテンシャル障壁を飛び越えて真空中へ飛び出すことはない．このポテンシャル障壁のことを仕事関数 ($\phi$) と呼んでいる．しかし，金属表面に高電界 (F) がかかると，真空中におけるポテンシャルエネルギーは，電界による効果 ($-eFx$) と電子の鏡像力による効果 ($-e^2/16\pi\varepsilon_0 x$) との和で表される．電界が強くなるとポテンシャル障壁がショットキー効果 ($(e^3F/4\pi\varepsilon_0)^{1/2}$) 分小さくなるだけでなく，ポテンシャル壁が非常に薄くなり，フェルミ準位付近にある電子の一部がトンネル効果によって確率論的に放出される．この現象を電界電子放出と呼び，ディスプレイに応用したものが FED である．

## 2 FED 用カーボンナノ材料の開発

最初の FED の電界放出素子になったスピント型エミッタは，SRI インターナショナルの C.A.Spindt 氏らがマイクロ波素子用として開発したものである[2]．その後も種々のパネルが発表されているが，現段階では LCD や PDP の後塵を拝している．その理由は，図 2 に示した FED の基本構造から理解することができる．一つは，スピント型エミッタと呼ばれる円錐型金属電子源製造のコスト問題と大型化の困難さ，また，高真空封入の必要といった FED 固有の課題にある．

近年，これらの問題点を解決できるエミッタ材料として，カーボン系材料が注目を集めている．カーボン系エミッタ材料の研究は，1970 年代初めにカーボン

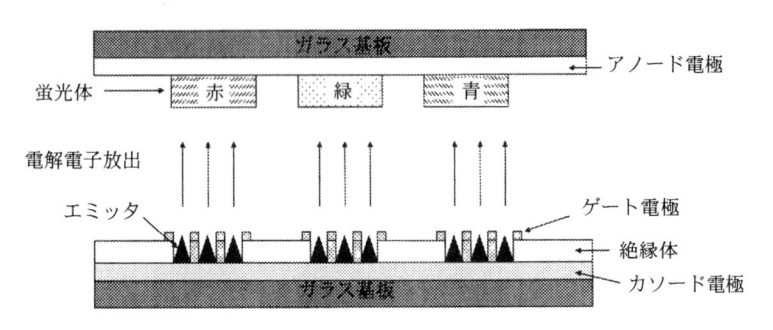

**図2** FED の基本構造（スピント型 FED）

ファイバ（直径数 μm）を電子源とする研究が行われ[3,4]，仕事関数が比較的高いにもかかわらず，電界電子放出のエミッタとして機能することが報告された．1991年に炭素アーク放電によるフラーレン合成の副生成物として発見されたカーボンナノチューブは（以下，ナノチューブと略記する），その縦横比が非常に大きく，かつ，先端が尖鋭であることから有望な電界電子放出材料として期待された．

1999 年，我々はプラズマ CVD 法によってナノチューブを垂直かつ選択成長させる技術を紹介した[5,6,7]．このプラズマ CVD 法によるナノチューブ合成技術を FED 作製に応用してきたが，次のような問題点が生じてきた．

1) 成膜温度が高い．
2) 成膜中に基板へのダメージがある．
3) 大面積基板を処理できない．

これらの問題点を解決する方法として，熱 CVD 法によるグラファイトナノファイバ（以下，ナノファイバと略記する）の開発を行っている[8,9]．

## 3 熱 CVD 法によるナノファイバの合成

本熱 CVD 法で用いた装置の外観とその模式図を図3に示す．この熱 CVD 法では，チャンバ内にセットされた FED 用カソード基板をチャンバ外部に設置された赤外線ランプで直接基板を加熱する方法を取っている．原料ガスには，CO と $H_2$ の混合ガスを用いた．この手法では，ナノチューブではなくナノファイバが合成される．熱 CVD 法ではプラズマ CVD 法で困難であった大面積化が容易

1 半導体・電子技術への応用

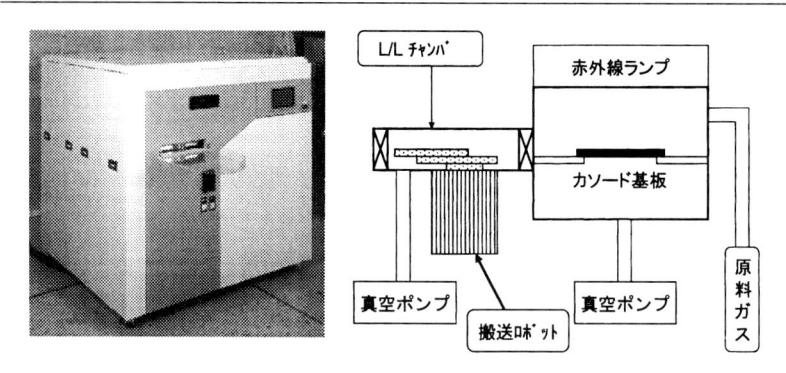

図3 熱 CVD 装置の外観とその模式図

であり、かつ、基板へのダメージも少ない。実際に、A4 サイズの基板にナノファイバを均一に作製することができる。この時の成膜温度は 500 ℃程度であり、FPD 用ガラス基板を利用することができる。また、本熱 CVD 法では、ナノファイバを触媒金属上に選択成長させることもできる。熱 CVD 法で作製されたナノファイバの SEM 写真を図 4 に示す。

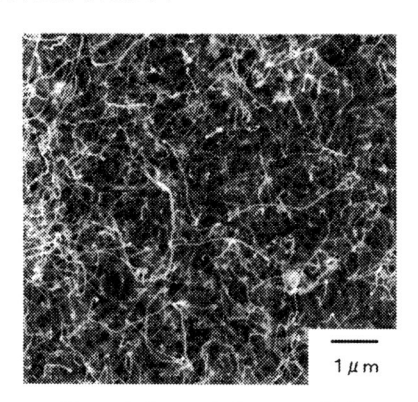

図4 ナノファイバの SEM 写真

## 4 ナノファイバの成長機構

ナノファイバの成長機構を図 5 に示す。CO ガスが触媒金属の Fe 基板に解離吸着し、Fe の炭化が生じる。この時、O による Fe の酸化を防ぐ為に、水素ガスを混合ガスとして用いている。Fe 中の C 量の増加とともに、Fe からの C 析出が

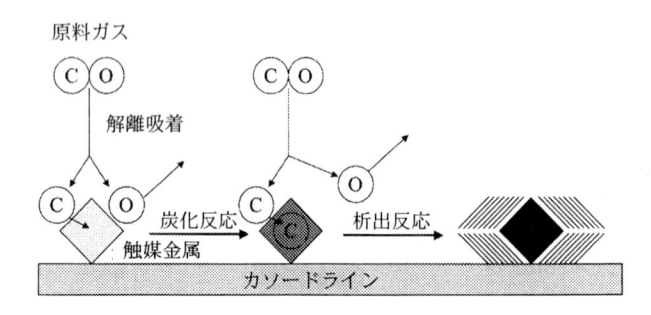

**図5** ナノファイバの成長機構

同時進行する．その結果，触媒金属粒子径と同程度の径を持つナノファイバが形成される．

## 5 赤外線ランプ加熱炉とナノファイバの選択成長

　FEDパネルを作製する時，熱CVD法を利用する利点に，ナノファイバの選択成長がある．具体的には，図6に示すようにカソードパネルの構造をあらかじめ作製しておき，最後に所定の位置に所定の膜厚だけナノファイバを形成することができる．この時，熱CVDの加熱源に赤外線ランプを使用した．赤外線ランプ

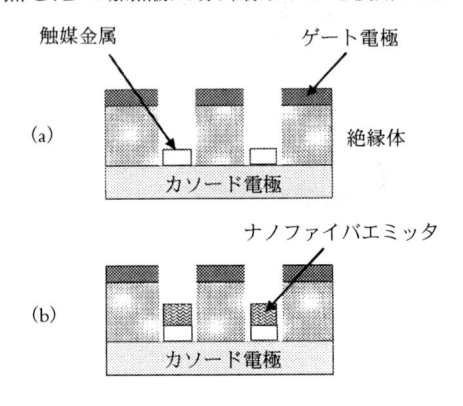

**図6** カソードパネルの模式図
（a）ナノファイバエミッタ成膜前，（b）ナノファイバエミッタ成膜後

1 半導体・電子技術への応用　　　　　　　　　　　　　　　　　　　　　　185

を用いる利点は,ガラス基板自体の温度をそれ程上昇させることなく,カソード
ライン上の触媒金属のみを加熱することができる.その結果,原料ガスの熱分解
は所定の触媒金属を成膜した部分でのみ進行し,ガラス基板上への炭素析出がな
く,ナノファイバを所定の場所に成長させることができる.

## 6　ナノファイバの電界電子放出特性

熱CVD法で作製したナノファイバの電界電子放出特性を図7に示す.このナ
ノファイバからの電界電子放出は,0.8 V/μm程度の低電界から生じており,また,
電界2.0 V/μmを加えたときに,10 mA/cm$^2$と高い電流密度が得られる.この理由
は,ナノチューブに比較してナノファイバが持つ多くの電子放出サイトに起因し
ていると考えられる.

ナノファイバを電界電子放出素子に利用した管球表示デバイスの様子を図8に

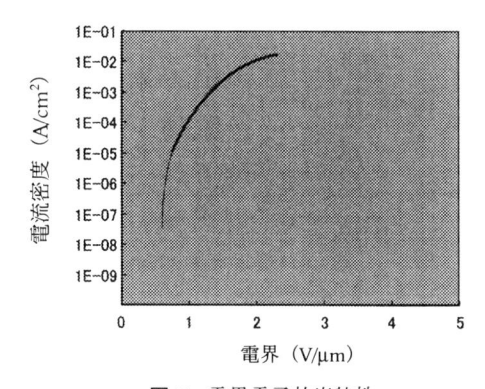

図7　電界電子放出特性

図8　ナノファイバを利用した表示デバイス

示す.

## 7 おわりに

実用商品に近いスピント型 FED の問題は,やはり,コストと大型化にあると思われる.この問題を解決するため,エミッタ材料へのカーボン材料の応用を提案してきた.当初,マイクロ波 CVD 法の利用を試みたが,低温化と大面積化を目指し,熱 CVD 法に行き着いた.未だスピント型 FED の画像レベルに追い着けないカーボン系 FED ではあるが,近い将来,FED の問題点を解決し次世代フラットパネルとして利用される姿を夢見ている.

### 参考文献
1) P.Shinyeda: IDW, (1998) 7.
2) C.A.Spindt, et al.: *J. Appl. Phys.*, **47** (1976) 5248.
3) F.S.Baker, et al.: *Nature*, **239** (1972) 96.
4) C.Lea: *J. Phys.*, **D6** (1973) 1105.
5) 村上裕彦他:第46回応用物理学会関係連合講演会予稿集, 29a-YC-6.
6) 村上裕彦他:*ULVAC Technical Journal*, **51** (1999) 1.
7) H.Murakami, et al : *Appl. Phys. Lett.*, **76** (2000) 1776.
8) 平川正明他 : *ULVAC Technical Journal*, **53** (2000) 12.
9) M.Hirakawa, et al.: IDW (2000) 1027.

# 1.10 形状記憶合金薄膜への応用

物質材料研究機構材料研究所
石田　章

## 1 形状記憶合金薄膜について

　加速度的に機器の小型化や携帯化が進んでいる近年の先端的な技術分野において，微小な部品を動かすためのアクチュエータの開発は，新たな製品を生み出すための基盤技術として重要性を増しつつある．特に，半導体や光通信，医療，バイオテクノロジーなどの微小物体を扱う分野では，数 mm 程度の大きさの微小機械，いわゆるマイクロマシンの活躍が期待されており，そのためには，まず機械を動かすためのマイクロアクチュエータの開発が必要になっている．既に，静電気や圧電素子を使ったアクチュエータが開発されているが，スパッタリング法によって作製した形状記憶合金薄膜は，従来の圧電素子に比べて 50 倍の変位と 10 倍以上の大きな力を出せる特徴があり，今後の応用が期待されている[1,2]．

## 2 薄膜の結晶化熱処理

　厚さ数 μm の形状記憶合金薄膜は，通常，スパッタリング法によって作製される．作製した薄膜はアモルファス相になっており，形状記憶効果を得るためには結晶化のための熱処理が必要である．図 1 に薄膜の熱処理に用いた赤外線真空加熱炉の模式図を示す．形状記憶合金薄膜は Ti-Ni 合金をベースにしており，Ti が酸化されやすいことと薄膜であることから熱処理は高真空で行う必要がある．本装置では，通常，8 時間程度で $3\times10^{-5}$ Pa の真空が達成できるようにターボ分

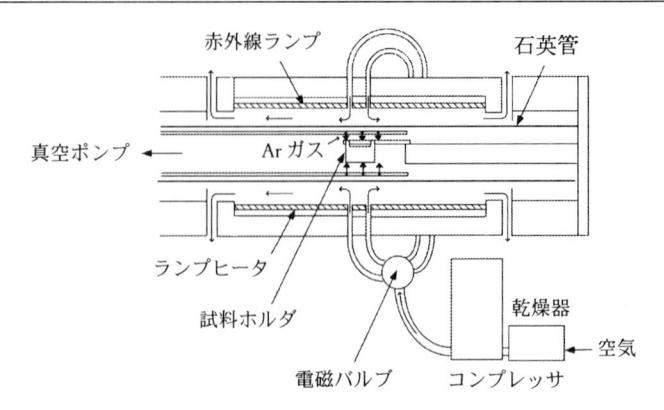

図1 真空理工製赤外線真空熱処理炉

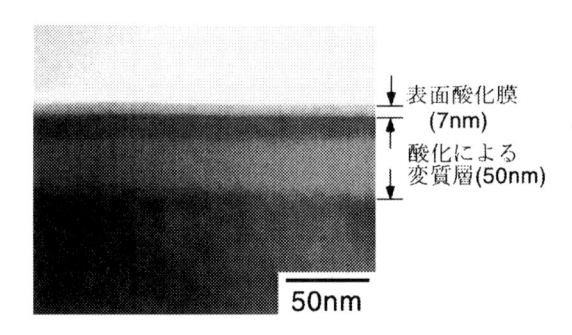

図2 500℃, 5分間の真空熱処理を行った Ti-Ni 薄膜の表面に形成された表面酸化膜（$TiO_2$）と表面変質層（Ti枯渇ゾーン），薄膜断面の透過電子顕微鏡写真.

子ポンプによる真空排気システムを採用した．また，熱処理を行う際には，一気に高温まで上げず，150℃程度でしばらく真空中に置いて水分を排気した後，熱処理温度まで上げるような工夫を行っている．これまで，通常の厚さ（1μm 以上）の薄膜に対して 500〜700℃の熱処理を行った場合，形状記憶特性に対する酸化の影響は無視できることがわかった．しかし，薄膜の厚さが 0.5μm 以下になると，特性に対する表面酸化膜の影響が顕著になり，変態温度の低下や降伏強度の増加あるいは破断のびの低下など熱処理過程での酸化に起因する特性の変化がみられた．図2は500℃, 5分間の熱処理を行った Ti-Ni 薄膜の断面透過電子顕微鏡写真である．表面に厚さ 7 nm の $TiO_2$ とみられる表面酸化膜が形成さ

れ，その直下には Ti が枯渇して組成が変化した表面変質層（厚さ 50 nm）が認められる．

## 3 薄膜の熱処理と形状記憶特性

　Ni 過剰 Ti-Ni 合金薄膜は，バルク材と同様に溶体化・時効処理によって安定した形状記憶効果を得ることができる．時効処理によって析出する $Ti_3Ni_4$ 相は，200 ℃付近から析出し始め，変態温度などの特性に大きな影響を与える．そのため，特性の制御には，溶体化処理後の冷却過程で析出物の生成が完全に抑えられていることが重要である．図 3 に種々の方法を用いて試料を溶体化処理温度の 700 ℃から冷却した際の冷却曲線を示す．Ar ガスを直接，試料に吹き付けることにより急冷が可能であるが，冷却ガスを He に変えることで冷却速度は速くなる．しかし，He ガスが高価であることが難点である．本装置では，さらに冷却速度を上げるために，図 1 に示すように石英管そのものを乾燥空気によって外側から同時に冷却を行うような改造を行った．その結果，Ar ガスを用いても He ガス冷却に劣らない冷却速度を実現することができた．溶体化処理後の薄膜を透過電子顕微鏡によって観察した結果，$Ti_3Ni_4$ は析出しておらず，完全な溶体化処理が行われていることを確認した．図 4 には溶体化・時効処理を行った Ti-Ni 合金薄膜の形状記憶特性の測定結果を示す．一定荷重を負荷した状態で冷却・加熱を

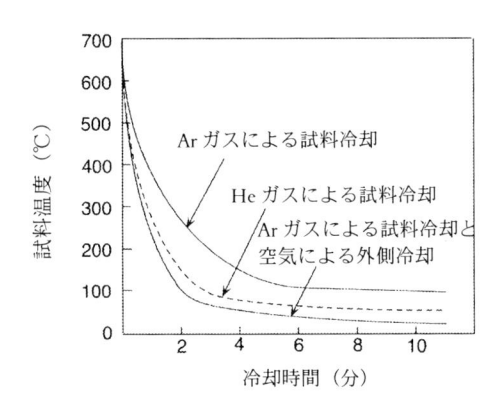

図 3　溶体化処理温度（700 ℃）からの冷却曲線

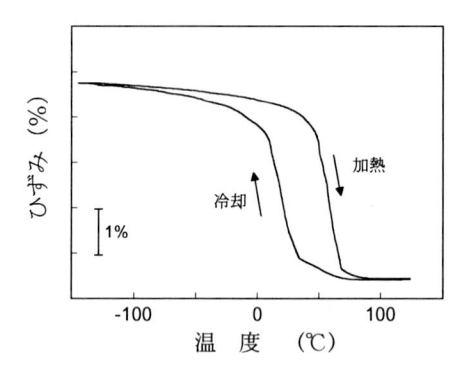

**図4** 700 ℃で1時間の溶体化処理後に 350 ℃で 10 時間の時効処理を行った Ti-51.2 at% Ni 合金薄膜の形状記憶特性（480 MPa の一定荷重を負荷した状態で冷却・加熱を行ってひずみ量を測定）．

行い，その時のひずみ量を測定した．冷却過程でマルテンサイト変態によって生じた変態ひずみは，加熱時の逆変態によって完全に元に戻っていることがわかる．

参考文献
1) 石田　章：「形状記憶合金薄膜の研究と今後の展望」，まてりあ，日本金属学会，**40**（2001）44.
2) 石田　章：「形状記憶合金薄膜」，身近な機能膜のはなし，武井厚編，日刊工業新聞社，（1994）86.

## 2　薄鋼板の熱処理技術への応用

# 2.1 シミュレータの開発からはじめた連続焼鈍技術の研究

新日本製鐵㈱, ㈱ニッテクリサーチ材料事業部*
秋末　治, 山田輝昭*

　日本における工業の高度成長時代は1955年頃からはじまり, 1970年代の前半まで続いた. この間に, 約1,000万トン/年であった当初の鉄鋼生産量は, 実に約12,000万トン/年にまで増大していったのである. 代表的な工業製品である自動車の生産台数でいえば, 約100万台/年であったものが, 約700万台/年にまでも急速に増産されてきた時代であった.
　しかし, この工業の高度成長時代も1973年に始まる石油危機にさらされ, 次の時代に向けて, 工業製品の新しい生産活動方法を模索せざるをえない時代に突入した. 鉄鋼の生産活動においては, 抜本的な省エネルギーを達成しつつ, 生産性の高い鉄鋼の生産技術を新しく開発していくことが是非とも必要となったのである.

## 1　薄鋼板の従来製法

　自動車には大量の冷延鋼板とよばれる薄鋼板が使用される. 高度成長時代における冷延鋼板は次のような工程で製造されていた. まず, 板厚が約3.5 mmの熱延鋼板を冷間圧延して, 板厚約0.8 mmの冷延鋼板をつくる. その後, この鋼板に箱焼鈍を施して, 自動車用鋼板としての材質特性を付与させたのである. 箱焼鈍は, コイル状に巻かれた冷延鋼板を3, 4個積み上げ, それらを3～4日かけて焼鈍する方法である. 当然, このバッチ的に焼鈍する方法の生産効率は非常に悪いものであった.

2 薄鋼板の熱処理技術への応用　　193

　このような時代に,新日本製鐵株式会社の広畑製鐵所研究所で薄鋼板の研究に従事していた我々は,箱焼鈍方法に替わる新しい連続焼鈍方法の開発研究に着手することにした.開発しようとする連続焼鈍方法は,冷間圧延された鋼板を繋ぎ合せて連続的に焼鈍を施す方法である.

　時代は,自動車に使用される鋼板にも新しい機能と特性が要求されるように変化していた.運転搭乗者の安全性の確保と,自動車を軽量化して燃費を低減させるために,薄鋼板の高強度化と加工性の向上が求められるようになってきたのである.薄鋼板を製造する鉄鋼業側の生産効率を上げることだけでは,時代を乗り切ることができないということである.自動車の製造業側からの要請と鉄鋼業としての生産効率の向上を両立させることが,この時代の目標となってきたのである.我々はこれらの課題に果敢に挑戦することにした.

　事前の詳細な検討を経て,3〜4日かけて焼鈍する従来の箱焼鈍方法に対して,連続的に,しかも数分間で焼鈍を完了する連続焼鈍方法の開発を開始した.連続焼鈍方法における焼鈍時間は数分以内でなければ,設備規模の観点から,実際の製造設備として建設することはできない.熱処理時間が数分間であると,熱処理時間の1秒たりとも無駄にすることはできないことになる.最も効率的で,しかも,新しい鋼板の製造をも可能にする熱処理サイクルを,1秒の精度で探求するこが必要となったのである.

## 2　手探りの連続焼鈍実験

　さて連続焼鈍の熱処理サイクルを1秒の精度で実験して求めようとすると,1975年当時の研究所には,実験に使用できるような熱処理装置は全くなかった.研究所に存在した熱処理装置としては,数時間にわたる長時間の熱処理ができる真空焼鈍炉やマッフル炉と塩浴炉などがある程度であった.従って,連続焼鈍の熱処理サイクルを開発する前に,どのような熱処理装置が必要なのかを考えなければならなかった.

　最初の検討は,温度の異なる2台のマッフル炉と,水を入れたバケツと扇風機を用いての実験から始めた.ストップウォッチを片手にしながら,鉄棒の先に固定した試験片を鍛冶屋さながらに,加熱と冷却を繰り返す毎日を過ごしたのである.しばらくの間は,この方法で熱処理サイクルの開発を進めようとしたが,

人力で熱処理をするとデータには無視できないバラツキが発生してしまうことに悩まされた．気合を込めて，精緻な実験をやろうとしたが，どうしても不満足さを取り除くことができず，実験をやればやるほど苛立ちを抑えることができないようになってきた．

急速加熱ができて，しかも，精度よく温度制御のできる熱処理炉はないものだろうかと考えざるをえないような状態になってきていた．そうこうしていると，出入りの実験機器納入業者の或る人が，「こんな新しい熱処理炉が開発されたのですが，研究に必要はありませんか？」，といってパンフレットを1部置いていった．これが真空理工製赤外線ゴールドイメージ炉との最初の出会いであった．パンフレットを見ると，急速加熱はできそうだし，精度よく温度制御ができるように思われたので，「探していたのは，これこれ！！」と思い，この炉についての問い合わせをおこなった．

## 3　赤外線イメージ炉の採用

早速，赤外線ゴールドイメージ炉を購入し，モータや制御機器を揃えて，連続焼鈍の熱サイクルシミュレータの試作に，グループ全員の力を結集して取り組み始めた．シミュレータ全体の構成はどうするのか，シミュレートする熱サイクルの範囲はどこまで考えるのか，温度や時間の精度はどの程度がよいのか，等々，解決すべき課題は山積であった．でも，楽しかった．とにかく，グループ員のアイディアが少しずつ目に見えて具現化していくのであるから…．試行錯誤を半年近く続けると，不満な点はあるものの，第1号機のシミュレータが出来上がった．出来上がってみると，シミュレータの全長は5メートルにもなっており，二つの部屋をぶち抜いて鎮座していたのである．その後も改良に改良を重ねて，あらゆる熱処理サイクルを完全自動で忠実に再現できるところまで，このシミュレータの完成度は高まっていった．間もなく2号機も誕生した．

このシミュレータをフル稼働させながら，理想的な連続焼鈍の熱サイクルを追求していると，気が付いたときには，世界中の研究者の間でも有名な存在になっていた．ある米国の研究者は，このシミュレータを見て，鞄に詰め込んで持ち帰りたいとまでいった．そしてそれは後日，実現したのである．その後もこのシミュレータは，いろいろな形で世界への広がりをみせ始めることになった．

2 薄鋼板の熱処理技術への応用　　　　　　　　　　　　　　　　　　　　　　195

　連続焼鈍の理想的な熱サイクルを探求する研究は，毎日，二機のシミュレータをフル稼働させながらおこなわれたことはいうまでもない．得られた理想的な熱処理サイクルを基にして，広畑製鐵所と名古屋製鐵所で，新しい連続焼鈍設備が建設された．そして稼動を始めたのは 1982 年のことであった．それらは，自動車業界から要請される新しい材質特性を造りこみながら，多量の薄鋼板の製造を日夜おこなっている．また，このようにして開発された連続焼鈍設備は，国内外でも採用され，姉妹機を増やしながら今日にいたっている．

　熱サイクルシミュレータの開発から始めたこの一連の研究は，シミュレータでの実験結果と全く同じ材料特性が，実際の連続焼鈍設備で得られるようになったときに，ようやくその一つの使命を達成したことになったのである．研究に携わった者としても，目標を達成したという充実感でいっぱいであった．開発したシミュレータは，その後，多少歳をとったとはいえ，我々の研究を元気に支えてきた．21 世紀になってもこのシミュレータは，機能のリフレッシュをしながら，新しい薄鋼板の開発研究に今日も大いに活躍を続けている．

## 2.2 薄鋼板の連続焼鈍と
## そのシミュレーション

NKK総合材料技術研究所<br>
細谷佳弘

## 1 はじめに

　日本が世界に先駆けて自動車用薄鋼板の連続焼鈍技術を実用化したのは，1973年以降二度にわたって我が国を襲った石油ショックの真只中であった．消費は美徳とされた高度経済成長期から，一転，省資源省エネルギーが叫ばれるようになり，戦後四半世紀を経て国際競争力を備えてきた日本の自動車メーカー各社も，燃費の向上を至上課題として車体の軽量化を強く志向するようになった．当初，自動車車体などに用いられる一般加工用冷延鋼板の焼鈍工程の短縮を目的として開発された連続焼鈍（CAL: Continuous Annealing Line）技術は，そのユニークな熱処理技術（薄鋼帯を連続的に急速加熱と急速冷却を行う技術）を駆使することによって，従来の箱焼鈍プロセスでは不可能であった各種の高強度冷延鋼板の製造に道を拓き，今日世界をリードする我が国の自動車の安全性向上と軽量化に貢献した．
　そこで本解説では，我が国で開花した連続焼鈍技術の真髄と，開発に至る過程で熱サイクルのシミュレーション技術が果たした役割について筆者の経験を基に概説する．

## 2 薄鋼板の連続焼鈍とは

　鋼を種々の温度条件にて加熱・冷却することで鋼の金属組織を制御するのが熱

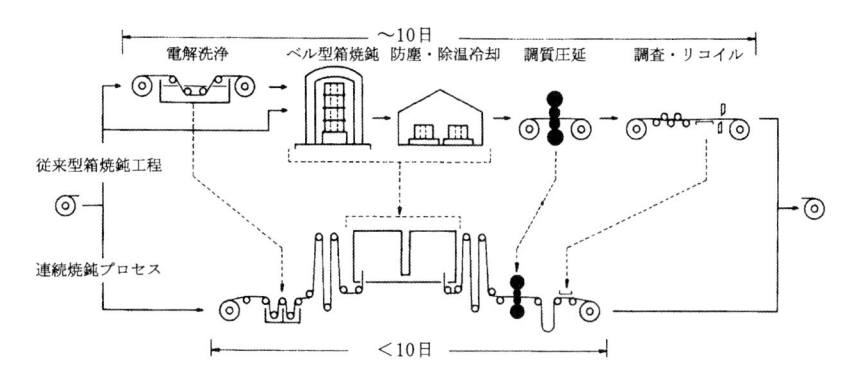

図1 箱焼鈍工程と連続焼鈍プロセスの工程比較

処理であり，鋼に様々な機械的，電気的，磁気的，化学的性質を付与する重要な工程である．

所定の板厚（自動車用冷延鋼板の場合，一般には 0.6〜1.0 mm）まで冷間圧延された鋼帯は硬くて脆いため，"焼鈍"という熱処理工程を経て製品になる．従来の箱焼鈍工程は，図1に示すように，洗浄工程を経たコイル状の鋼帯を段積みして箱型炉で長時間かけて熱処理するもので，全工程に 10 日前後を要した．これに対して連続焼鈍プロセスは，コイル状の鋼帯を巻き解しながら連続的に接合して"電解洗浄－短時間焼鈍処理－調質圧延－検査"の一連の工程を合体させた連続焼鈍ラインに通して再び巻き取るプロセスであり，薄鋼帯の焼鈍工程を 10 分程度までに短縮した画期的な技術である．

NKK は，1972 年に世界に先駆けて福山 No.1CAL をベースとしたシート用連続焼鈍ラインの雛型を開発し，1976 年に本格設備として No.2 CAL を稼動させた．その後，1987 年に No.3 CAL，1993 年に No.4 CAL を稼動させると同時に，海外からもその高い技術力が評価され，現在までに世界中で 18 基の NKK-CAL が稼動している．

図2に福山 No.2 CAL とその技術を基盤として進化した No.3 CAL のライン構成を示す．No.3 CAL には，生産能力の拡大に加えて新たな加熱方法として還元炎による直火加熱技術が，また新たな冷却方法としてロール冷却技術が本格採用された．

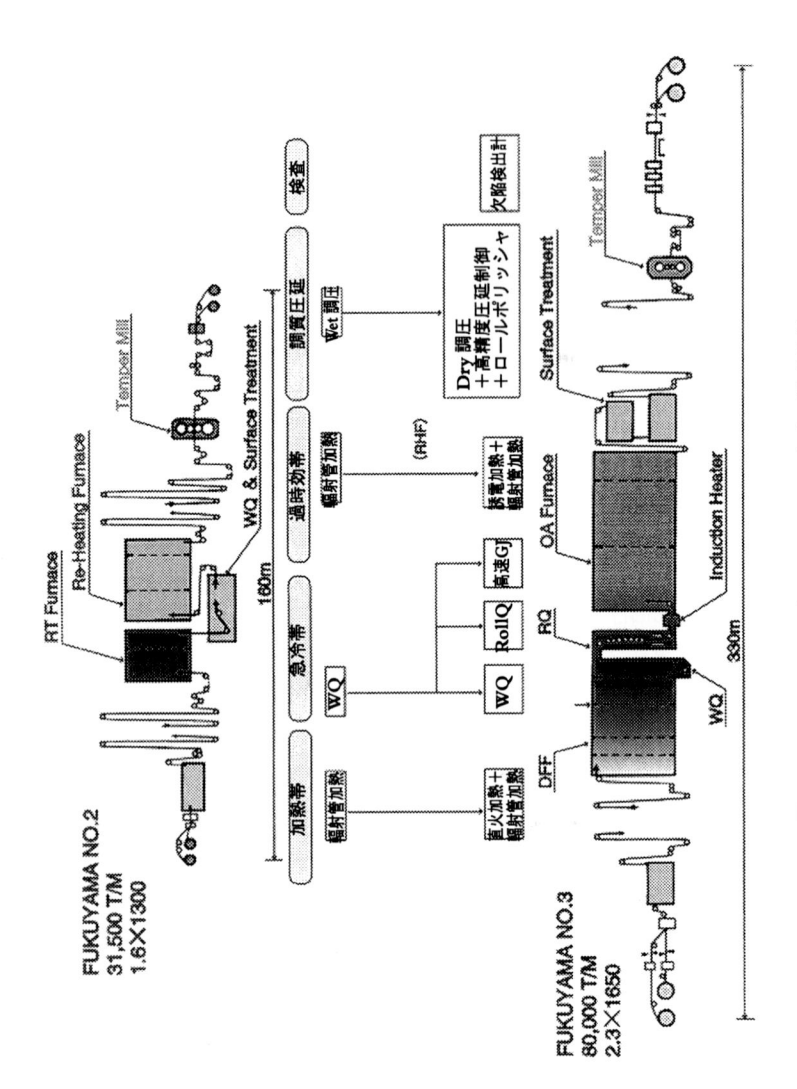

図 2　NKK No.2 CAL と No.3 CAL のライン構成比較

## 3 連続焼鈍のシミュレーション

連続焼鈍プロセスにおける基本的な熱処理パターンを図3に示す.熱サイクル上の特長は，急速加熱による短時間の焼鈍処理とそれに続く急速冷却処理，および過時効処理と称する中間温度での棚状の均熱処理（シェルフ処理）である．本来，急速冷却と過時効処理の組み合わせは，鋼中の固溶炭素を短時間で析出させて時効性に優れた軟質絞り用鋼板を製造するためのユニークな技術であったが，急速冷却機能を用いて鋼板の焼入れ処理を行い，続く過時効処理機能を用いて焼き戻し処理を行うことで，従来に無い高強度鋼板を製造できる画期的な機能も有している．

連続焼鈍では，鋼帯は一般的な輻射管加熱の場合5〜10℃/s 秒で加熱されるが，NKKが開発した直火加熱の場合40〜70℃/s 程度の加熱速度で急速加熱される．急速冷却処理に関しては，NKKと新日鉄による技術開発の結果，ガスジェット冷却（<30℃/s），ロール冷却（100〜400℃/s），気水冷却（50〜300℃/s），噴流水浸漬冷却（>1000℃/s）などが実用化されている．また，過時効処理中は固溶炭素の析出を促進させるため，1℃/s 秒程度の冷却速度で傾斜過時効処理が行われる．

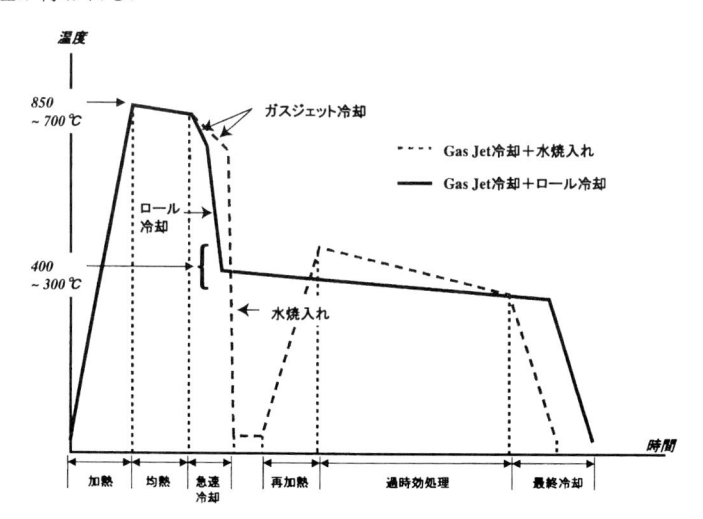

図3 連続焼鈍プロセスにおける基本的な加熱冷却パターン

## 4 真空理工製をベースにした熱処理シミュレータの開発

筆者は，かつて実験室の片隅で埃を被っていた米 Research 社の赤外線加熱装置を再生した経験から，国内で真空理工㈱が実用化したゴールドイメージ炉の特長に魅せられた．1981 年に，当時真空理工㈱より商品化された CCT-Y (真空理工・赤外線加熱・熱処理シミュレータ) の導入計画を前任者より引き継いだ筆者は，直ちに RH 事業部の技術陣に無理難題を御願いしながら，初期の CCT-Y をベースとして 1982 年から 1992 年までに三回の基本構造の改良を重ねた．さらにその集大成として 1990 年に雰囲気制御と張力制御が可能な CCT-HQT を完成させた．CCT-Y に出会って以来 20 年以上経た現在，当時を懐かしく思うと同時に，これらの装置が今も現役で活躍している姿に人一倍愛着を感じる．

そこで，現在 NKK で活躍している CCT-Y (改) と CCT-HQT について以下に紹介する．

真空理工㈱で開発された初期の CCT-Y は，サンプルを片持ち状態で透明石英チャンバ内に固定し，上下半割の円筒状赤外線イメージ炉で輻射加熱した後，管端部にセットされたノズルから水スプレーを管軸方向に噴射して冷却する，至って簡単な機構であった．

そこで冷却能の向上と均一冷却を行う目的から，図 4 に示すように加熱室と冷却室をゲート弁で分離し，両室間を高速でサンプルを移動させて所定の熱処理をシミュレートできるよう改造した．Rapid Cooling Chamber 上部からセットされたサンプルは，サンプルに点溶接した熱電対によって検出されるサンプル温度

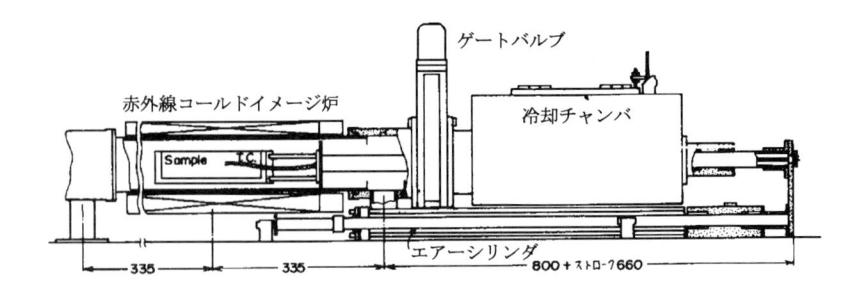

図 4　第一回の改造を行った CCT-Y の構造図

## 2 薄鋼板の熱処理技術への応用

と，あらかじめマイクロコンピュータにインプットした加熱・冷却パターンとの偏差を最小にするよう，PID制御されながら熱処理される．冷却は，エアーシリンダで冷却槽に移送して行なう場合（クェンチシャワ冷却あるいはミスト冷却）と，加熱帯で冷却する場合（ガス冷却あるいはミスト冷却）の二種類を選択でき，いずれも予め熱処理プログラムに組み込むことができる．この改造によって連続焼鈍における種々の熱サイクルを高精度でシミュレーションすることが可能になった．

二回目の改造では，鋼板表面の酸化の問題を解決するため，水素ガスをチャンバ内に導入して還元性雰囲気で熱処理できる機能を付加した．これには安全上多くの問題が有り，シール機構，炉内ガス置換，ガス組成モニタ，防爆・安全装置など大幅な改造を行った．更に，水素を含むドライ雰囲気中で急速冷却を実現するため，高圧窒素ガスによる冷却装置を開発し，サンプルの温度分布を低減する目的からサンプルのセッティングも水平に変更した．また，従来の水焼入れ機能を維持するためアタッチメント式の冷却装置を開発し，全ての連続焼鈍条件が再現できるようにした．この改造によって鋼板の無酸化熱処理が可能になり，連続焼鈍中の鋼板表面の現象にも踏み込んだ研究開発が可能となった．

三回目の改造は冷却能力の大幅な向上を狙いとしたもので，基本機能は二回目の改造で目的を達していた．写真2に現在の赤外線加熱熱処理シミュレータCCT-Y（改）の外観を示す．

つぎに，CCT-HQTの外観を写真3に示す．この装置は，連続焼鈍時の通板張力によって磁気特性が影響を受ける電磁鋼板の開発を狙いとしたものであったが，水冷の機能は無いものの高速ガス冷却や還元性雰囲気制御など，CCT-Y（改）の基本機能は具備しており，大きいサイズのサンプルを用いた広範な連続焼鈍試験を可能にした．

一方，1980年代に入ると自動車の防錆性能強化の要請が強まり，連続焼鈍の機能を有する連続溶融亜鉛めっきラインで製造される溶融亜鉛めっき鋼板の商品開発に各社しのぎを削った．実験室規模では，赤外線加熱装置と溶融亜鉛めっき装置を合体させたCGL（Continuous Galvanizing Line）シミュレータが開発され，表面処理鋼板の研究開発に対しても赤外線イメージ炉の技術が生かされた．

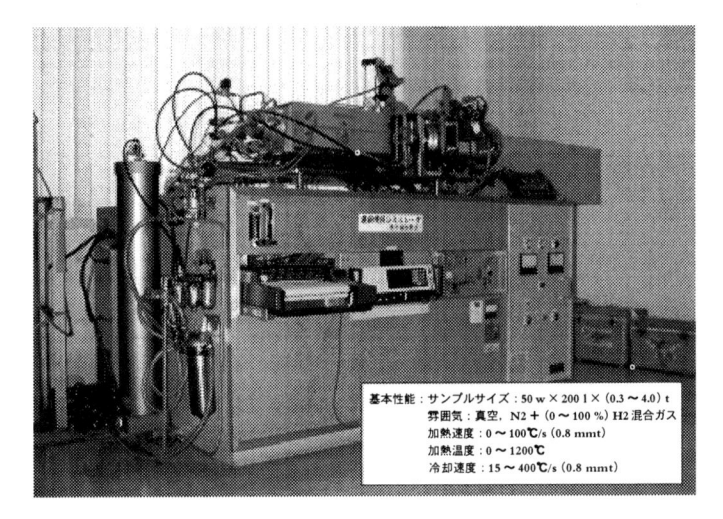

第Ⅲ章 赤外線イメージ炉を用いた研究報告集

基本性能：サンプルサイズ：50 w × 200 l × (0.3 〜 4.0) t
雰囲気：真空，N2 + (0 〜 100 %) H2 混合ガス
加熱速度：0 〜 100℃/s (0.8 mmt)
加熱温度：0 〜 1200℃
冷却速度：15 〜 400℃/s (0.8 mmt)

写真 2　現在の CCT-Y（改）の外観

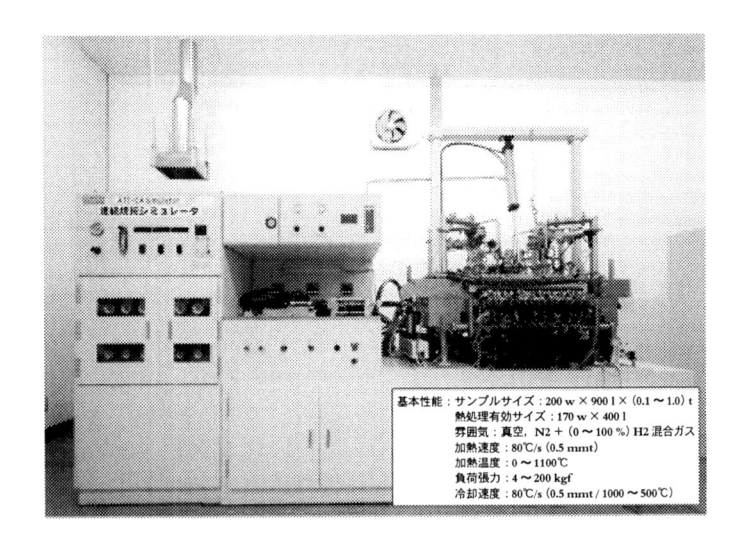

基本性能：サンプルサイズ：200 w × 900 l × (0.1 〜 1.0) t
熱処理有効サイズ：170 w × 400 l
雰囲気：真空，N2 + (0 〜 100 %) H2 混合ガス
加熱速度：80℃/s (0.5 mmt)
加熱温度：0 〜 1100℃
負荷強力：4 〜 200 kgf
冷却速度：80℃/s (0.5 mmt / 1000 〜 500℃)

写真 3　CCT-HQT の外観

## 5 おわりに

　自動車用薄鋼板を対象とした連続焼鈍プロセスが産声を上げて既に四半世紀が経過した．その間，多様かつ高度化する自動車メーカーのニーズに応えるために，図5に示すように連続焼鈍技術を駆使した様々な鋼板が開発実用化された．CCT-YやCCT-HQTに生かされた赤外線イメージ炉の技術は，今日の自動車用薄鋼板開発の歴史に名を留めるばかりで無く，今では多岐にわたる素材の高精度かつクリーンな熱処理技術として広く認知された感がある．今後とも赤外線イメージ炉技術をはじめとするアルバック理工㈱のコアテクノロジーが，素材開発およびプロセス開発のベストパートナーとして進化し続けることを期待する．

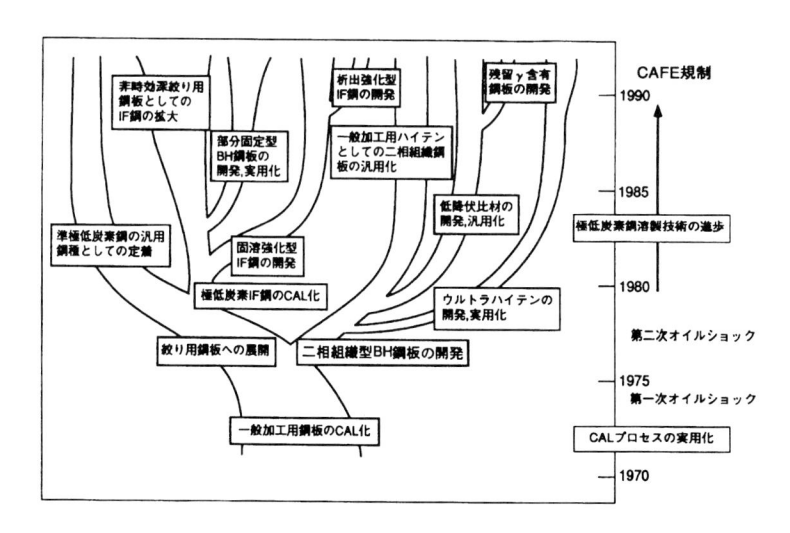

図5　CALによってもたらされた自動車用冷延鋼板の品種拡大

## 2.3 冷延鋼板の材質設計と焼鈍のヒートサイクル
### ―自動車用薄鋼板の熱処理シミュレーション技術―

住友金属工業㈱薄板技術プロジェクト部，住友金属工業㈱薄板研究開発部*
水井直光，小嶋啓達*，藤井　薫*

## 1　はじめに

　冷延鋼板の焼鈍プロセスは 1970 年代に加熱・冷却速度が 20 ℃/h 程度の箱焼鈍から 10 ～ 50 ℃/s の連続焼鈍に変わった（図 1 参照）．その為，材質設計を担当する研究開発部門では，連続焼鈍炉のミニチュアを自作して実験したところもあったが，大半は塩浴炉を用いて実験した．後述するように，連続焼鈍の研究ではその後，加熱速度よりも冷却速度の冶金的重要性が増し，やがて冷却の制御がキーポイントになった．それ故，世界中の研究者は，加熱冷却の制御ができるアルバック理工製の連続焼鈍シミュレータに大いに助けられた．ここでは，そうし

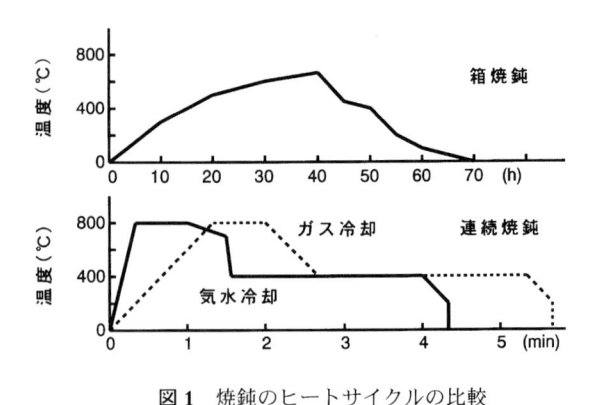

図 1　焼鈍のヒートサイクルの比較

た連続焼鈍シミュレータを用いた研究の一端を紹介したい．

連続焼鈍の導入により冷延鋼板の生産性は著しく向上した．しかし一方で，当時冷延鋼板のマジョリティを占めていた箱焼鈍による深絞り用冷延鋼板を連続焼鈍で如何に製造し得るかという問題をもたらした．具体的には，深絞り性と非時効性の確保である．

## 2 薄鋼板の深絞り性の改善

まず，深絞り性について述べる．図2に示す様に，20℃/h程度のゆっくりした加熱中に，鋼板中では再結晶と同時進行的に析出するAlNにより途中で再結晶核の生成が抑制される．そのため，優先的に核生成した深絞り性に好ましい方位が選択的に成長し，深絞り性に好ましい再結晶集合組織の配向性が生じると同時に圧延方向に展伸した結晶粒組織「パンケーキ粒組織」を呈する．長年にわたって研究されたが，箱焼鈍の低C-Alキルド鋼板と同じ再結晶集合組織制御法は連続焼鈍では実用化できなかった．というのは，10～50℃/sと速い加熱では，AlNの動的析出による再結晶の中間抑制は生じ，パンケーキ粒組織は得られるが，再結晶温度が高くなり，再結晶核生成における優先方位がなくなるからである．即ち，ランダム核生成しているため選択成長が生じず，再結晶集合組織の配向性が

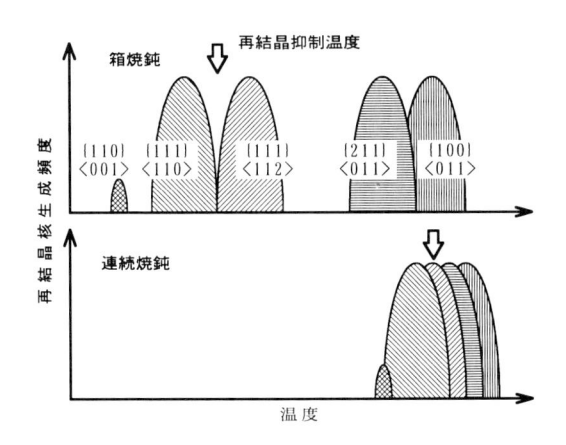

図2 再結晶核生成頻度の方位・温度依存性

生じず，再結晶集合組織制御が理論的に不可能と判明した[1]．代わりに，熱延工程で 650 ℃以上の高温巻き取り，AlN を積極的に析出させ，鋼板中の固溶 N を低下させることにより，大幅な深絞り性の改善を達成した[2]．

## 3 薄鋼板の非時効性

次に，非時効性について述べる．低 C-Al キルド鋼板を急速な加熱・冷却プロセスで焼鈍した場合，加熱時にセメンタイトが再固溶して生じた固溶 C が再析出し切れずに，鋼板中に過飽和に残存してしまう．この固溶 C は常温で歪み時効を生じ，プレス成形した場合にストレッチャー・ストレインと呼ばれる筋状の表面凹凸欠陥が現れる．そこで，固溶 C を 5 mass・ppm 以下まで低下させる必要がある．そのため，連続焼鈍プロセスには，冷却過程の 400 ℃付近に過時効処理帯と呼ばれる保持帯が設けられている．より効率的な連続焼鈍プロセスを目指すために過時効処理帯の短縮が検討され，様々な連続焼鈍の均熱後の冷却パターンが試された．その結果，過時効処理帯に入る直前に鋼板を 100 ℃/s 程度の急速冷却し，図 3 に示した様に，鋼板中に含まれる過飽和固溶 C 量を多くすると，

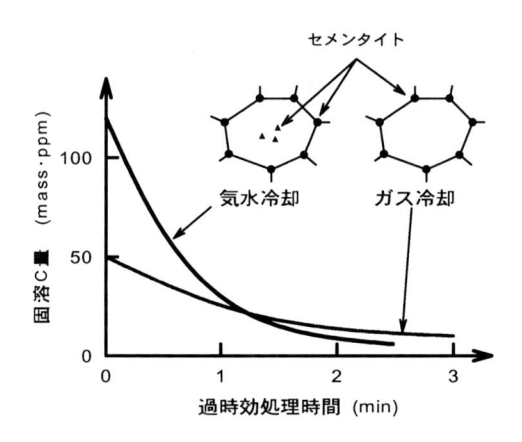

**図 3** 連続焼鈍の過時効処理中の固溶 C の減少挙動（概念図）

＊ IF 鋼（interstitial free steel）：炭素鋼中の炭素，窒素などの格子間原子として固溶する不純物を Ti, Nb などの添加物で炭化物，窒化物として析出させた格子間原子のなに鋼で，深絞り性がよいので自動車用薄鋼板として製造させている．

フェライト粒の中心部にセメンタイトが析出し，固溶 C の平均拡散距離が短くなる．そのため，最終的な固溶 C 量を減少させるのに有効であることが分かった[3]．その為，連続焼鈍設備の冷却装置は，当初のガスジェット冷却から，水冷，気水（ガスと水の二流体混合）冷却，ロール冷却へと改良され，シミュレータも同様に進化した．

現実の深絞り用冷延鋼板の製造においては，その後の製鋼技術の進歩で大幅にコストが下がった極低 C-IF 鋼板*を用いる方法が採られた[4-5]．この極低 C-IF 鋼は，再結晶温度が低 C-Al キルド鋼板より 50 ℃以上高いために，超高温加熱の得意な赤外線加熱装置が威力を発揮した．

## 4 複合組織冷延鋼板

連続焼鈍プロセスの普及には，生産性の向上と同時に，二度の石油危機を背景とした省エネルギーが強力な駆動力としての役割を果たしている．この省エネルギーは，鉄鋼会社内部に止まらず，薄鋼板の主たる消費者の一つである自動車産業においても大きな課題となっていた．そのため，高張力鋼板の採用による自動車車体の軽量化が重要な課題となっていた．そこで，連続焼鈍を活用した高張力鋼板の開発が進められ，焼付硬化性冷延鋼板，複合組織冷延鋼板[6-7]が開発された．以下，複合組織冷延鋼板に関して述べる．

通常の熱処理鋼の場合，オーステナイト単相域まで加熱した後に急冷する．一般的に用いられる複合組織冷延鋼板の組成は，0.1 mass%前後の C と 2 mass%以下の Mn を含む程度である．この鋼をオーステナイト単相域まで加熱した後の連続冷却曲線を見ると，フェライトノーズが短時間側にせり出しており，通常は焼きが入りにくいのがよく分かる．しかし，複合組織冷延鋼板はフェライト＋オーステナイトの二相域焼鈍してから急冷する．図 4 に示すように二相域に加熱すると，フェライトと平衡するオーステナイト中には，鋼中 C の数倍の C が濃化しており，水冷のような急冷でなくてもマルテンサイトが容易に生成する．結果として，軟質で加工性に富むフェライトと硬質なマルテンサイトの混合組織から成る加工性の良い高張力鋼板が得られる．

フェライトを安定化させる Si のような元素を添加することもよく行われるが，焼入性を阻害するようで奇異に感じられるかも知れない．しかし，Si 添加により

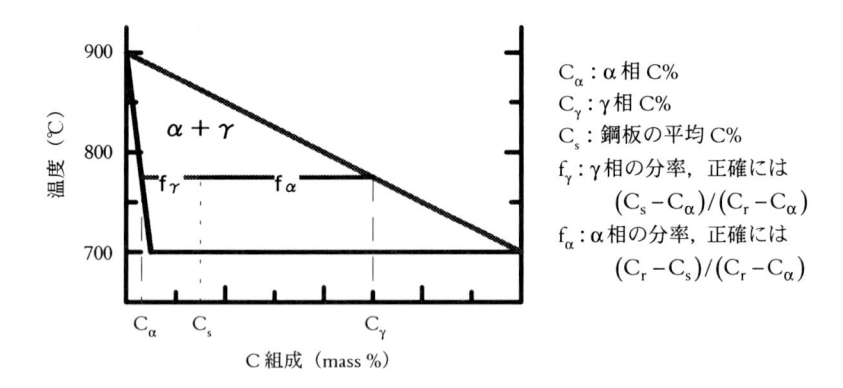

```
                              C_α : α相 C%
  900                         C_γ : γ相 C%
        α+γ                   C_s : 鋼板の平均 C%
  800   fγ    fα              f_γ : γ相の分率，正確には
                                    (C_s − C_α)/(C_r − C_α)
  700                         f_α : α相の分率，正確には
                                    (C_r − C_s)/(C_r − C_α)
       C_α  C_s     C_γ
          C組成（mass %）
```

図4　二相域加熱時の α，γ相の体積率と C 組成

二相域が高 C 組成側に移動し，フェライトと平衡するオーステナイト中により多くの C が濃化し，結果的にオーステナイトの安定性は増す．また，最近の連続焼鈍炉では，均熱帯から出た鋼帯をいきなり急冷するのではなく，少し徐冷した後に急冷し，過時効処理帯に至るのが普通である．このように，高温の鋼帯を徐冷するのは，平坦を保つという他に，平衡状態にあるオーステナイト中の C 濃度を上げるための工夫で，よりオーステナイトが安定化する．結果的に，Mn や他のオーステナイト安定化元素の添加量を削減できるのである．

　昨今，残留オーステナイトの変態誘起塑性（TRIP）を活用した高延性高張力鋼板が話題になっているが，製造冶金としては上記複合組織鋼板の延長線上にある[8]．二相域焼鈍＋徐冷で安定化されたオーステナイトをさらに，400℃近傍まで急冷し，保持することにより一部をベイナイト変態させ，ベイナイトから残留オーステナイトへ更に C を濃化し，残留オーステナイトの Ms 点を室温以下にする．通常のベイナイト変態では，変態と同時にベイナイト中にセメンタイトが形成されるが，残留オーステナイトを含む高延性高張力鋼板では，セメンタイトの形成を抑制する Si や Al が必ず 1 mass% 以上添加されていることが，複合組織鋼板とは異なる特徴である．しかし，ベイナイト変態させる温度と連続焼鈍の過時効処理温度がほぼ同じであったことが，この材料の開発には幸いしたのも事実である．

## 5 おわりに

アルバック理工は,元来,赤外線ランプを中核とした実験装置を製造販売されており,急速加熱,超高温加熱が得意技であった.しかし,以上のように連続焼鈍の研究では加熱速度よりも冷却速度の冶金的重要性が増した.冷却制御への薄板材料の技術者の厳しい要求に応える技術開発をなし得たアルバック理工の技術陣の努力は大いに評価に値する.さらに,我々の研究室を訪問した海外の研究者達が連続焼鈍シミュレータを見て,「どこのメーカーか.是非購入したい.」と尋ね,実際に購入した.これは,日本の鉄鋼業が世界の最高水準の技術レベルにあるのも,シミュレータの開発のような裏方の技術のお陰であることを示す以外のなにものでもない.改めてここに感謝の意を示す.

参考文献
1) 水井直光,岡本篤樹:鉄と鋼, **75**(1989)321.
2) K.Toda, H.Gondoh, H.Takechi and M.Abe: *Stahl u.Eisen*, **96** (1976) 2363.
3) T.Obara, K.Sakata and T.Irie: TMS-AIME Symposium on "Metallurgy of Continuous-Annealed Sheet Steel", Dallas, Feb., (1982).
4) 早川 浩,古野嘉邦,柴田政男,高橋延幸:鉄と鋼, **69**(1983)S594.
5) 秋末 治,山田輝昭:鉄と鋼, **71**(1985)S641.
6) 橋口耕一,西田 稔,加藤俊之,田中智夫:川崎製鉄技報, **11**(1979)68.
7) 済木捷郎,嶋田泰雄,永井秋男,長尾典昭,倉重輝明,日野貴夫:住友金属, **67**(1981)519.
8) O.Matsumura, Y.Sakuma and H.Takechi: *Trans. ISIJ*, **27** (1987) 570.

# 3 高温材料試験への応用

# 3.1 表面処理材料の破壊挙動と高温加工性

日本金属工業㈱技術サービス部
佐々木雅啓

## 1 はじめに

　一般に，構造材料を選択する際に最も重要視されるのはその素材の機械的強度であるが，用途によっては，強度に加え耐酸化性，耐食性などの化学的な安定性が要求される場合もある．単一の材料ではこれら両方の特性を満たすものを見つけることは経済性も考慮に入れると非常に困難である．そこで，最近では高強度材料の表面に耐環境性の高い素材をコーティングする方法が脚光を浴びている．ここで扱う材料もその一つで，高強度のステンレス鋼にアルミニウムを拡散させることによって，表面の耐高温腐食性を高めるよう改質したものである．

　この材料は，次世代のクリーンエネルギーシステムとして期待の大きい溶融炭酸塩型燃料電池の構成材用に開発されたものであり，特に炭酸塩に直接触れるウェットシール部に用いることを目的としている．したがって，作動温度（650℃）での機械的強度に加えて，高い耐アルカリ性が要求される．長時間での実用に耐える材料とするには，さらに合金の組成，熱処理などの条件を最適化する必要があり，そのためにはアルミニウム拡散層の構造，機械的性質，および耐溶融炭酸塩腐食性を明らかにしなければならない．

　ここでは，新たに開発したアルミニウム拡散処理方法，拡散処理材料の特性を簡単に紹介する．また，拡散処理により表面に高耐食性の金属間化合物層が形成されるが，その加工性を向上させる手法として，高温加工法を検討した結果を述べる．この高温加工の実験では，アルバック理工製赤外線イメージ炉を使用し，

加工温度の制御を容易にすることができた．なお，本材料の主特性である溶融炭酸塩中での腐食特性については文献[1, 2]を参考にしていただきたい．

## 2 アルミニウム拡散処理法と材料特性

### 1) 処理法の概要 [3-5)]

アルミニウム拡散浸透処理は高温酸化，高温腐食性ガスに対する防食法として化学装置用材料に適用されている．処理方法としては粉末パックセメンテーション法，溶融めっき法，電気めっき－熱拡散法などが知られており，特に厚肉配管，部品などに使用されている．しかし，1 mm 以下の薄板材への拡散処理についての事例は報告されていない．そこで，アルミニウム箔を使用した新しい拡散処理法を開発し，薄板材への適用を可能とした．この方法ではアルミニウム箔の厚さを任意に変化させて，拡散層の厚さや拡散層中のアルミニウム濃度を変化させることができると共に，拡散処理中に板材の平坦度を阻害することがなく，形状のよい拡散処理材を製作できる利点がある．これまでに $0.5 \times 1000 \times 2000$ mm サイズのステンレス鋼板材を処理した実績を有している．

### 2) 拡散部の組織 [6,7)]

オーステナイト系ステンレス鋼に形成される拡散層は最表面から基板中の成分

図1 Al 拡散浸透処理材の断面の SEM 写真
（基板：SUS310S，熱処理条件：1173 K-1h）

元素である Ni および Cr を含んだ FeAl 層（I 層）と α 相中に NiAl が析出した II 層から構成され，I 層（FeAl）の Al 濃度が II 層（α + NiAl）より高く，I 層内では Al 濃度が均一であるが，II 層内では Al 濃度が基板方向に連続的に減少している（図 1）．

### 3）処理材の機械的特性と破壊挙動 [3, 8]

アルミニウム拡散浸透材の引張特性，特に伸びと加工硬化指数は引張荷重負担中に拡散層に生成する表面割れの影響を強く受ける．この割れ現象は応力-ひずみ曲線上のセレーションとして現れ，その数は試験片に発生するき裂の数と良く

(a)

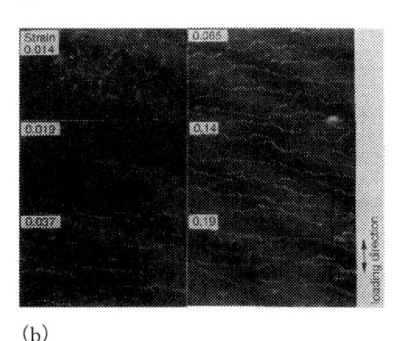

(b)

図2 常温引張によりひずみ 0.05 の条件で Al 拡散浸透処理材に形成されたき裂の断面 SEM 写真（a）と引張ひずみ量を変化させた場合の拡散層表面のき裂発生状況（表面レプリカ写真）（b）

3 高温材料試験への応用　　　　　　　　　　　　　　　　　　　　215

一致し, 特に Al 濃度が低く, 拡散層の厚い材料の機械的性質に大きな影響を与
える. これはき裂直下に発生する三軸応力の影響と考えられる. この表面き裂の
発生状況をレプリカ法で詳細に調べ, き裂はひずみ量約 2 ％で発生しはじめ, 低
ひずみ領域で発生したき裂がほぼそのままのき裂個数を維持し, その開口変位を
大きくする方向に成長していく (図 2). 引張荷重による試験片中の流動応力 $\sigma_c$
は引張軸方向に平行に表面き裂が存在すると仮定した拡散層と基板との応力分担
モデルにより, 次式で計算できる.

$$\sigma_c = \alpha_c \varepsilon^{n'}$$

ここで, $n' = \{1/(2x/T - t/T + 1)\}n$, ($n'$: Al 拡散浸透材の加工硬化指数, $n$: 拡散
基板の加工硬化指数, $x$: き裂間長さ, $t$: 拡散浸透層厚さ, $T$: 拡散材板厚). ま
た, 拡散層の引張強さは拡散層の Al 濃度, すなわち FeAl 相構造の規則度に依
存し, Al 濃度が高く規則化が進むほど引張強さが増加し, その破壊挙動はへき
開破壊から粒界破壊に変化する.

## 3　アルミニウム拡散処理材の加工[9]

　表面拡散浸透材の製造においては通常所定の形状に成形された被改質材に対し
て拡散処理が行われる. しかし, 高温下で拡散浸透処理が行われるため薄肉の材
料を処理すると変形を生じ, 高精度の加工品の処理には不向きであった. しかし,
本材料の主な用途である燃料電池部材のように構造が複雑で, 厳しい寸法精度が
要求されている使用材料や加工部材に対しては拡散処理後に成形加工を行う必要
がある.
表面拡散浸透層は FeAl 相から構成されており, そのバルクの FeAl 金属間化合物
は常温では破断伸びが約 3 ％以下[10] であり, このような表面層を有する材料を
常温で加工することは表面に割れを発生させ, 使用環境下での特性を著しく劣化
させることになる.
　そこで, 常温加工以外の方法を採用することを検討し, FeAl 相が高温になるほ
ど延性が向上してくる性質に着目して高温加工法の検討を行った. FeAl 系金属間
化合物は耐熱・耐酸化材料として注目を集めているが, その中で注目すべき点は
その高温における延性の向上である. 例えば, Fe-40 at% Al 合金を 700 K に加熱

して引張試験を行うと約 70 % の破断伸びを示すこと[11]，また絞り値も温度の上昇と共に向上し，約 800 K で 90 % の絞りを示すことが報告されている[12]．このような高温下での延性向上は粒界破壊から粒内へき開破壊への転移によるものであり，低温では <111> 転位，高温では <100> 転位によるすべり変形が生じていることに起因する．したがって，高温下では基板であるステンレス鋼の延性と表面改質層（FeAl 金属間化合物）の延性向上を利用した成形可能が可能と考えられる．

## 4 実　　験

実験としては，アルバック理工（旧真空理工）製「赤外線ゴールドイメージ炉」（型式：RHL-P15V，容量：200 V × 2 kW）を用い，温度 1100 K までの各温度で引張試験を行った（図3）．ひずみ量を変化させて表面拡散層におけるき裂の発生状況を確認し，き裂が発生しないまたは発生したひずみの中央値を「臨界き裂発生ひずみ」と定義した．き裂の発生状況を見るため各温度で 3〜5 本の試験片を使用し，き裂が観察されるまでひずみ量を増やしていく実験を行った．き裂の観察には光学顕微鏡を使用した．なお，温度の測定は試験片にスポット溶接した熱

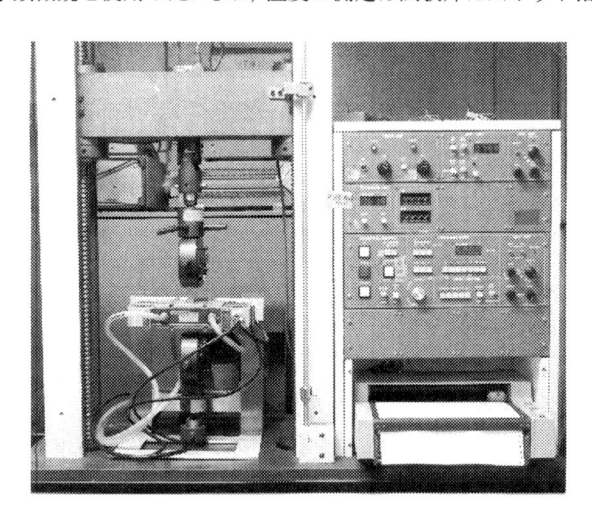

図 3　アルバック理工製赤外線イメージ炉を取り付けた引張試験機

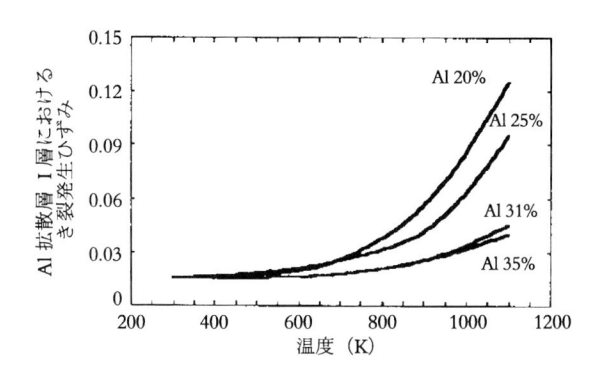

図4 Al拡散浸透層のき裂発生ひずみに及ぼすI層のAl濃度と引張試験温度の影響

電対により行った．また，使用した供試材はSUS310Sステンレス鋼を用い拡散層のAl濃度を20～35％まで変化させたもので，この材料からゲージ部板厚1 mm，長さ25 mm，幅5 mmの試験片を作製した．

試験温度が高いほどき裂発生ひずみ量が増加する．このことは高温下での成形加工の可能性を示しており，Al濃度20％の材料では温度1100Kでは約13％のひずみに相当する加工が可能である．また，Al濃度30％以上でも5％程度までの変形が可能である（図4）．高Al濃度材における延性の低下は拡散層中のAl濃度が増加すると共に，τ相（FeNiAl$_9$）などの変形能の低い析出物が形成され，応力負荷時にこの析出物へ転位が集積するためと考えられる．

## 5 まとめ

アルミニウム拡散浸透処理材料の加工というこれまでほとんど検討されてこなかったテーマについて試験を行った．破断伸びの低いAl拡散層を有する表面処理材料の成形加工法として拡散層が高温になるほど延性が向上してくる性質に着目し，高温加工法の適用を指摘した．引張試験片を加熱する方法としては，電熱線加熱方式，高周波誘導加熱方式等があるが，前者は加熱時間に時間がかかること，炉長に対する均一加熱領域が狭く，引張試験機への取付方法がたいへんであることなどの欠点がある．一方，後者では装置が高価であり，加熱領域に対する

誘導コイルの設計が難しいことなどの問題がある．その点，赤外線加熱では，装置価格も安価であり，急速・局所加熱ができ，簡便に使用できる利点がある．本研究においても，簡易な架台に赤外線イメージ炉を取り付け，それを引張試験機に取り付けるという簡便な方法で試験を行った．試験に適合させた炉体設計を通して，本加熱炉の利点を最大限に利用していくことが重要となるであろう．

参 考 文 献
1) 佐々木雅啓，大田繁正，井形直弘：環境と材料，**45**（1996）192.
2) 佐々木雅啓，大田繁正，浅野昌樹，井形直弘：環境と材料，**45**（1996）201.
3) 佐々木雅啓，井形直弘：表面技術，**46**（1995）162.
4) 竹田誠一，佐々木雅啓，横山和久，新井　宏：特開平 3-13283.
5) 新井　宏，竹田誠一，横山和久：特開平 2-192882.
6) S.Ohta, M.Sasaki and N.Igata: Proc. of the 4th Japan Inter. SAMPE Symp., (1995) 1473.
7) 土谷浩一，佐々木雅啓，丸川健三郎：北海道大学工学部高エネルギー超強力X線回折室年報，[10]（1993）16.
8) 佐々木雅啓，井形直弘：表面技術，**46**（1995）646.
9) 佐々木雅啓：東京理科大学学位論文（1996）.
10) C.T.Liu, E. H.Lee and C.G.McKamey: *Scripta Metall*., **23** (1989) 875 .
11) H.Xiao and I.aker: *Scripta Metall*., **28** (1993) 1411.
12) I.Baker: *Mater. Sci. Eng*., **96** (1987) 147.

## 3.2 強圧延された Al-4.2 % Mg 合金板の低温超塑性

宇都宮大学,古河電気工業*
高山善匡,佐々木伸也,加藤 一,渡部英男,
新倉昭男*,戸次洋一郎*

## 1 はじめに

「超塑性」は,金属材料およびセラミックスの引張変形において,変形応力が高いひずみ速度依存性を示し,局部収縮(ネッキング)を生じることなく数百%以上の巨大な伸びを示す現象とされている[1].超塑性はその変形機構により微細結晶粒超塑性と内部応力超塑性に大別されるが,材料組織が微細な結晶粒よりなることに起因する「微細結晶粒超塑性」が工業的な応用範囲が広く,多くの研究がなされている[2].微細結晶粒超塑性は,内的因子である材料組織の制御と,外的因子である温度と変形速度などの力学的条件が適切に与えられた場合に発現する.その最も重要な特徴は,大きな延性と低い変形応力である.これらの特徴が,ガス圧等による複雑形状部品の成形を可能にし,またセラミックス・金属間化合物を含む難加工材を加工することを可能にしている.

最近,超強加工とその後の熱処理によって結晶粒を微細化させ,従来得られなかった優れた特性を有する材料を創製するいくつかの試みがなされている.本研究で用いた 5083 を基本にしたアルミニウム合金は,工業的な応用の可能性が高い(圧下率の大きい)圧延により超強加工を施したものである.また,この 5083 ベース合金の中で,高純度地金を使用し晶出物・析出物を減少させた Al-4.5 mass% Mg 合金は,圧延率 99 % 以上のひずみを付加し,その後 573K-30s の熱処理を加えることにより,5 μm 程度の微細な再結晶粒が得られることが知られている[3].結晶粒の微細化により得られる室温特性上のメリットとして,耐力と延性の増大

があげられる．さらには，結晶粒が微細化された材料では微細結晶粒超塑性発現の可能性があり，高温における加工性の大きな改善が期待される．結晶粒が微細化されるほど，低温側あるいは高ひずみ速度側で良好な超塑性が発現することが期待され，工業的な応用の観点から極めて重要である．本研究は，超強加工された 5083 合金薄板を種々の試験条件で引張試験し，低温超塑性の可能性について系統的に検討したものである．

## 2 試料および実験方法－急速昇温引張試験

試料には冷間圧延によって 99.8％強加工された 5083 アルミニウムベース合金薄板を用いた．薄板より，平行部長さ $L=6$ mm，平行部幅 $W=4$ mm，厚さ $t=0.1$ mm，標点距離 $L_0=5$ mm の引張試験片を切り出した．表 1 に 5083 アルミニウムベース合金（Al-4.5％ Mg 合金）の化学組成を示す．

表 1　5083 ベース合金（Al-4.5 % Mg 合金）の化学組成

| Si | Fe | Cu | Mn | Mg | Cr | Zn | Zr | Ti | Al |
|---|---|---|---|---|---|---|---|---|---|
| 0.18 | 0.00 | Tr. | Tr. | 4.24 | Tr. | Tr. | 0.00 | Tr. | Bal. |

引張試験は試験温度 523 〜 573 K，初期ひずみ速度 $2.8 \times 10^{-4} \mathrm{s}^{-1}$ 〜 $1.4 \times 10^{-2} \mathrm{s}^{-1}$ の条件で，真空理工社製の赤外線イメージ炉を備えたインストロン型試験機により行った．なお，高温における組織の不安定性（すなわち組織変化）の効果を考慮し，まず昇温速度 0.57 $\mathrm{Ks}^{-1}$ あるいは 5 $\mathrm{Ks}^{-1}$，保持時間 0 min で引張試験を開始した．引張試験終了後，速やかに（30s 以内に）試験片を水中に急冷し，破断面の断面積と標点間距離を測定するとともに，破断面の SEM 観察を行った．

## 3 実験結果および考察

図 1 および図 2 は，昇温速度 0.57 $\mathrm{Ks}^{-1}$ および 5 $\mathrm{Ks}^{-1}$ で昇温した場合の各ひずみ速度における公称応力－公称ひずみ曲線である．両昇温速度で試験した試料ともに，変形応力は初期にピークを示した後，ひずみの増加とともに徐々に低下し

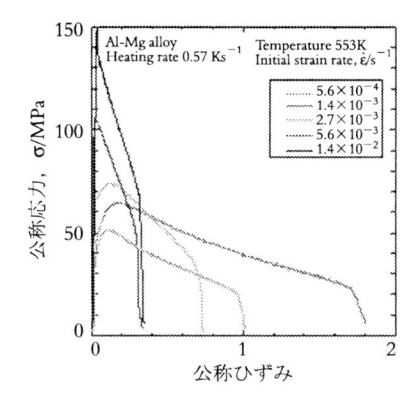

**図1** 昇温速度 0.57 Ks$^{-1}$ で昇温した場合の各ひずみ速度における公称応力-ひずみ曲称図

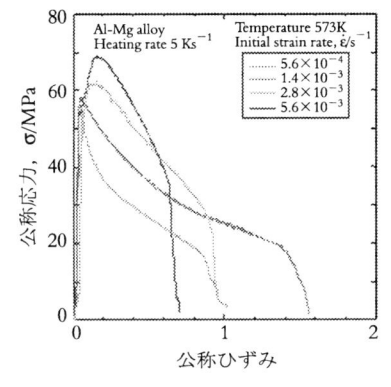

**図2** 昇温速度 5 Ks$^{-1}$ の場合の公称応力-ひずみ曲線図

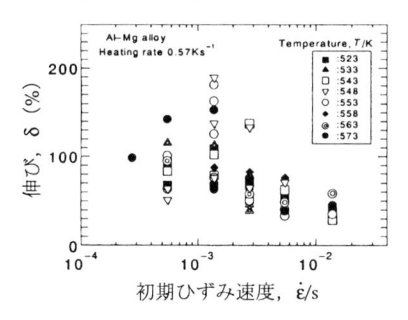

**図3** 昇温速度 0.57 Ks$^{-1}$ の各温度における破断伸びとひずみ速度との関係

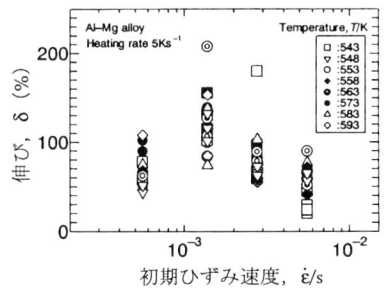

**図4** 昇温速度 5 Ks$^{-1}$ の各温度における破断伸びとひずみ速度との関係

ている.しかしながら,昇温速度 0.57 Ks$^{-1}$ ではピーク応力のひずみ速度依存性が大きい超塑性の特徴を示すのに対し,5 Ks$^{-1}$ では対照的にひずみ速度依存性は小さい.また,後者の低ひずみ速度条件ではピーク応力後下に凸の領域を持つ特徴的な曲線を呈している.

図3および図4は,昇温速度 0.57 Ks$^{-1}$ および 5 Ks$^{-1}$ で昇温した場合の各温度における破断伸びとひずみ速度の関係を示している.昇温速度 0.57 Ks$^{-1}$ では 548 K,$1.4 \times 10^{-3}$ s$^{-1}$ において 189 % の最大伸びを示している.一方,5 Ks$^{-1}$ で昇温した場合には 563 K,$1.4 \times 10^{-3}$ s$^{-1}$ の条件で 208 % の最大値を示した.この値

は，563 K という比較的低い温度と 0.1 mm の試験片厚さを考慮すれば，極めて大きい値であるといえる．以上のように，両昇温速度条件で，かなり大きな破断伸びが得られたが，変形応力の分析結果は前者ではひずみ速度感受性指数 m 値[1,2] が 0.32，後者では 0.22 となっており，両条件で異なる変形機構が働いていることを示唆している．

　昇温速度 5 Ks$^{-1}$ では変形応力のひずみ速度依存性が小さい（m=0.22）にもかかわらず，208 % の最大破断伸びが得られた．そこで，この昇温速度で 62 % の破断伸びを示した低ひずみ速度条件の試験片と 156 % の破断伸びを示した高ひずみ速度側の条件の試験片について，SEM/EBSP 法[4,5] により結晶方位分布解析を行った．図 5 は，両試験片の試験後の逆極点図マップである．色は試験片板面法線方向（ND 方向）の結晶方位に対応している．面積計量法による平均結晶粒度（面積等価直径）はそれぞれ 9.5 μm および 8.7 μm である．破断伸びには大きな差があるが，結晶粒度の差は比較的小さい．また，低角粒界（L），Σ3－Σ29 の対応粒界（Σ），ランダム粒界（R）の割合をみると，破断伸びの小さい前者で低角粒界が少ないのに対し，破断伸びの大きい後者で低角粒界が多いのが分

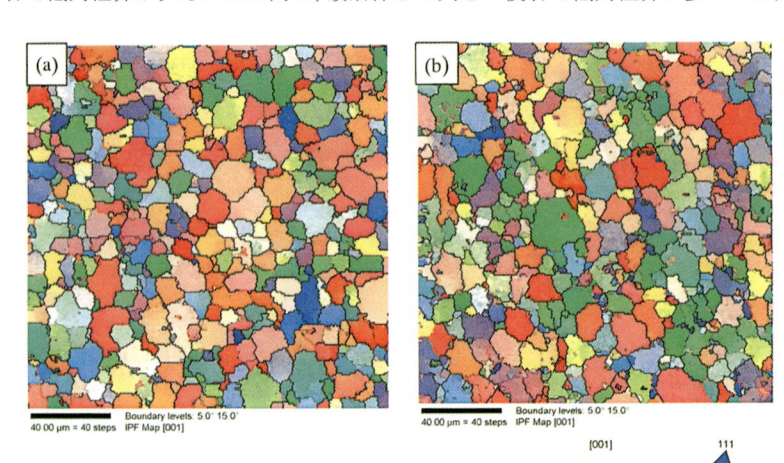

**図 5**　破断後の板面法線方向の逆極点図マップ
　　（a）低ひずみ速度条件：破断伸び 62%
　　　　粒界性格　L：15 % / Σ：12 % / R：73 %
　　（b）高ひずみ速度条件：破断伸び 156%
　　　　粒界性格　L：24 % / Σ：11 % / R：65 %

かる.この結果は後者の組織における粒界の波打ちにも表われており,変形中の組織変化の結果であると考えられる.

## 4 まとめ

本研究では,超強加工された5083合金薄板を種々の試験条件で引張試験し,低温超塑性の可能性について系統的に検討した.その結果,昇温速度 $5\,\mathrm{Ks^{-1}}$, 563 K, $1.4 \times 10^{-3} \mathrm{s}^{-1}$ の条件で208%の最大破断伸びを示した.この値は,563 Kという比較的低い温度と 0.1 mm の試験片厚さを考慮すれば,極めて大きい値であり,低温超塑性が発現したと言える.また,昇温速度 $0.57\,\mathrm{Ks^{-1}}$ および $5\,\mathrm{Ks^{-1}}$ の両条件においてかなり大きい同等の破断伸びが得られたが,変形応力解析および SEM/EBSP 解析の結果から,異なる変形機構が作用していると考えられた.

なお,本研究では NEDO の委託研究「スーパーメタルの技術開発」で得られた試料を利用している.

参考文献

1) JIS H 7007 金属系超塑性材料用語(1995).
2) T.G.Nieh, J.Wadsworth and O.D.Sherby: Superplasticity in Metals and Ceramics, Cambridge University Press, Cambridge, UK, (1997).
3) A.Niikura and Y.Bekki: *Mater. Sci. Forum*, 331-337 (2000) 871.
4) B.L.Adams, S.I.Wright and K.Kunze: *Metall. Trans. A*, **24A**, (1993) 819.
5) 梅澤 修:軽金属, **50**(2000)86.

## 3.3 トレーニングを必要としない鉄系形状記憶合金の形状記憶特性

物質・材料研究機構
菊池武丕児

## 1 はじめに

　1960年代に米国で Ti-Ni 系形状記憶合金が発明されて以来，世界各国で形状記憶合金について精力的に研究が行われてきた．現在，名実共に広く使われている形状記憶合金は Ti-Ni 系合金のみである．この合金系に替わる形状記憶合金は未だに発見されていない．この合金は残念ながら，大変高価なためその用途は著しく限定され，特に大型工業素材への適用は不向きである．1980年代になって日本で Fe-Mn-Si 系合金が発明され[1-2]，Ti-Ni 系形状記憶合金に替わるものとして期待された．しかしながら，この合金は安価で加工性，切削性，溶接性などが Ti-Ni 系形状記憶合金より優れているものの，「トレーニング」という特殊な加工熱処理を施さないと Ti-Ni 系合金に匹敵する形状記憶特性を示さない．

## 2 トレーニング処理

　このトレーニング処理とは，室温で応力誘起マルテンサイト変態による数パーセントの変形をした後，高温に加熱してマルテンサイトをオーステナイトに逆変態させるという処理を数回繰り返すというものである．このようなトレーニング処理は，この合金を実際に使用する段階において余分なコストがかかり，またそのような加工熱処理が可能な素材の形は著しく限られてしまう．そのような事情により，Fe-Mn-Si 系合金は，その発明からすでに20年近くも過ぎているにも

かかわらず本格的な実用化はなされていない．

我々はこれまで10年近くにわたりこのFe-Mn-Si系合金の形状記憶特性向上の主要因子について研究してきた[3-4]．その結果，特性向上のために最も重要なことは，室温で応力誘起により生成した板状マルテンサイト（稠密六方格子hcp）が極めて薄くかつ母相（面心立方格子fcc）とマルテンサイト相はナノスケールの層状組織になっているということが分かった．また，結晶粒内に生成した板状マルテンサイト晶は全て同一方位になっていることも必要条件である．

## 3 トレーニング不要の合金開発

その条件を踏まえて我々はトレーニング不要の合金開発に取り組んできたが，ごく最近，従来のFe-Mn-Si系合金組成を活かしながら，ニオブと炭素を微量添加するだけで形状記憶特性を飛躍的に向上させることが出来ることを見いだした．この合金開発のポイントは，極めて微細なニオブ炭化物（NaCl型結晶格子，格子定数＝0.447 nm）を時効によってオーステナイト（格子定数＝0.3604 nm）相中に均一に分布するように作ることにある．このニオブ炭化物と母相の結晶格子は整合しているものの，格子定数は母相のそれより24％も大きいため，炭化物周辺は大きな歪み場を持っている．その歪み場がマルテンサイトの核となる積層欠陥の発生場所となりうること，また，逆に核発生したマルテンサイトの成長を炭化物が抑制する可能性のあることなどが，電子顕微鏡による組織観察で明らかになった[5-6]．そこで本稿では，実験室レベルの試験ではあるが，我々が開発したトレーニングを必要としないFe-Mn-Si系形状記憶合金の形状記憶特性を卓上式イメージ加熱高温引張観察装置（アルバック理工㈱製）を用いて評価したのでそのあらましを紹介する．

## 4 実験結果および考察

はじめに，実験に用いた試料について述べる．合金組成はFe-28Mn-6Si-5Cr-0.53Nb-0.06C（重量％）である．これを1470 Kで10時間均一化熱処理を施した後，所定の大きさに切り出し，これを種々の条件で時効を施して実験に供した．図1に用いた引っ張り試験片の形状と引っ張り試験の様子を模式的に示してある．

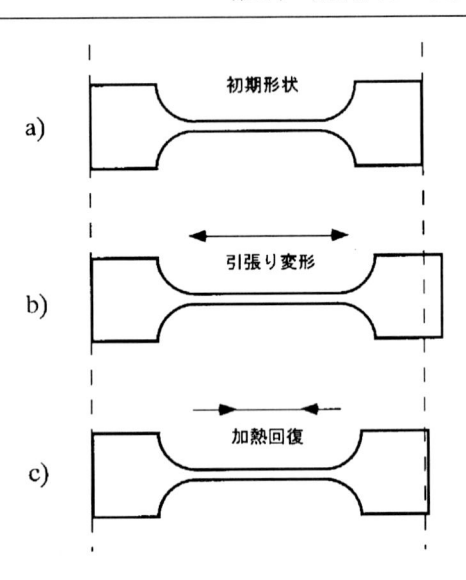

**図1** a) 初期形状, b) 引張り変形した後, c) 加熱により形状がほぼ元に回復した状態

a) は初期の形状, b) は引張り変形後, 伸びた状態, c) は 670 K に加熱して後, 形状がほぼ初期の形状に回復していることを示してある. 試験機は最大引張り荷重が高々 500 MPa (50 kgf) の卓上型装置ということで, この最大荷重に対応出来る試料サイズを考えて, 図1のような引張り平行部 15 mm, 幅 1 mm, 厚さ 0.7 mm, 全長 40 mm の板状試料を用意した. 今回の一連の試験で, この合金は時効前にオーステナイト域で温間圧延を施した後時効を行うと, 時効だけのものと比べると形状記憶特性は飛躍的に向上することが分かった[7].

　形状変形量（伸びた量）は, 試料の引張り平行部両端に印を付けておき, 装置で一定量引張って後, その両端の印の間隔を正確に計ることで全体のひずみ量を算出した. 図2は, 形状回復率と試料の前処理の条件を示している. それぞれのプロットした個数だけ試料を用意し, 例えば, ▲印で示した時効だけの試料の場合は6個の同一条件の試料を用いたことを意味している. すなわち, 室温で引張って応力誘起マルテンサイト変態させて変形させ, その時伸びた量からひずみ量を算出して横軸に, 加熱によりマルテンサイトを母相に逆変態させて, 初めに伸びた量に対してどれだけ元の長さに戻ったかの割合を縦軸に示してある. 加熱は逆

## 3 高温材料試験への応用

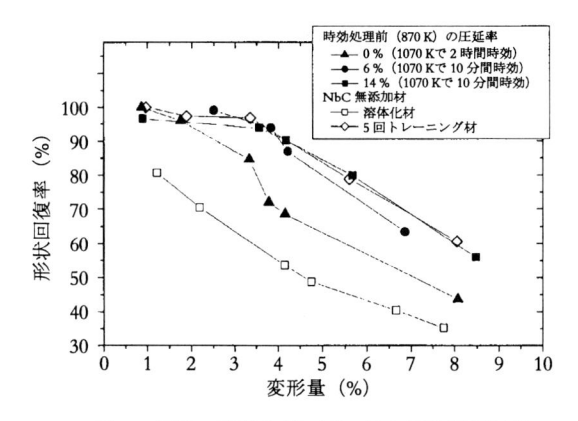

**図2** 初期の変形ひずみ量に対する形状回復率

変態終了温度以上の 670 K にした．この図には，時効（2 時間）しただけのものと，温間圧延を 6 %，14 % 施した後時効（10 分間）したものなど五種類を示してある．比較のため，NbC 無添加の従来合金 Fe-28Mn-6Si-5Cr の溶体化処理のみの場合（□印）とトレーニングした場合（◇印）とを示してある．この図から，NbC 添加の新合金は時効や圧延を施すと特性が向上することをしめしており，ひずみ量がごく小さい時はほぼ 100 % 形状回復する．ひずみ量が大きくなるほど回復率が減少するが，実用として用いるときのひずみ量は約 4 % の変形量で十分であるので，そこでの形状回復率をみると，時効だけの場合（▲印）70 % であるのに対して，6 %（●印）圧延した場合は 85 % 以上に，14 %（■印）圧延した場合は 90 % 以上に向上していることが分かる．この値は，◇印で示した，従来合金（ニオブ炭化物を含まない）を五回トレーニングした場合の回復率と同等である[7]．

一方，形状回復力は，あらかじめ加熱温度と回復ひずみ量の測定をしておき，それに従って，回復ひずみが目的の量になるところまで試料をフリーにしておいて加熱し，それから試験片の両端を固定して高温（670 K）に加熱すると，残りのひずみ量だけ逆変態に伴って縮もうとするのでその時応力を発生する．図3は，そのとき発生した応力，すなわち，形状回復力を示してある．この場合もプロット点の数だけ試料を用いた．図3の例は，変形量（前ひずみ）4 % の場合で，横軸の回復ひずみ 0 の点がそれぞれの試料の最大回復力である．これは 4 % 引張

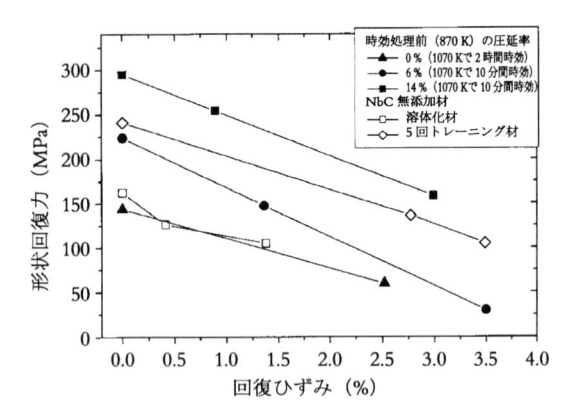

**図3** 初期ひずみ4％の時の回復ひずみに対する形状回復力

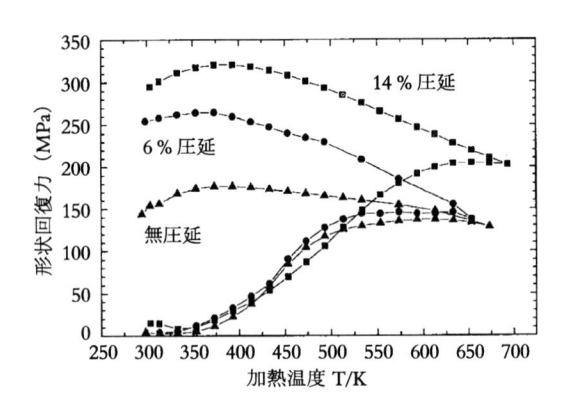

**図4** 逆変態時の加熱温度に伴う形状回復力変化

り変形し，そのまま試験片の両端固定で 670 K に加熱して得られた時の応力であることを意味している．それによると，時効だけの場合の回復力は約 150 MPa であるのに対して，6％圧延した後時効した場合が 220MPa であり，14％圧延した後時効した場合は実に 300MPa と飛躍的に向上した．この回復力は，従来合金を 5 回トレーニングした場合の 240MPa より特性が遙かによい．その原因として温間圧延したことで母相が強化されたことと時効の効果によるものと考えられる．ここで得られた値の意味するところは，例えば，ガスや水道管の締結継

ぎ手として利用した場合のパイプを締め付ける力の大きさに相当するわけで，実用化に必要な回復力としては 200 MPa 以上とされている．この実験で得られた 300 MPa はこの値を遙かに越えており，十分に実用出来ることを示している．

図 4 は，加熱に伴う形状回復力の変化の様子を示した例である．横軸に示すように室温から 670 K まで加熱していくと，形状回復力は徐々に上昇して，曲線はフラットになって逆変態が終了したことを示している．この時，試料は逆変態に伴って収縮して応力を引き出しているのである．次に，室温まで冷却する間には試料の熱収縮に伴い，負荷応力はさらに高まる．この値は室温での回復力に相当する．図の 14 ％圧延の場合では，350 K あたりから回復力は減少していくが，これは，試料自体の発生した応力のために応力誘起再変態を起こしているためと考えられる．もしこの再変態を阻止できれば，回復力はさらに向上し 400 MPa をはるかに凌ぐことになると思われる[7]．

## 5 ま と め

以上述べてきたように，従来合金が数回のトレーニング処理を施して初めて得られる形状記憶特性に対して，我々の開発した合金はトレーニング無しに大変優れた特性を有していることが分かる．これらに関しては現在，新しい鉄系形状記憶合金として国内外に特許出願中である[8-10]．

なお，用いた本装置は実験室レベルの試験に最適だったと言える．用いた試料は極わずかな外力でマルテンサイト変態してしまうため，試験前のサンプル加工はすべてワイヤ放電加工（無ひずみ）で行った．そうした注意を払いながら本装置による再現性のよいデータ収集が行えた．

参 考 文 献

1) A.Sato, E.Chishima, K.Soma and T.Mori: *Acta Metall*, **30** (1982) 1177.
2) A.Sato, E.Chishima, Y.Yamaji and T.Mori: *Acta Metall*, **32** (1984) 539.
3) K.Ogawa and S.Kajiwara: *Materials Transaction JIM*, **34** (1993) 1169 .
4) T.Kikuchi, S.Kajiwara and Y.Tomota: *Materials Transaction JIM*, **36** (1995) 719.
5) S.Kajiwara, D.Liu, T.Kikuchi and N.Shinya: *Scripta mater*, **44** (2001) 2809.
6) S.Kajiwara, D.Liu, T.Kikuchi and N.Shinya: *J. Phys.*, IV France, **11** (2001) 395-405.
7) A.Baruj, T.Kikuchi, S.Kajiwara and N.Shinya: *Materials Transaction*, **43** (2002) 585.

8) 菊池武丕児，梶原節夫，劉道志，小川一行，新谷紀雄：形状記憶合金，特願2000-032478.
9) 菊池武丕児，梶原節夫，小川一行，新谷紀雄：Shape Memory Alloy，米国特願S.N.09/779,488，EPC特願No. 01301164.8，中国特願No.01116241.4.
10) 菊池武丕児，梶原節夫，バルホ　アルベルト，小川一行，新谷紀雄：NbC添加Fe-Mn-Si系形状記憶合金の加工熱処理方法，特願2001-296901.

# 3.4 赤外線イメージ炉を用いた熱間圧延型試験機の開発

横浜国立大学大学院工学研究院
青木孝史朗, 小豆島 明

## 1 はじめに

　鋼板の熱間圧延では,生産性の向上のために,より苛酷な使用条件に耐えうるロールの開発および潤滑油の開発が行われている.近年,耐摩耗性に優れたハイスロールが広く使用される状況[1]の中で,圧延荷重が高い,鋼板表面にスケール疵が発生しやすいなどの,ハイスロール特有のトライボロジー問題が生じている.これらの問題を解決するため,二,三の潤滑油が開発されており[2-4],それらの潤滑性の評価はチムケン試験機のような基礎的な試験機による方法,加工状態を模擬的に再現した試験機による方法などにより行われている.しかしこれらの基礎的な試験機による方法では塑性変形による新生面の露出,大きな接触面を伴う界面での潤滑油挙動の評価が難しく,また模擬的な試験機による方法では塑性変形させた接触面で単に相対すべりが生じているだけで,実機相当の相対すべり量などの再現が難しい.この様に実機相当の潤滑状態を再現可能にし,より容易に潤滑性の評価可能な評価試験機の開発が必要であろうと考えられる.

　そこで,著者らは実験室レベルで熱間圧延のシミュレーションを可能とすることを目的に,赤外線瞬間加熱炉を用いた熱間圧延型潤滑性評価試験機を開発した.本報では,新たに開発した試験機の開発過程ならびに評価試験機の特性について紹介する.

## 2 評価試験機の概要

今回開発した熱間圧延型潤滑性評価試験機は著者らの一人が開発した冷間圧延型潤滑性評価試験機[5]を改造したものである．この試験機は小型ながら実機と同等の相対すべり速度が得られ，加工中の摩擦係数も容易に求められるという特徴を有している．評価試験機の基本的な仕様は図1に示すように，メインとサブの二つのスタンドからなる2タンデム圧延機である．

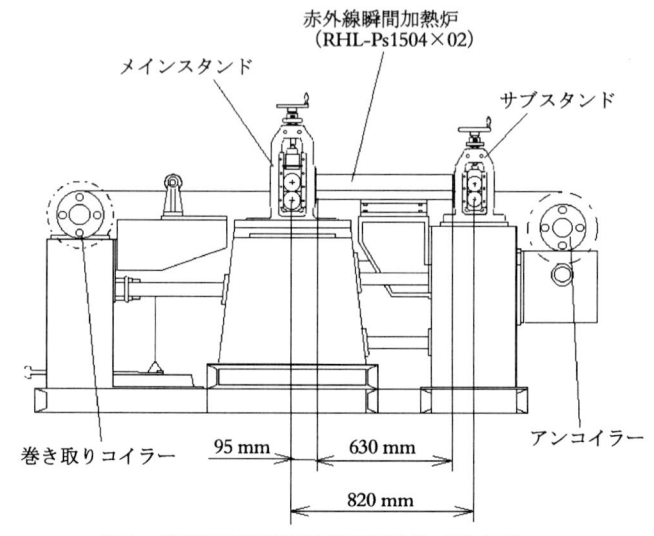

**図1** 熱間圧延用潤滑性評価試験機（模式図）

この試験機を熱間圧延に対応させるためには，供試材がサブスタンドを通過しメインスタンドに到達するまでの間に所定の温度まで加熱させる必要がある．このような急速加熱を可能とするために，新たに設計した赤外線瞬間加熱炉（RHL-Ps1504×2）をスタンド間に設置した．図2に示す様にこの瞬間加熱炉は赤外線ランプを上下に15本ずつ計30本配置している．ランプ1本の仕様は100 V，1000 Wであり，炉全体としての定格は200 V，30 kWである．30本のランプは上下10本ずつ入側，中央，出側の三つの部分に分割して結線されており，炉内温度の制御は，それぞれの部分に通電する電流を手動で設定して行う．炉内部にはウォータージャケットを有しており，使用時に炉外部に触れても火傷する

3 高温材料試験への応用    233

図2 赤外線瞬間加熱炉外観写真（炉開放状態）

ことはない．また，断水になった場合は，水量を感知して自動的に電源が切れる仕様となっている．加熱域には雰囲気ガスであるアルゴンガスを導入し，赤外線ランプを保護するのと同時に供試材の酸化を防止している．また炉出口には，供試材を囲むように断熱材を配置した固定ハウジングを有する遮蔽板を設置し，供試材の空冷による温度低下と，潤滑油が炉内へ侵入することを防止している．さらにメインスタンドにおける圧延後の供試材を冷却するためにメインスタンドとコイラー間に送風機を設置した．

メインスタンドに装着される評価ロールには，種々のロール材質を評価できるように，図3に示すように取り外し可能なリングロールを用いた．リングロールの寸法は外径76 mm，内径48 mm，幅35 mmである．サブスタンドのロールは外径70 mm，幅60 mmの軸付きロールである．

潤滑性の評価は，すべり圧延により測定された圧延荷重とトルクにより求められる摩擦係数によって行う．この圧延方法は，サブスタンドの圧延により供試材の速度を制御し，メインスタンドの上ロールが供試材の約10倍の周速で回転し，供試材上をすべりながら圧延するものである．この時の下ロールは従動状態であ

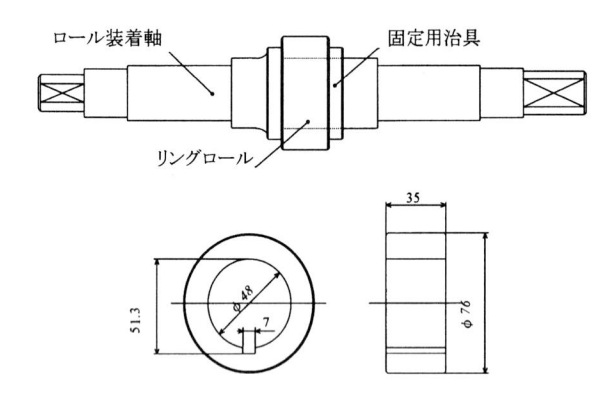

図3 評価用リングロール（模式図）

る．実験中に測定される圧延荷重 P，上ロールのトルク G によって摩擦係数 $\mu$ は $\mu = G/PR$ によって導出される．ここで，R はロール扁平を考慮に入れたロール半径である．すべり圧延ではトルクと対応する後方張力が作用するので，その後方張力が大きければ供試材料は伸び，破断する．そのため，本試験機の供試材の断面積はハンドリング可能な限り，できるだけ大きくし，板幅 20 mm，板厚 2.0 mm とした．材質は SPHC である．

## 3 評価試験機としての評価

### 3-1 温度特性

供試材はサブスタンドで圧延され，炉に進入後，徐々に加熱され，炉出口で最高温度に達する．炉出口で最高温度に達した供試材はロール位置まで到達する間に，その温度は炉出口最高温度から低下する．供試材の温度変化は，炉の通電電流および圧延速度により変化することになるので，瞬間加熱炉によって加熱される供試材の温度変化を測定した．

サブスタンドと炉入口間の位置にある供試材表面にクロメル−アルメル熱電対をスポット溶接し，サブスタンドで 0.2 % 圧下し，板速度を 10 mm/s から 18 mm/s と変化させた．炉へ通電する全電流は 90 から 135 A と変化させ，供試材が炉内を通過させた際の熱起電力を測定した．代表的な温度測定結果を図4に示す．ま

## 3 高温材料試験への応用

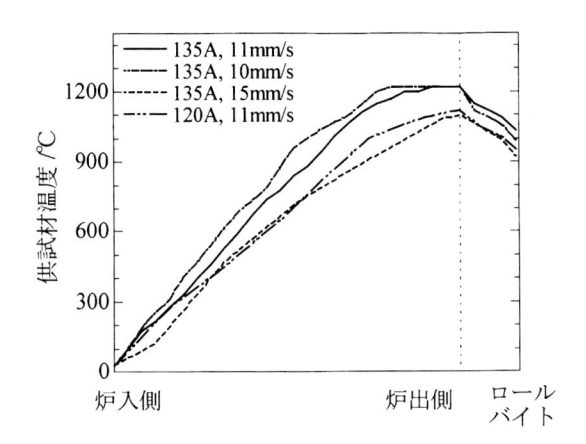

図4 熱間圧延中における供試材温度の変化

表1 熱間圧延時における供試材の温度変化

| 通電電流\板速度 | 10mm/s | 11mm/s | 15mm/s | 18mm/s |
|---|---|---|---|---|
| 90A | — | 800 / 700 | — | — |
| 105A | 1090 / 880 | 1070 / 950 | — | — |
| 120A | 1180 / 1000 | 1120 / 950 | — | — |
| 135A | 1220 / 990 | 1220 / 1030 | 1100 / 920 | 840 / 820 |

た全測定結果を表1に示す．圧延速度が遅い場合，供試材は十分に加熱されるが，炉出口からロール位置まで移動する間に空冷するためロール位置での温度は低くなった．また圧延速度が速い場合は加熱時間が短いために十分に加熱されずロール位置での温度は低くなった．この結果から最も高温な加熱温度が得られる条件は通電電流135 A，圧延速度11 mm/sであり，加熱炉を通過することに

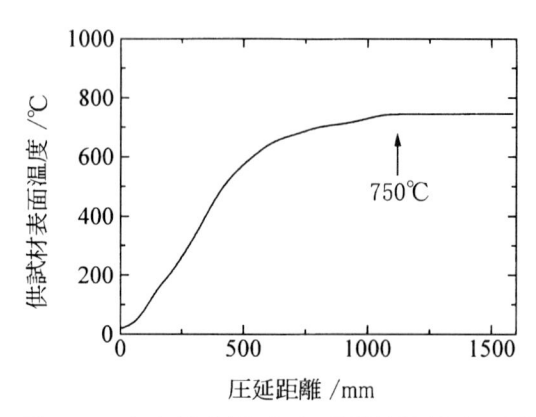

図5 ロールバイト位置における供試材表面温度の変化

よって 1030 ℃に達することが分かった.
　次にメインスタンドにおいて圧延される供試材のロールバイト位置での温度を，移動する供試材表面に熱電対を接触させて測定した．昇温条件は最高温度が得られる通電電流 135 A，圧延速度 11 mm/s とした．図5に結果を示す．供試材の温度は圧延開始後から圧延距離 500 mm の間に 600 ℃まで加熱され，500 mm 以降では 600 ℃から緩やかに上昇し，1000 mm 以降 750 ℃で安定している．熱電対をスポット溶接して測定した場合よりも測定値が低くなったが,これは供試材表面に酸化被膜が生成したこと，また熱電対を供試材の表面上を滑らせたため，熱電対と供試材表面との接触が不十分だったためと考えられる.
　図4において供試材の移動距離は約 800 mm であり，これを図5に当てはめると熱電対をスポット溶接して測定した温度は,到達温度の約9割程度ということになる．温度測定の精度を考慮すると，実際の供試材温度は熱電対をスポット溶接して測定した結果よりも，100 ℃程度上昇することはあっても下がることはなく，この温度値を本評価方法の加工温度としてみなせると考えられる.
　以上の温度測定結果から通電電流 135 A，圧延速度 11 mm/s, すべり圧延距離 1000 mm 以上という条件で熱間圧延可能な供試材をメインスタンドの評価ロールに噛み込ませることが可能となった．

## 3 高温材料試験への応用

### 3-2 潤滑性評価試験としての評価

潤滑性評価試験機としての性能を評価するため，すべり圧延時における摩擦係数測定の再現性の確認を行った．すべり圧延の速度比（評価ロール周速：サブスタンドロール周速）は 10：1 とした．評価ロール材質には高速度鋼（ハイス）を使用した．化学組成および硬度を表 2 に示す．ロールは実験毎に 400 番のエメリー紙によって研磨し，表面粗さ $R_a$ を 0.1 μm に整えた．供試材には板幅 20 mm，板厚 2 mm の SPHC のコイル材を用い，圧延温度を 1030 ℃ とした．潤滑油には市販の熱間圧延油を用い，ニートで評価ロールに直接滴下給油した．圧延条件は圧延速度 11 mm/s，圧延距離 1600 mm，目標圧下率を 3.5 % とし同一条件下で摩擦係数の測定を行った．

すべり圧延時における摩擦係数の変化の内，五例を図 6 に，圧延後の供試材板厚から測定した圧下率の変化の 一例を図 7 に示す．圧下率は圧延距離 500 mm

表 2 評価用ロール材の化学組成（wt%）および硬度

| | C | Si | Mn | Ni | Cr | Mo | V | W | Fe | ロックウェル硬度 |
|---|---|---|---|---|---|---|---|---|---|---|
| 高速度鋼（ハイス） | 1.75 | 1.0 | 0.6 | − | 4.0 | 1.8 | 3.0 | 3.8 | bal. | 57.5 |

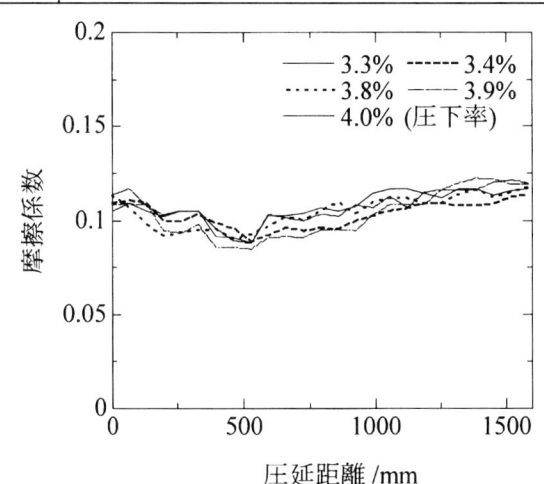

図 6 熱間圧延時に得られた摩擦係数の再現性確認

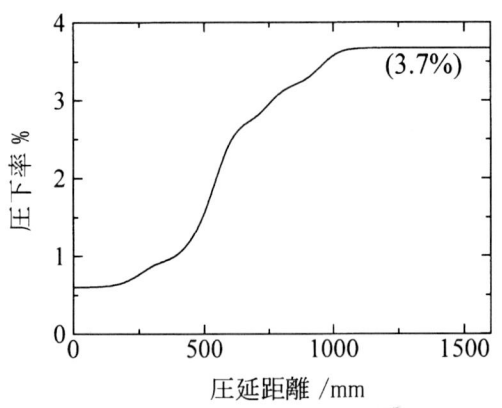

**図7** 熱間圧延時における供試材の圧下率変化

まではわずかに増加，その後，徐々に増加し，1000 mm 以降で目標圧下率に達し，ほぼ一定となった．図5の温度変化と併せて考えると，圧延距離500 mmまでは供試材の温度が低いために加工硬化が生じ，そのため圧下率も目標としていた圧下率よりも低い値となったと考えられる．今回の評価方法では，圧延距離1000 mm以降で得られる圧下率を実験により得られた圧下率とした．同一条件下で実験を行った場合の圧下率のばらつきは±0.5％であった．

摩擦係数の変化は圧延開始直後から圧延距離500 mmまでは徐々に減少し，500 mm以降ではわずかに増加，温度が定常となる圧延距離1000 mm以降ではほぼ一定となるという傾向を示した．1000 mmまでは温度，圧下率ともに変化していたため不安定な圧延状態だったが，1000 mm以降では定常状態となり摩擦係数も一定値が得られるようになったと考えられる．同一条件下における摩擦係数のばらつきは±0.007の範囲内であり摩擦係数測定の再現性は確認できたと判断した．

また，本圧延条件において，圧延後のロール表面に黒皮が発生するといった変化は認められなかった．この理由を調査するため，サブスタンド側に設置してある減速機を標準の10:1から87:1へ変更し，評価ロールが供試材の87倍の周速度で回転する様にした．この状態で前述と同様の実験を行ったが，減速機変更前と同様，黒皮の生成は確認できなかった．以上の結果から，評価ロールに黒皮が生成しなかったのは，評価ロールが圧延中に供試材上をすべることによって，ロール表面上を研削するような効果が生じたためではないかと考えられる．

3 高温材料試験への応用

これらの結果から新たに開発した熱間圧延型潤滑性評価試験機において,幅20 mm,厚さ 2 mm の SPHC を用い,通電電流 135 A,圧延速度 11 mm/s,圧延距離 1000 mm 以上という条件下で,温度 1030 ℃における圧延油の潤滑性を,熱間すべり圧延による摩擦係数測定によって評価可能であることがわかった.今回の実験で用いた加工条件は,圧延速度も遅く,実機の圧延状態再現には至っていないと考えられる.今後,ウォータ・インジェクション給油を可能にする等の改良を行うと共に実験手法の検討を試み,実機の潤滑状態により近づけて実験を行う必要があろう.

## 4 おわりに

冷間圧延型潤滑性評価試験を改良し,実験室用の熱間圧延型潤滑性評価試験機を開発した.この評価試験機では幅 20 mm,厚さ 2 mm の SPHC を用い,加工温度 1030 ℃の熱間圧延において摩擦係数による潤滑性が評価可能であることが確認された.

参考文献
1) 例えば　T.Ito, N.Kanayama, Y.Masuda, T.Kawakami: *CAMP-ISIJ*, **9** (1996) 964.
2) K.Goto, K.Masui, T.Shibahara: *CAMP-ISIJ*, **7** (1994) 1365.
3) 日比徹,池田治朗: 熱延潤滑圧延の現状と今後の課題　日本鉄鋼協会シンポジウムテキスト,(1997) 32.
4) 木原直樹,伊原肇:同上, 36.
5) A.Azushima: *Tetsu-to-Hagane*, **74** (1988) 696.

# 3.5 原子炉材料の事故時挙動研究への応用

日本原子力研究所
永瀬文久

## 1 はじめに

原子力発電所では，ウランやプルトニウムの核分裂で生じるエネルギーを使って，蒸気を作りタービンを回して発電する．ウランやプルトニウムの二酸化物（$UO_2$, $PuO_2$）は，直径約 8～10 mm，高さ約 10 mm 程度のペレットに焼き固められ，ジルカロイ（Zr-Sn 合金）製の被覆管（外径約 10 mm，肉厚約 0.6 mm，長さ約 4 m）に封じ込められ（図 1），「燃料棒」として水を満たした原子炉に装

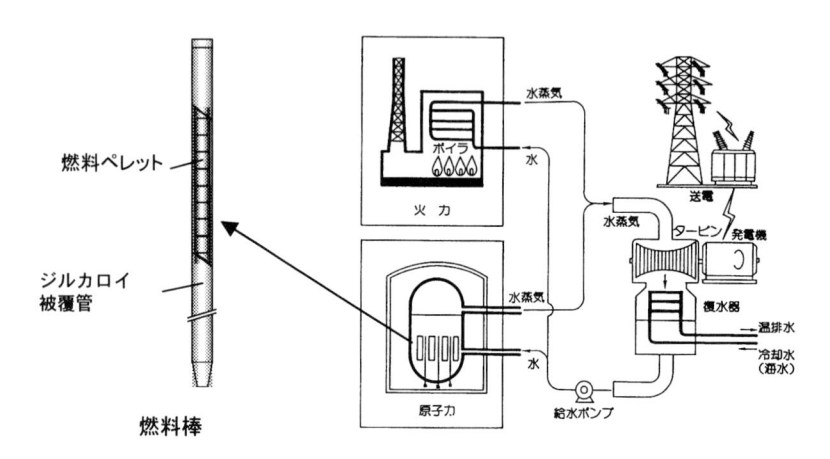

図 1 原子力発電の仕組みと燃料棒（燃料要素）

3 高温材料試験への応用 241

荷される．原子炉を運転している状態では，ペレットの中心温度は 1000 〜 1300 ℃，被覆管表面温度は 280 〜 360 ℃である．日本では，特に大きな事故もなく，原子力発電所の運転が行われているが，何らかの原因で，燃料棒中で発生するエネルギーが急激に増大したり，エネルギーの除去（冷却）が不十分になり，燃料棒温度が急激に上昇する可能性がゼロではない．そのような異常事態(事故など)においても，原子炉の停止と燃料棒の冷却が確実に行われなければならない．このため，原子炉を設計する際には，事故などを想定し，原子炉の安全設計や安全装置が事故などを安全に収束させるために十分なものかどうかを評価する．評価のための手法や安全性の判断基準は，原子力安全委員会が定めた「原子炉安全評価指針」[1] に規定されている．日本原子力研究所では，原子炉の安全性確認や安全評価指針を作るために必要な知見を得るため，事故条件下における燃料棒の挙動や，燃料棒が破損するしきい値，燃料棒破損による周辺への影響などを調べている[2]．以下に，その研究の概略と，特に赤外線イメージ炉を用いた実験研究の一部を紹介する．

## 2 ジルカロイ被覆管高温酸化速度評価

原子炉を設計する際に想定する事故のひとつに冷却材喪失事故（LOCA：Loss-of-Coolant Accident）がある．配管の損傷等により冷却材が流出してしまう事故である．事故直後には原子炉は停止するが，除熱が十分でなくなるためエネルギーが蓄積し，燃料棒温度は上昇する．間もなく緊急用の冷却系から水が注入され，燃料棒は冷却されるが，燃料棒は，数分間，水蒸気雰囲気中に露出し，燃料棒温度は 500 〜 1200 ℃に達すると考えられる．この間，ジルカロイ被覆管は水蒸気と反応し（酸化），表面には酸化膜が形成される（図 2）．被覆管の主成分で

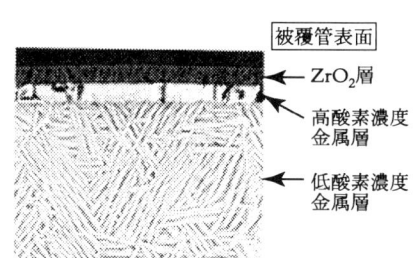

図 2 水蒸気中 1100 ℃で酸化したジルカロイ表面近傍のミクロ組織

被覆管表面
← $ZrO_2$ 層
← 高酸素濃度金属層
← 低酸素濃度金属層

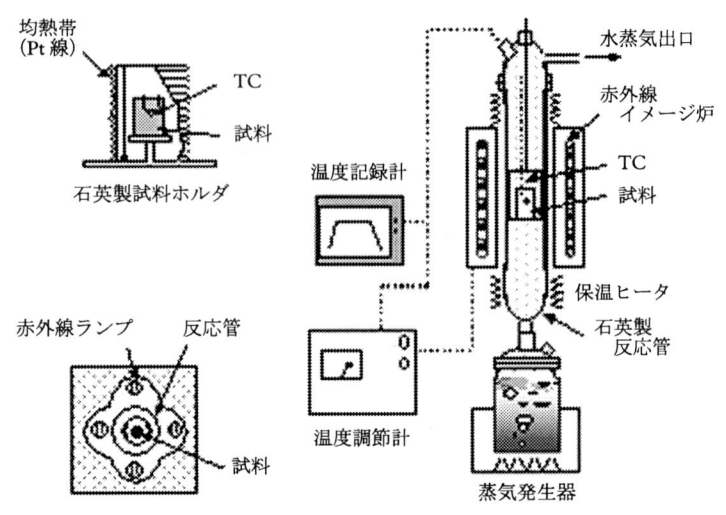

**図3** 被覆管の酸化速度評価試験装置

ある Zr と水蒸気の反応（$Zr+2H_2O \rightarrow ZrO_2+2H_2$）は，水素の発生を伴い，発熱反応である．また，酸化量が一定値以上になると，酸化膜が厚くなり金属中の酸素濃度が増大するために，被覆管は脆くなり熱衝撃や外力が作用したときに壊れ易くなる[3]．LOCA 時の原子炉炉心や燃料棒の状態を評価するためには，温度と時間の関数として被覆管の酸化速度を評価しておくことが不可欠である．

被覆管の酸化速度評価に用いる試験装置を図3に示す[4]．10〜15 mm 長さに切断したジルカロイ被覆管を石英製試料ホルダにセットし，石英製反応管の中に置く．試験では，あらかじめ反応管内に水蒸気を流しておき，赤外線イメージ炉（アルバック理工㈱社製 RHL-E416）を用いて急速に（10 K/s）加熱し，所定の温度で一定時間加熱する．昇温および降温過程で起こる酸化の影響を小さくして精度の高い酸化速度評価を行うためには，比較的速い速度で加熱および冷却を行う必要があるが，赤外線イメージ炉の使用により，目標温度到達後にもオーバーシュートすること無く急速な加熱・冷却が可能となった．温度測定及びイメージ炉の制御は，試料に溶接した Pt-13 % Rh/Pt 熱電対を用いて行う．酸化試験の後には試料重量を測定し，試験前と比較して，酸化による重量増加（酸素吸収量）を測定する．図4は，1273〜1573 K で 120〜3600 s 間酸化した試料で測定された単位面積あたりの重量増加の二乗を，酸化時間に対しプロットしたものである[5]．

## 3 高温材料試験への応用

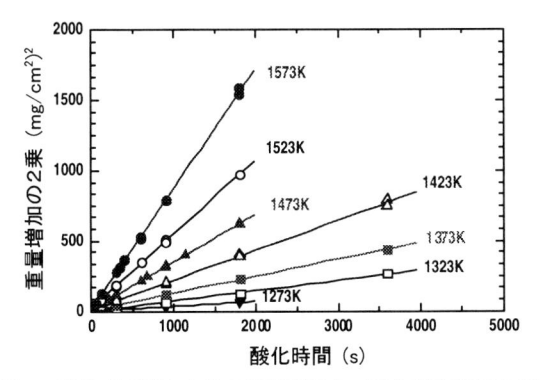

図4 単位表面積あたりの重量増加の二乗と酸化時間の関係

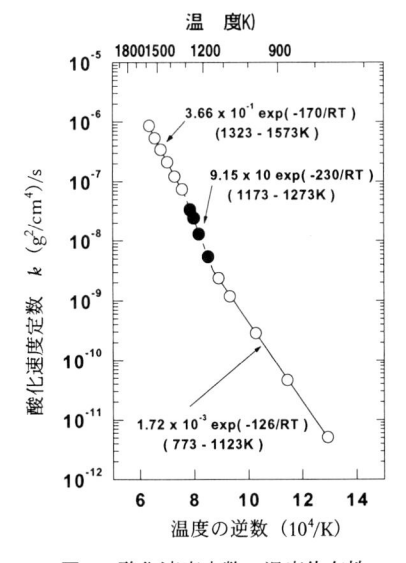

図5 酸化速度定数の温度依存性

この図から重量増加 ($\Delta W$) と酸化時間 ($t$) の間には，$\Delta W^2 = k \cdot t$ ($k$ は速度定数) の関係が成り立つことが分かる．773〜1573 K について求めた $k$ の温度依存性を，図5に示す．温度依存性は三温度領域に分けられる．これは，主に酸化物 $ZrO_2$ の結晶構造の変化に対応するもので，酸化反応を律速する酸化膜中の酸素の拡散速度が，結晶構造の変化により変化するためと考えられる．このようにし

て広い温度範囲について求められた酸化速度定数とその温度依存性は，酸化の進行とそれに伴う被覆管脆化などの評価に役立てられる．

## 3　LOCA時のジルカロイ被覆管破損限界の評価

　LOCA時には，被覆管が高温で酸化し，酸化が著しい場合には脆化し破損しやすくなる可能性があることはすでに述べた．どの程度の酸化が進行すると被覆管が破損しやすくなるかを調べる実験を以下に紹介する．LOCA条件を模擬する試験装置と試験中の試料温度変化を図6に示す．長さ600 mmの被覆管に，$UO_2$ペレットを熱容量的に模擬したアルミナペレットを詰め，両側に端栓を付けた模擬燃料棒を，装置下部台座に固定し，石英製反応管内にセットする．石英管の下方から水蒸気を導入しながら，赤外線イメージ炉（RHL-E416）を用いて10 K/sの昇温速度で加熱する．模擬燃料棒は，5MPaに加圧されており，温度上昇に伴う内圧上昇と被覆管強度の低下により700〜800℃で破裂する．破裂後は，被覆管は両側から酸化されることになる．所定の温度（950〜1250℃）で等温酸化した後，約700℃までの徐冷（炉内冷却）を経て，試験体下部から注水し模擬燃料棒を急冷する．このような温度変化は，冷却材が喪失し，露出した燃料棒が高温の水蒸気に曝され，その後緊急炉心冷却系により急冷されるというLOCA時の条件を模擬したものである．イメージ炉を用いることによって，比較的大きな試験

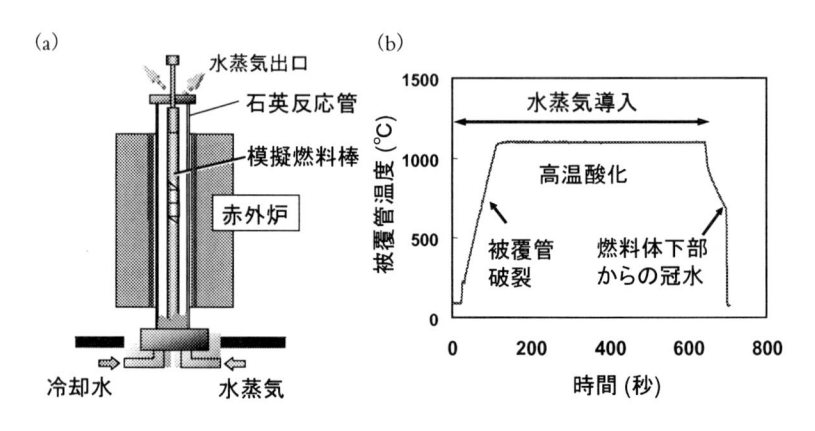

図6　(a) LOCA条件模擬試験装置　　(b) LOCA条件模擬試験中の試料温度

3　高温材料試験への応用　　　　　　　　　　　　　　　　　　　　　　　　245

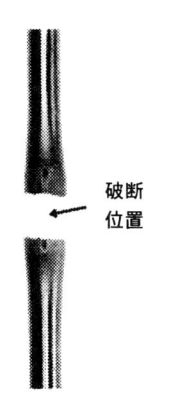

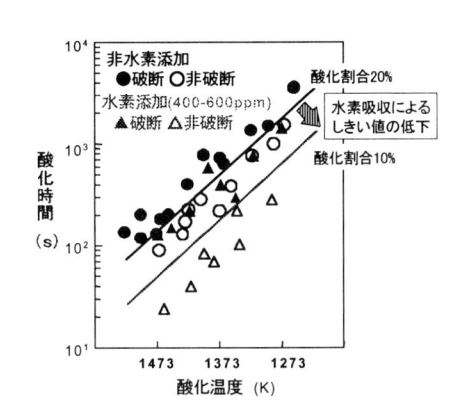

図7　LOCA模擬条件下で破断した被覆管の外観例

図8　LOCA模擬条件下におけるジルカロイ被覆管の破断条件（急冷時に燃料棒を拘束する条件）

体に対し，急激な加熱と冷却が実施でき，しかも安定した温度制御を達成することができた．脆化した被覆管は急冷時の熱衝撃により破断するが，破断した被覆管の外観例を図7に示す．また，破断条件を，酸化温度と酸化時間を関数として図8に示す．これらの結果は，急冷時に試験体の両端を固定し収縮を拘束する非常に厳しい負荷条件下で行った試験で得られたものである．製造したままの被覆管を用いた試験で，破断した条件を黒丸（●）で，破断しなかった条件を白丸（○）で示す．破断／非破断は酸化量に強く依存し，一定以上の酸化量では破断しやすくなることが分かる．破断しやすくなる酸化量の下限は，酸化膜厚さが被覆管肉厚に占める割合約20％に相当する[6]．原子力発電所では，燃料を効率的に使用し，廃棄物を減少させるために，燃料寿命の延長（高燃焼度化）を進めている．高燃焼度化は，経済的には大きなメリットを生むが，同時に長期使用により被覆管材料特性の劣化の度合いは大きくなる．例えば，被覆管表面の腐食が進み，腐食により生じた水素の吸収量が増大する．高燃焼度化を水素添加により模擬し，LOCA時の被覆管破断条件に及ぼす水素濃度増加の影響を調べた結果を，図8中に示す[5,7]．三角（▲）は，水素添加被覆管が急冷時に破断した条件である．製造したままの被覆管に比べて低い酸化量で破断することが分かる．本試験の結果は，燃料の長期間使用によりLOCA時の燃料棒挙動が変化する可能性を示したもの

である．今後，原子炉で実際に照射された燃料棒に対し同様の試験を行い，燃料の安全性を確認していく計画である．

## 4 おわりに

軽水炉燃料の事故時挙動を評価し，原子炉燃料棒の安全性確認や基準の作成等に反映させるため，日本原子力研究所は広範囲な実験的研究を行っている．本報告において，その一部を紹介した．事故時には燃料棒温度は急激に上昇し，高温に達する．多くの実験では赤外線イメージ炉を用い，目標とする事故模擬条件を達成することができた．試験装置整備と試験実施に際し，多くのご助言をいただいたアルバック理工㈱のスタッフの皆様にこの場を借りて感謝する．


参 考 文 献
1) 原子力安全委員会安全審査指針集，大成出版．
2) 上塚　寛編：燃料安全2000，日本原子力研究所レポート JAERI-Review, 2001-013.
3) S.Kawasaki, T.Furuta and M.Suzuki: *J. Nucl. Sci. & Technol.*, **15** [8] (1978) 589.
4) H.Uetsuka and T.Otomo: *J. Nucl.Sci.&Technol.*, **26** [2] (1989) 240.
5) H.Uetsuka and F.Nagase: Proc. The topical meeting on LOCA fuel Safety criteria, Aix-en-Provence, March, 22-23, (2001) 197, NEA/CSNI/R (2001)18.
6) H. Uetsuka, T. Furuta and S. Kawasaki: *J. Nucl.Sci. & Technol.*, **20** [11] (1983) 941.
7) 永瀬文久：原子炉安全性研究ワークショップ，2001年11月20-22日，東京（JAERI-Conf 2001-008）．

# 4 分析化学への応用

# 4.1 アルミニウムアルコキシド加水分解生成物中の炭素成分の EGA-MS 分析

産業技術総合研究所
津越敬寿

## 1 はじめに

　セラミックス原材料に限らず温度変化による物質変化の測定手段として，熱分析法は広く用いられる．セラミックスに関しては，特にその製造過程に大きな温度変化を伴う脱バインダ・仮焼，焼結などのプロセスがあるため，焼成過程における熱分析は非常に重要である．

　熱分析法は，ICTAC（International Confederation for Thermal Analysis and Calorimetry：国際熱分析連合）により「A group of techniques in which a property of the sample is monitored against time or temperature while the temperature of the sample, in a specified atmosphere, is programmed」と定義されている[1]．また JIS においては「物質の温度を一定のプログラムに従って変化させながら，その物質のある物理的性質を温度の関数として測定する一連の技法の総称」と定義されている[2]．いずれの場合も試料温度をプログラム制御させたときの，試料の変化を測定する手法を熱分析の範囲としている．

　熱分析法のうち，試料より発生した気体成分を分析する手法を総称して発生気体分析（EGA：Evolved Gas Analysis）と呼ぶ．また発生気体分析の検出部にはガスクロマトグラフィや赤外分光を用いる場合もあるが，質量分析（MS）を用いたものを EGA-MS と呼ぶ．セラミックスなどの材料分析で最もよく用いられている EGA-MS の一つが，TG-MS である．これは，TG（熱重量測定）と EGA-MS を，同時に行う複合分析法である．一般的な市販装置としては，さらに DTA

(示差熱分析)も同時に行う構成となっていることが多い．

広義の EGA-MS には，試料加熱を真空中で行う昇温脱離質量分析法（TDS：Thermal Desorption Spectrometry）も含まれる．この TDS は，温度制御型昇温脱離質量分析法（TPD：Temperature Programmed Desorption spectrometry）と呼ばれることもあるが，前述の通り，熱分析法の定義に「温度制御」の概念はすでに含まれている．

## 2 装置構成と原理

EGA-MS 装置のうち，TDS（もしくは TPD）に関しては試料加熱と質量分析の双方を真空中で行うため，試料加熱部と質量分析計部を同一真空チャンバ内に配置できる．しかしながら，ヘリウム，窒素ガス流，疑似大気（不活性ガス＋20％酸素）やそれらに加湿したもの等，雰囲気制御した状態で試料加熱を行う場合（例えばDTA-TG との接続など），試料加熱部は大気圧で質量分析部は高真空であるため，その圧力差をバランスする接続が必要となる．多くの市販装置も含め，一般的な接続にはキャピラリが用いられる．この接続キャピラリは，装置によるが通常 200 ℃程度に保温される(一部の市販装置は室温のままである)．従って，昇華性成分や 200 ℃以下で凝縮する熱分解ガス成分等がキャピラリ内壁に吸着され，正確な測定は困難となり，また測定不能となることも多い．この問題は，キャピラリではなくスキマ型のインターフェース（接続装置）を採用することで解決できる．図 1 にその原理を示したスキマ型は，キャリアーガスと測定

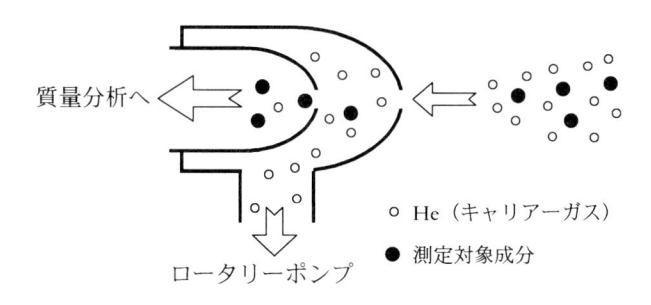

図 1　スキマーインターフェース概略図

目的ガス成分の拡散速度の差を利用するジェットセパレータの原理に基づく.すなわち,通常キャリーガスとして用いられるヘリウムは,分子量が小さく拡散速度の大きいため一段目のオリフィス(細孔)通過後の減圧部でロータリーポンプによって排気され,分子量または質量数が大きく拡散速度の小さい測定目的成分は二段目のオリフィスを通過しやすい.その結果,キャリアーガスに対して測定目的成分は相対的に濃縮されて質量分析計に導入される.以上のような原理から,高質量数成分に対する感度向上という観点からも期待される接続法である.

スキマー型接続を採用した熱分析装置は市販されているが,抵抗式加熱炉タイプのものしかない.そこで赤外線イメージ炉にも適用できるスキマ型インターフェースが開発され,それを採用した装置をアルバック理工製赤外線イメージ炉 MR-39H を用いて試作[3]した.図2にスキマ型とキャピラリ型の,同条件測定下における比較を実現する,試作装置の構成図を示す.キャリアーガス流路のバルブを全閉としイメージ炉①をロータリーポンプで予備排気した後,質量分析計②との間のゲートバルブ③を開放することで真空中加熱である TDS(TPD)測定を行うことができる.またキャピラリ④にての接続で従来型の EGA-MS を実現する.このキャピラリは測定時約 200 ℃に保温される.イメージ炉⑤はスキ

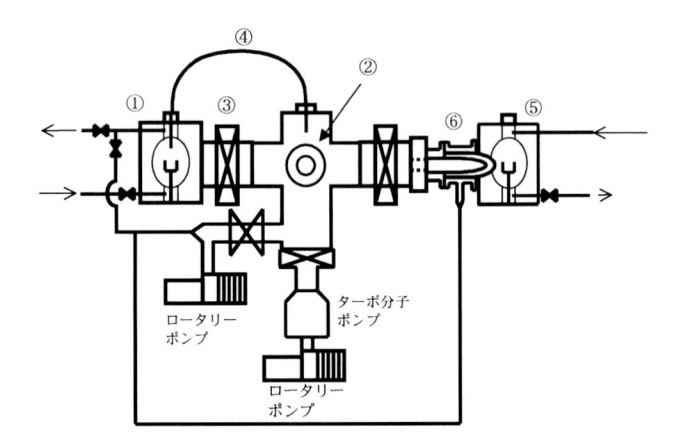

**図2** EGA-MS 試作装置の概略構成図
　　①シングルランプ赤外線イメージ炉,②四重極型質量分析計,③ゲートバルブ,④キャピラリ,⑤ダブルランプ赤外線イメージ炉,⑥スキマ型インターフェース

マ型インターフェース⑥で接続する.双方のイメージ炉は基本的には同一タイプであるが,スキマ型インターフェース自体が加熱赤外線の影を作り最高到達温度が低くなるため加熱ランプを2個としたダブルランプ型をイメージ炉⑤とした.イメージ炉①はシングルランプ型である.

## 3 アルミニウムアルコキシド加水分解生成物への応用例

アルミナセラミックスの前駆体としても重要な,アルミニウムアルコキシドの加水分解生成物(アルミニウム水酸化物)への適用例を紹介する.
試料は,アルミニウムイソプロポキシド,アルミニウム第二ブトキシドを,それぞれ加水分解して得られた生成物である.ここで,加水分解温度を 80 - 100 ℃,1 - 5 ℃,20 ± 5 ℃とすることで,それぞれ boehmite, gibbsite およびそれらの混合物と,異なる構造を持ったアルミニウム水酸化物が得られる[4].
このアルミニウム水酸化物の焼成によりアルミナを得るわけであるが,この焼成プロセスにおけるガス成分の脱離挙動解析に,本 EGA-MS を適用した.

### 3-1 結　　果[5]

図3は,それぞれの温度域で加水分解して得られた生成物の,質量数 18 すなわち $H_2O$ に関する EGA-MS 曲線である.80 - 100 ℃温度域での加水分解生成物について二段階の $H_2O$ 脱離が観察される.第一には物理吸着水に起因するもので,100 ℃程度で終結するものである.第二には,boehmite からアルミナへの脱水反応に起因するものである.20 ± 5 ℃温度域加水分解生成物では,物理吸着水の脱離ピークの他に,二相の異なる水酸化物の混合物であることを反映して,80 - 100 ℃温度域での加水分解生成物から得られた脱水ピークと,0 - 5℃加水分解生成物から得られた脱水ピークの重ね合わせに一致する,二つの脱水ピークを得た.

質量分析計をより高感度に設定すると,残留有機物に関する脱離挙動情報を得ることができる.図4はアルミニウムイソプロポキシドを 80 - 100 ℃温度域にて加水分解した生成物から得られた質量数 45 ($-C_2H_4OH$) と質量数 41 ($-C_3H_5$) に関する EGA-MS 曲線である.質量数 45 について,85 - 105 ℃の温度域で得られた 95 ℃のピークは,物理吸着アルコール (2 - プロパノール) の脱離に起

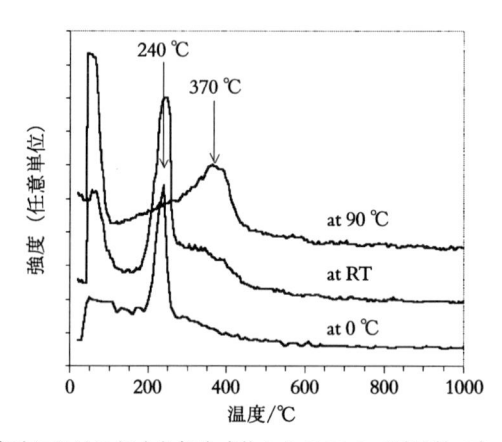

図3　各温度域における加水分解生成物からの $H_2O$（質量数 18）の EGA-MS 曲線

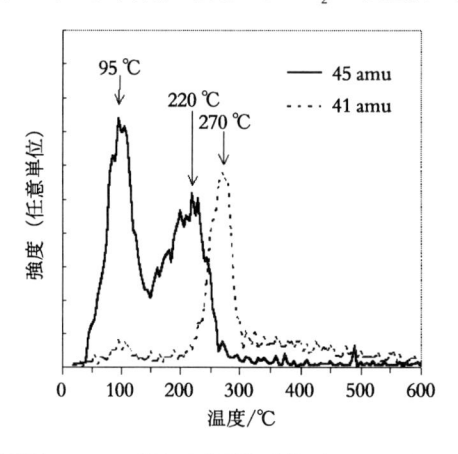

図4　温度域 80 − 100 ℃加水分解生成物（boehmite）の EGA-MS 曲線

因する．これについては 2 - プロパノールの沸点が 82.4 ℃であることにも良く対応している．また，220 ℃にて，2 - プロパノールの化学吸着分の脱離に起因するピークを得た．以上については，2 - プロパノール起因の異なる質量数を持つフラグメントイオン（例えば $CH_3$，$C_2H_3$，$(CH_3)_2CHO$ など）の EGA-MS 曲線挙動も一致することからも確認される．一方，質量数 41 については，270 ℃にのみピークを得ており，同様の挙動を示すフラグメントイオンが $CH_3$,

4 分析化学への応用    253

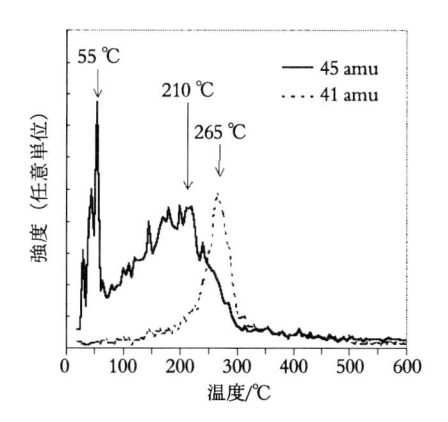

図5 温度域 80 – 100 ℃加水分解生成物（boehmite）の真空中における EGA-MS 曲線

$C_2H_3$, $C_3H_3$, $C_3H_6$ などであったことから，アルコキシル基の熱分解脱離であることが考えられる．

　図5に示す EGA-MS 曲線は，試料加熱雰囲気を真空としたときのものである．物理吸着分の脱離温度はヘリウム気流中に比して低くなったが，化学吸着分やアルコキシル基起因のピーク温度はほとんど変化しなかった．ここでアルコキシル基起因の脱離発生ガス成分について，アルコキシドが未反応で残留する場合には，アルミニウムイソプロポキシドは真空下約 200 Pa にて 106 ℃で昇華する[6]ことから，アルミニウムイソプロポキシドとしての未反応残留物ではなく，未反応のアルコキシル基の熱分解によるものと結論することができる．

## 3-2　スキマ型インターフェースによる高度化例

　スキマ型で感度向上が期待される高質量数成分の適用例として，アルミニウム sec-ブトキシドを加水分解して得られた水酸化物を試料とした測定を行った．未反応の残留ブトキシル基の EGA-MS 結果を図6に示す．脱離ガス成分としての sec-ブトシシル基（-$CH_2$-$CH(CH_3)_2$）から，質量分析器内でのイオン化の際 H がとれたフラグメントが質量数 56 であり，質量数 41 はさらに $CH_3$ がとれたフラグメントであり，さらにもう一つの $CH_3$ がとれると質量数 26 のフラグメントとなる．測定に用いた試料量および質量分析計の設定感度の双方についてピーク強

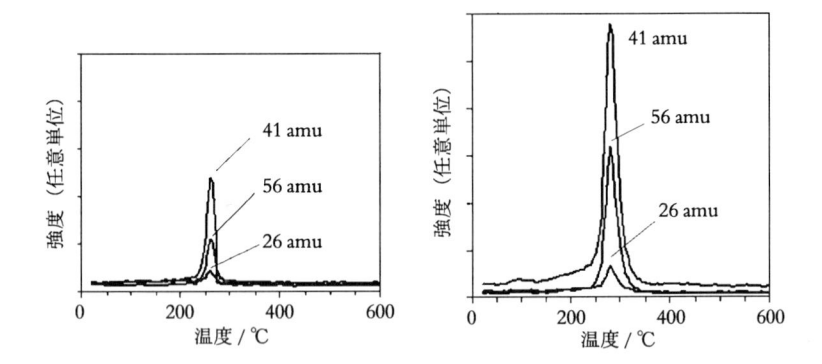

図6　未反応ブトキシル基起因フラグメントのEGA-MS曲線比較

度を標準化すると，キャピラリー型に比して2倍以上の感度向上が達成されていることがわかる．

## 4　おわりに

以上のように，XRDにて詳細な結晶型の変化を分析するのみならず，DTA-TGによる知見，またEGA-MSによる微量有機不純物の脱離挙動などから，焼成反応を詳細に解析することが可能である．焼成プロセスにおいてブラックボックスとなっている反応機構を明確にすることは，セラミックスの精密な性能発現のためのプロセス設計や助剤開発などを，理論的かつ系統的に設計できる可能性を与えるものであり，さらには効率的なエネルギー投入により，焼成エネルギーの低減化を実現することも期待されるところである．

参考文献
1) ICTAC "For Better Thermal Analysis and Calorimetry", 3rd edition (1991).
2) JIS K0129.
3) T.Tsugoshi, M.Furukawa, M.Ohashi and Y. Iida: *J. Therm. Anal. Cal.*, **64** (2001) 1127.
4) R.I.Zakharchenya and T.N.Vasilevskaya: *J. Mater. Sci.*, **29** (1994) 2806.
5) T.Tsugoshi, M.Furukawa, M.Ohashi and Y. Iida: *Anal. Sci.*, **15** (1999) 327.
6) D.C. Bradley, R.C. Mehrotra and D.P. Gaur: "Metal alkoxides", AcademicPress Inc., (1978).

# 4.2 昇温脱離法によるガス分析と赤外線イメージ炉

北海道大学大学院工学研究科
広畑優子

## 1 昇温脱離法

　材料設計における軽薄短小化・高性能化の要求により，素材の高純度化・高品質化とともに生産工程における厳しい不純物制御が追求されている．材料からの不純物の脱離挙動を明らかにすることは，不純物を制御する上で重要である．このためには気体の種類と量を定量的に求めるだけでなく，その存在状態や分布をも調べる必要がある．この分析法としてもっとも簡便で古くから行われてきた方法が昇温脱離法（Thermal desorption Spectroscopy：TDS）である[1,2]．昇温脱離法は現在でも表面物性や触媒科学の研究分野で広く用いられている．また，著者らが行っている核融合研究分野ではプラズマと壁との相互作用を研究する有効な手段として TDS 法が世界中で広く利用されている．この分野では，脱離速度の定量化とともに脱離スペクトルの形状と昇温速度によって変化する脱離のピーク温度が重要な情報となる．この小論では昇温脱離法において試料の加熱に赤外線加熱炉を用いた場合の実験技術について解説的に紹介したい．

## 2 脱離スペクトルに影響を与える要因

　脱離スペクトルに影響を及ぼす要因としては，（1）脱離気体の壁への吸着および脱離，（2）試料温度の不均一加熱，（2）バックグラウンドの影響が考えられる[3,4]．

(1) 脱離気体の壁への吸着・脱離による影響：脱離した気体が壁に吸着し脱離すると，本来の試料からの脱離スペクトルに時間遅れで（高温側に）脱離した気体が上乗せされて計測される．その結果，高温側にだれや尾 (tail) を持ったスペクトルや広い温度範囲におよぶブロードなスペクトルとなる．この代表的な気体としては $H_2O$ があげられる．$H_2O$ は付着確率が大きく，排気されるまでの時間中に測定容器の壁に多数回衝突し吸着する．また平均滞在時間が適当に長いため，TDS 測定中に壁から脱離し計測器に入射し，見かけ上試料からの脱離として計測されことになる．この影響を少なくしようとすると，試料の昇温速度を大きくすることが一つの方法である．しかし，昇温速度をあげると第二の要因の影響が大きくなる．

(2) 試料温度の不均一性：TDS スペクトルを求める上で，試料温度の正確な測定と，試料が昇温速度に追随し均一に加熱されていることが重要である．もし，不均一に加熱されていれば，スペクトルの半値幅が大きくなったり，だれや歪み，極端な場合は偽りのピークやショルダーが出現する原因となり，再現性も劣る．均熱加熱を阻害するものとしては，試料の熱伝導率，試料の形状（大型，大面積，厚い試料など），熱電対による熱伝導などがあげられる．しかし，最も影響を及ぼすのは試料の加熱方法である．

## 3 試料の加熱法の比較

試料の加熱方法には ①傍熱加熱，②直接通電，③赤外線輻射加熱，④電子線加熱がある．①の傍熱加熱法は試料を選ばず，試料の出し入れが簡便という利点があるが，ヒータ温度と試料温度とに差が生じたり，ヒータ面上でも温度分布が生ずることが問題となる．最近では試料の表面温度を数カ所で測定し温度制御する方法も考えられている．②の直接通電法は電気伝導性のある試料に直接電気を流し加熱する方法で，簡便さの点では優れている．しかし，試料を高温まで加熱しようとするとフィラメント状の試料とならざるを得ない場合も生ずる．また，試料の両端はどうしても試料温度より低くなってしまうという問題が残る．④の電子線加熱法は，数 keV の電子線を試料に照射して加熱する方法である．これは特に高温まで加熱するときに有効であり，小型化が可能で真空装置内に挿入することができる．しかし，電子銃からの脱ガスや試料への電子ビーム照射による

響を考える必要がある．小面積の試料の背面より電子ビームを照射し，表面温度を測定して制御する方法が主に採用されている．均一加熱という点では，③の赤外線輻射加熱法が最も優れている．

## 4 赤外線輻射加熱法の実際

図1に著者らが用いている赤外線輻射加熱法によるTDS装置の概略図を示す．赤外線ランプの光をだ円形の反射鏡によって反射させ，透明石英管（温度が低ければ石英管でなくとも良い）の壁を透過して入射し焦点に集光し，焦点近傍にある試料を加熱する．赤外線炉自体の温度分布は軸方向では上下端の数cm程度を除けばかなり均一である[5]．また，本間らの測定では，軸と垂直の横方向の二次

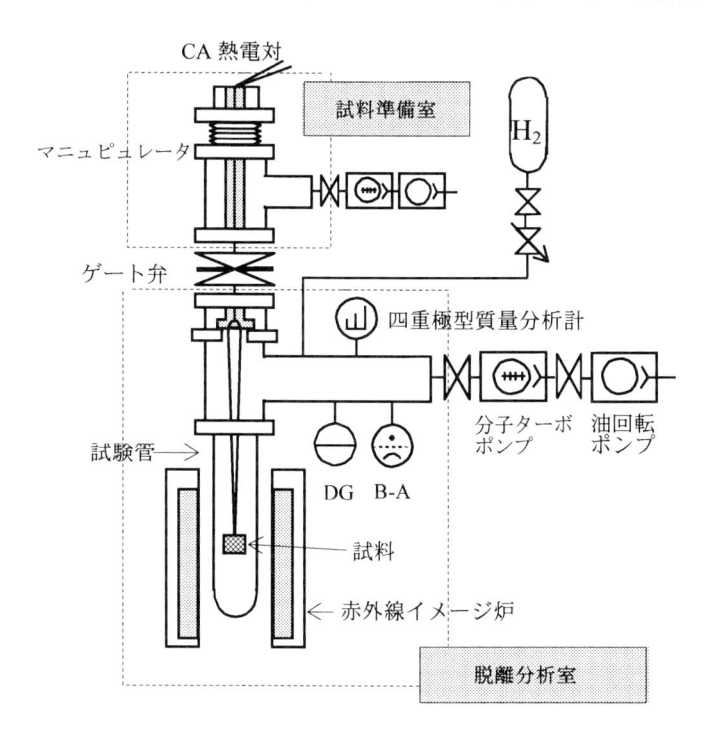

図1 昇温脱離装置

元面内の温度も均一である[4]．一般には，試料は熱容量の小さい細線で焦点位置に保持され，試料近傍に置かれた熱電対で計測する．この装置では試料に点溶接した熱電対を用いて，試料の保持と温度測定を同時に行っている．また，熱電対の信号を読みとりながら，真空理工社製の PID コントローラ（TPC1000 型）で温度を制御しながら昇温する．熱電対には測定可能な温度範囲があり，目的とする最高加熱温度と炉の容量および試料管材質に合わせて選択する必要がある．1000℃までならばクロメル-アルメル熱電対で良いが，それ以上では Pt-Pt(Rh) 熱電対が用いられる（W-Re は 600～4000℃まで可能）．熱電対を試料に溶接できない場合は，細線で試料を固定しその細線に熱電対を点溶接するか，熱電対の試料管中に中空管を取り付けその中に熱電対を大気側から挿入し温度をモニタする．後者の場合はあらかじめ大気側と試料位置の温度差を測定しておく必要がある．また，光温計などによる温度測定も可能であるが，この場合は材料によって放射率が異なるので換算式によって校正する必要があり，また，光温計は試料を眺める位置に設置しなければならないので，赤外線加熱炉は使用できない（他の三つの方法は装置上の工夫をすれば可能である）．

## 5 赤外線加熱の注意事項

ここで，著者らが赤外線加熱炉を利用してきた経験で注意すべきことを以下にあげる．第一は高温加熱を続けていると反応容器の壁が汚染され（特に金属），赤外線が入射できなくなり，温度制御が困難になること，第二に赤外線放射光が不均一になることがある．この原因は赤外線発生源の消耗によるもので，時折ランプの光が変動していないか観察をすると良い．第三は，赤外線炉に流す冷却水の質が悪いと水の流れが悪くなるので，測定前に出口の冷却水の流れを必ず確認する必要がある．

さて，赤外線炉であっても昇温速度が極端に大きくなると試料温度の均一加熱および温度制御が難しくなり，逆に昇温速度が遅すぎると，加熱の均一性は良いが，周辺への熱負荷によるガス放出が生じバックグラウンド（BG）へ及ぼす影響を考慮する必要性が生ずる．

## 6 BGを低く保つための実験技術

(3) バックグラウンドの評価：重水素などのように計測器の壁あるいは残留気体中に存在しないガスの場合はBGを気にしなくても良いが，一般には試料から脱離する気体中にBGも重なって計測される．試料の脱離速度に及ぼすBGの寄与は，試料からの脱離速度がBGに比べて2桁程度大きければ無視できる．しかし，①試料面積が小さい，②脱離速度が小さい，③昇温速度が遅い，④排気速度が小さい，⑤加熱温度が高いなどの場合は，BGの影響が大きくなる．BGの影響を小さくするためには，測定室の到達圧力を下げ，かつ反応容器壁などからのガス放出を抑制する必要がある．BGはTDS装置の使用条件および履歴に強く依存する．そこで，TDS分析の前に熱電対のみを測定室に挿入した状態で，数回のBGのデータをあらかじめ測定しBGのばらつきを評価しておく必要がある．あるいは，試料のTDSスペクトルの測定前後にBGのデータをとり，BGのデータを考慮して試料のみの脱離スペクトルを得る必要がある．しかし，この操作を行っても先に述べた$H_2O$のBGへの影響を正確には評価できない．図1に示す装置は測定室と試料準備室がゲートバルブによって隔離されており，測定室を大気開放せずに試料を交換出来るように設計されており，極力BGを低く保とうと工夫している．

## 7 昇温脱離法の加熱条件の選択

昇温脱離法では表面に吸着している気体以外に，材料中に溶け込んでいる水素や窒素のような侵入型原子や，欠陥に捕捉されている気体も脱離するのでその量を評価することが可能である．ここで，定量分析上の諸課題をクリア出来たとして，TDS法では「はたして材料中の気体を全部正確に測定したのだろうか？」という疑問が生ずる．これは，TDS法では加熱の上限温度があること，また，昇温速度が遅い場合には再吸着の影響があるからである．全量を知るためには，基本的には，材料を溶かし溶存する気体を出来るだけ抽出する必要があるという結論しか得られない．しかし，そうでないまでも材料中の拡散定数が分かっている場合や，化合物の分解温度などの情報があると，どの温度まで加熱すればよいかを推定できる．しかし，試料表面に拡散障壁が存在している場合[6]や，表面で再

結合しにくい場合[7]などは,内部から拡散する気体の脱離スペクトルが複雑に変化する[8].表面からの脱離あるいはバルクからの拡散脱離の場合,脱離のピーク温度は昇温速度が大きいほど高温側にシフトする[1, 3, 4].従って,昇温速度が速すぎると,設定した加熱上限温度内で脱離のピークが現れるないこともある.目的に応じて,最大加熱温度と昇温速度を決め,極力均一加熱ができるような加熱方法を選択することが望ましい.

本文では昇温脱離法における試料の加熱方法という観点で述べてきたが,脱離気体の定量分析については,拙文「TDSによる水素分析」[3]を参照されたい.また,ガス放出に関しては,堀越らの「真空排気とガス放出」[9]も参考にされたい.

参考文献

1) G.Ehrlich: *J. Appl. Phys.*, **32** (1961) 4.
2) P.Redhead: *Vacuum*, **12** (1962) 203.
3) 広畑優子:真空, **33** (1990) 488
4) 藤田大介,本間禎一:東京大学生産技術研究所報告, 36 (1991) 43.
5) 真空理工㈱カタログ値
6) M.Yamawaki, K.Yamaguchi and S. (1977)Tanaka et al.: *J. Nucl. Mater.*, **162-164** (1989) p.162; V.Bandourko, K.Ohkoshi, K.Yamaguchi and M. Yamawaki: *J. Nucl. Mater*, **241-243** (1997) 1071.
7) W.R.Wampler: *J. Nucl. Mater.*, **145-147** (1987) 313.
8) Y.Hirohata, T.Nakamura Y.Aihara and T.Hino: *J. Nucl. Mater.*, **266-269** (1999) 831
9) 堀越源一,小林正典,堀洋一郎,坂本雄一:真空排気とガス放出,共立出版,(1995).

## 4.3 軽元素の放射化分析のための迅速分離・検出法の開発

高エネルギー加速器研究機構放射線科学センター
桝本和義

### 1 はじめに

放射化分析法は原子炉や加速器で分析試料を照射し,生成した放射性同位元素の種類と生成量を測定することにより試料中に含まれる元素を分析する方法で,多数の元素を高感度に分析できるという特徴がある.とくに,加速器を利用すると,他の分析法では定量の難しい軽元素を高感度に正確に定量できるため,金属や半導体中の軽元素の分析に活用されてきた[1,2].軽元素は極微量存在しても,材料の性質に大きな影響を与えるため,その含有量を正確に測定することは材料の品質管理や品質保証にとって大変重要なこととされている.

ここでは電子ライナックによる炭素の分析の例を紹介する.試料を照射すると,炭素が含まれていると放射性の炭素 ($^{11}C$) が生成する.そこで,この $^{11}C$ の生成量を測定することで炭素を高感度に定量することができるが,$^{11}C$ の半減期は 20.38 分であるため,迅速に化学分離し,その放射能を測定する必要がある.これまで,鉄鋼[3],銅[3-5],ガリウムヒ素[6,7],ガリウム[8],ヒ素[8],スズ[9] およびタングステンシリサイド[10] などに含まれる微量の炭素の定量を行ってきたが,その際には炭素を酸化燃焼法により炭酸ガスとし,アルカリ溶液に捕集後,難溶性の炭酸バリウムとして沈殿させ,その沈殿をろ別,乾燥して,放射能測定する方法を採用してきた.しかし,捕集,沈殿分離,放射能測定と手間がかかり,簡便とは言えなかった.

もし,照射した試料の融解,定量目的元素のガス化,目的元素の選択的捕集と

放射能検出を連続的に行う装置ができれば，操作が非常に簡便で迅速な分析が行えることになる．その際，電気炉で試料を加熱分解するには，温度制御が容易ではないし，千数百度以上に加熱することは難しい場合が多い．また，高周波誘導炉は温度制御，高温加熱に適しているが，小型，軽量ではなく，高価である．そこで，本研究では取扱が容易である赤外線ゴールドイメージ炉を利用することにした．

## 2 実　験

### 2-1 試　料

燃焼試験には，グラファイト，炭化ケイ素，タングステンカーバイトを用いた．また，鉄鋼中の炭素の定量の可能性を検討するため，日本鉄鋼連盟から配付されている日本鉄鋼認証標準物質である JSS-1201 (5 ppm)，1202 (47 ppm)，1203 (107 ppm)，001-4 (2.5 ppm)，200-10 (60 ppm)（チップ状）およびJSS-1003 (190 ppm)，1005 (10 ppm)，1008 (32 ppm)（ディスク状）を用いた．試料は100-200mgを秤量し，厚さ10 mm の高純度アルミニウム箔で二重に包装した．

### 2-2 放射線照射

東北大学大学院理学系研究科附属原子核理学研究施設の300 MeV 電子ライナックで試料を照射した．電子加速エネルギーは 30 MeV，平均電流は 100 mA であった．電子は厚さ 2 mm の白金板に衝撃し，制動放射線に変換させた．試料はアルミニウム箔に包装し，線束モニタ（銅箔）とともに，水冷ターゲットホルダに固定し，20分間照射した．個々の試料に照射された制動放射線の強度は，銅箔中に生成した $^{61}$Cu（半減期3.43時間）の放射能を測定し，補正した．

### 2-3 $^{11}$C の分離

試料の分解，炭酸ガスの抽出，抽出液の放射能測定のため図1のような装置を組み立てた．照射後，試料は石英製のボートに入れ，助燃剤である錫合金（LECOCEL II HP）を加えて，融解することにした．融解にはアルバック理工製ゴールドイメージ炉（RHC-E401P）を用いた．イメージ炉はアルバック理工製プログラマブル温度コントローラ（TPC-1000）で温度制御した．イメージ炉の中に

## 4 分析化学への応用

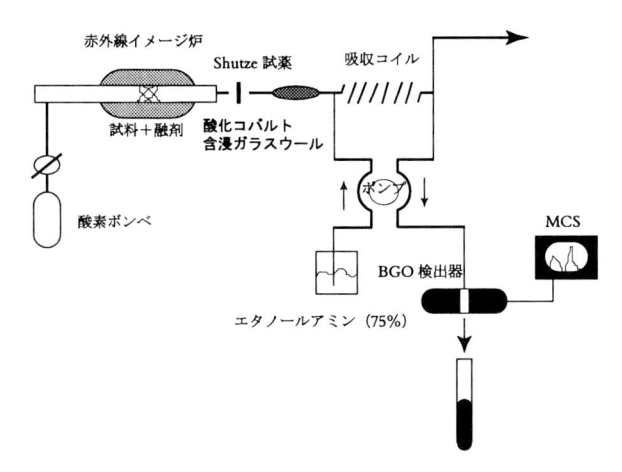

図1 $^{11}$C の分離，検出システム

石英管を通し，石英管の中に石英製ボートを挿入した．石英管の一方より酸素を流速 0.3 l/min で流した．燃焼によって生成した炭酸ガスはガラスコイル内を流れる 75% エタノールアミン水溶液に抽出した．捕集用の抽出コイルの巻数は 20 ターンでコイルの外径は 20 mm とした．コイルは内径 1.6 mm のガラス管を用いて製作した．ガスは酸化を完全にするため $I_2O_5$ 含浸シリカゲル（Shutze 試薬）を通した．エタノールアミン水溶液は送液ポンプで抽出コイル入口に送られ，コイル内の壁面に添って流れながら，炭酸ガスを吸収する．抽出液はポンプによりコイル出口から取り出され，検出器へと送られる．検出器に到達するには約 5 分間を要した．

### 2-4 $^{11}$C の検出と測定

直径 2 インチの BGO シンチレーション検出器を対向させ，その間にコイル状に巻いたフローセルを固定し，エタノールアミン水溶液が流れるようにした．両検出器で検出された 511 keV ガンマ線のみを同時計数回路で処理し，得られた計数はマルチチャンネルスケーラで 1 秒ごとに記録した．

## 3 結果および考察

### 3-1 燃焼条件

　赤外線イメージ炉は電気炉内に挿入された熱電対で温度を測定しながら，炉内温度を制御できる．熱電対の位置が必ずしも試料の温度を反映していないため，試料の溶解の様子を観察しながら，熱電対の位置での温度と試料の温度には比例関係があるものとして，昇温プログラムを作った．5分で800℃，その後2分で1100℃，さらに3分で1250℃とした．1250℃を2分間継続し，常温に戻した．エタノールアミン水溶液の濃度が高くなると，粘性が増すために，ガラスコイルを流れるガスの抵抗が増加する．このため，酸素流量は 0.3 ml/min とした．グラファイト，炭化ケイ素，タングステンカーバイドの燃焼パターンを図2に示した．本実験条件でグラファイトやタングステンカーバイド中の炭素は完全燃焼し，生成した炭酸ガスは抽出コイルによって定量的に捕集できることが分かった．

　しかし，炭化ケイ素は完全に燃焼せず，石英ボート内に $^{11}C$ 放射能が 10-20 %程度残ることが分かった．グラファイトやタングステンカーバイドでは炉内温度

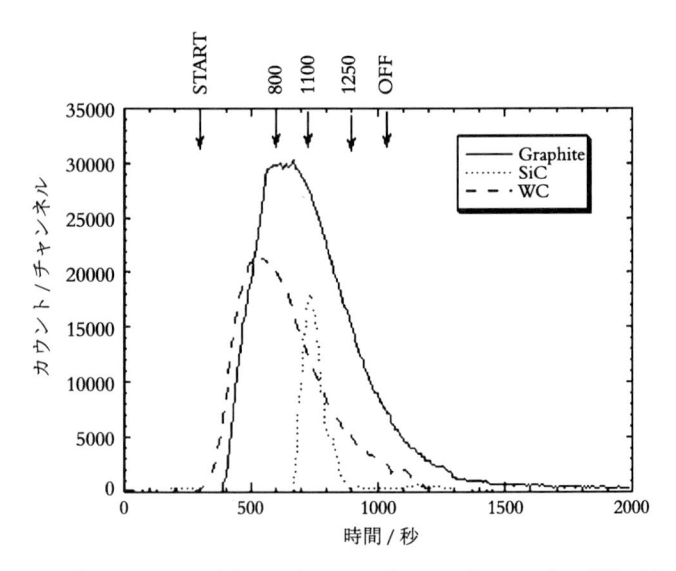

図2　グラファイト，炭化ケイ素，タングステンカーバイドの燃焼パターン

を上昇中に燃焼が完了したが，炭化ケイ素ではかなり炉内温度が上がってから燃焼が始まり，350℃を過ぎた後にも $^{11}$C 放射能の小さなピークが観測された．このように，本法では試料の燃焼状態がリアルタイムに観測でき，試料の燃焼過程の観測手段にもなることを示している．

### 3-2 抽出条件

エタノールアミンの濃度が低い方が粘性が低い分コイル内での動きがスムースであったが，濃度35％までは完全な捕集が行えず，50％以上あれば捕集が完全にできることが分かった．ただし，炭素を主成分とする化合物では50％でも完全回収できない場合があった．このため，エタノールアミン水溶液の濃度は75％とした．

溶液の流量は，ペリスタポンプの回転数によって決まる．本実験では10回転（流量 0.12 ml/min）以上でコイル内を液が効果的に移動することが確かめられ，捕集率も良かった．そこで，検量線の作成の際には，流量を20回転（0.25 ml/min）に設定した．

### 3-3 検 量 線

図3に炭素量の異なる鉄鋼試料を照射後，本装置で分離測定した場合のマル

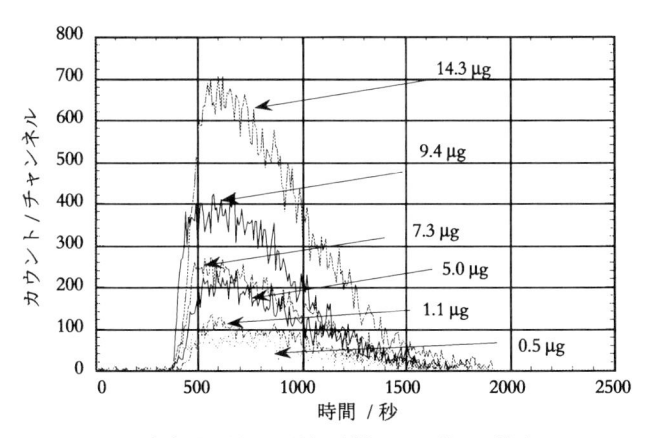

**図3** 炭素量の異なる鉄鋼試料からの $^{11}$C の抽出パターン

チチャンネルアナライザで得られた放射能の経時変化を示したものである．測定は10回転（流量0.12 ml/min），酸素流量0.2 l/minで行った．測定中の$^{11}$C放射能の減衰は補正してある．約6分後から放射能が検出され始め，10分後に最大となり，約30分で検出されなくなることが分かる．このことは，試料の燃焼が200℃以下から始まり，350℃になるころにはほぼ終了していることを示している．

　標準試料の炭素の含有量と計数の積算値（半減期補正済）から検量線を作成することができる．また，抽出液を試験管に捕集し，その放射能を別のGe半導体検出器などで測定することによっても検量線が作成できる．そこで，図4には，BGO検出器で得られた計数の積算値およびGe検出器で測定した511 keV γ線のピーク面積値を炭素量に対してプロットした結果を示した．図4から分かるように，炭素含有量0.5～13 μgの範囲で検量線はいずれも良い直線関係が得られ，μgレベルの炭素が簡便に定量できることを示している．

　連続測定する方法は常に測定のジオメトリが一定であるため，安定した計数を得ることができる．しかし，非常に強い放射能の場合，検出器の数え落としを考慮しなければならない場合も生じる．抽出液を集めてGe検出器などで測定する方法は，測定時間を長くすることで計数が増加するため，感度の向上が望める．また，高濃度の試料では時間を置いて測定するなど，放射能強度に応じた測定が可能になる．

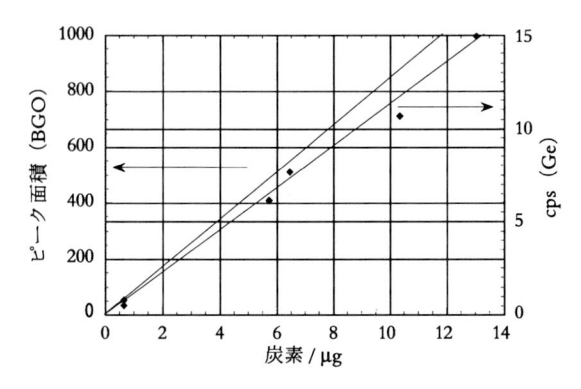

図4　試料中の炭素含有量と抽出クロマトグラムの積算値および抽出液の放射（Ge検出器で測定した511 keV γ線ピーク面積）との関係

## 3-4 定量

　粒状の試料はほぼ完全に溶解し，試料中の炭素は $CO_2$ として回収できることが確かめられた．そこで，板状（$5 \times 5$ mm）に切り出した鉄鋼試料を同様な条件で処理した場合に同様の結果が得られるか確かめることにした．表1は粒状試料で求めた検量線を用いて，板状試料の炭素濃度を定量した結果を示したものである．二回の定量値の平均は認証値と良い一致を示した．また，抽出液を集めて Ge 検出器で定量した値は全体に低めの傾向が見られた．いずれの測定においても精度にはまだ若干問題があるものの，マイクログラム量の炭素の定量するうえで十分の感度があった．

表1　鉄鋼試料の比較料による定量結果（ppm）

| JSS No. | 認証値（ppm） | Ge 検出器 | BGO 検出器 |
|---|---|---|---|
| 1003 | 190 | 174, 172 | 146, 204 |
| 1008 | 10 | 7.2, 8.6 | 8.6, 11.3 |
| 1005 | 32 | 40, 25 | 34. 32 |

## 4　まとめ

　本法ではエタノールアミン溶液を連続的に流すことにより，捕集と洗浄を繰り返しているため非常に簡便であり，従来のように，沈殿生成，ろ過，器具の洗浄，溶液の交換，沈殿の放射能測定に至る手間が省け，迅速な試料の処理が可能になった．また，これまでのように，沈殿剤，洗浄液，ろ紙，トラップやろ過用のガラス器具類も不要で，毎回 100 ml 以上のアルカリ溶液を用いる必要もない．さらに，エタノールアミンの流量は 0.12～0.25 ml/min 程度であるため，8時間連続的に流したとしても 60～120 ml の消費量にしかならない．この連続測定法は試料の燃焼状況をモニターしながら定量できるという特徴がある．本法は，炭素の相対量を求めるのに非常に適しており，数 10 µg の炭素まで検量線の直線性は良かった．一般に，0.5 µg の炭素に対して抽出クロマトグラムの積算値は 500～1000 カウント程度あるため，µg/g 程度の炭素を含む試料の定量に十分活用できる．ただし，フロー法では 100 % の回収率を得ることとともに，試料の分解が安定に再現性良く行われなければならず，融剤の選択や炉の温度についての工

夫が肝要であることは言うまでもない.

このように,本法は赤外線イメージ炉を用いることによって燃焼条件をプログラムできるとともに,燃焼状態を観測しつつ定量が行えるという特徴がある.

**参考文献**

1) C.Segebade, H.-P.Weise, G.J.Lutz: Photon Activation Analysis, Walter de Gruyter, Berlin, (1988).
2) C.Vandecasteele: Activation Analysis with Charged Particles, Ellis Horwood LTD., Chichester, (1988).
3) 吉岡　明,野村紘一,竹谷　実,志村和俊,八木益男,桝本和義:核理研研究報告, **19** (1986) 98-104.
4) A.Yoshioka, K.Nomura, M.Takeya, K.Shimura, K.Masumoto, M.Yagi : *J. Radioanal. Nucl. Chem.*, **122** (1988) 175-182.
5) 吉岡　明,川上　紀,深谷忠廣,野村紘一,桝本和義,八木益男:核理研研究報告, **23** (1990) 37-44.
6) 吉岡　明,野村紘一,川上　紀,志村和俊,桝本和義,八木益男:核理研研究報告, **21** (1988) 42-48.
7) A.Yoshioka, K.Nomura, O.Kawakami, K.Shimura, K.Masumoto, M.Yagi : *J. Radioanal. Nucl. Chem.*, **148** (1991) 201-209.
8) 吉岡　明,川上　紀,深谷忠廣,野村紘一,桝本和義,八木益男:核理研研究報告, **22** (1989) 195-203.
9) 吉岡　明,川上　紀,深谷忠廣,野村紘一,桝本和義,八木益男:核理研研究報告, **23** (1990) 29-36.
10) 桜井宏行,佐山恭正,桝本和義,大槻　勤:核理研研究報告, **27** (1994) 162-168.
11) 鹿野弘二,加藤正明,大槻　勤,桝本和義:核理研研究報告, **30** (1997) 69-79.

# 5 結晶作製・溶融金属の研究への応用

## 5.1 赤外線イメージ炉を用いた シリコン単結晶の成長

慶應義塾大学理工学部物理情報工学科
伊藤公平

通常のSi結晶中には$^{28}$Si, $^{29}$Si, $^{30}$Siの三種類の質量および核スピン数が異なる安定同位体が存在し，その組成比は92.2％（$^{28}$Si），4.7％（$^{29}$Si），3.1％（$^{30}$Si）である．この組成を変化させたSi結晶を作製することで様々な物性の改質・制御が実現する．最近では同位体組成や分布を原子レベルで制御する方向性も確立され，今後の半導体素子の発展に「半導体同位体工学」が大きく寄与することが期待される．本稿ではアルバック理工製赤外線イメージ炉を利用したシリコン同位体単結晶の成長を紹介する．

### 1 Si素子における熱問題

高電圧化が進むパワーデバイス，高集積化が進むLSIデバイスなどのシリコン（Si）半導体素子では，材料内部に発生する熱を効率的に放出する方法の開発が急務となっている．汎用CPUにおいても演算速度を制限している要因の一つが発熱であることが知られている．LSI素子の省電力化に関する研究も盛んだが，チップサイズのさらなる小型化を考慮すると，単位面積（体積）あたりの消費電力は上がり続けるであろう．結果として，熱の問題は常につきまとう．従来のサーマルマネージメント技術は放熱板や空冷ファンを用いた放熱効率の向上に重点がおかれたが，電子回路が作製されるシリコン基板自体の熱伝導度を向上させるというアイデアはほとんど検討されてこなかった．しかし，数ミリ厚のSiウエハを用いるパワーデバイスや，高集積化が進むシリコンLSI回路では，Si基板その

ものの熱伝導度を向上させることが望ましい.それを可能にするのが筆者らが提唱する半導体同位体工学[1] である.

通常の Si 結晶中には $^{28}$Si, $^{29}$Si, $^{30}$Si の三種類の安定同位体が存在し，その組成比は 92.2 %（$^{28}$Si），4.7 %（$^{29}$Si），3.1 %（$^{30}$Si）である．異なる同位体が同一結晶内に存在するということは，結晶を構成する格子点質量にばらつきがあることを意味する．従来，このような「質量欠陥」の制御を提案した例は極めて少ない．これまで筆者らは半導体中の同位体組成が物性値に与える様々な影響（同位体効果）について調べ[1]，その過程において半導体材料中の同位体純度を高めることが熱伝導度の大幅な向上につながることを示した[2]．同位体純度を高めた Si 単結晶を成長することで熱伝導度が大幅に向上した Si 基板が実現する[3,4]．また，最近ではシリコン中の $^{29}$Si 核スピンを用いて量子コンピュータを開発する提案もある[5]．

## 2 Si 同位体単結晶の成長

$^{28}$Si 単結晶の成長は現在の半導体産業の常識では考えられない困難が存在する．それは，原料が希少で，入手できる結晶の大きさがせいぜい 10 グラム以下という点である．

まず，$^{28}$Si 同位体の分離であるが，これはロシアの大型同位体遠心分離施設を利用した．分離された材料は粉末状で，同位体純度は 99.99 % と高い反面，アルミニウムやボロン等の他の不純物が大量に混入している．これらを取り除く目的で製作したのがアルバック理工製赤外線イメージ炉を中心にすえた小型 Si 用浮遊帯溶融精製・単結晶成長装置である．分離された同位体は 1 グラムあたり数十万円と非常に高価なため，産業界のシリコンインゴットの大型化に逆行して，いかに小さく高品質のシリコンを作れるかが重要となる．粉末から単結晶化までの一連のプロセスは大きく分けて以下の三工程に分かれる．

a) 粉末の静水圧プレス
b) 焼　　　結
c) 焼結試料の融解と結晶成長

以降，実験方法を説明し，実験結果を示す．

## 2-1　静水圧プレス

　静水圧プレス法は，粉末試料の成形法として試料全体が均一に加圧される点が特徴である．一軸加圧と異なり一回の操作で，強固にプレスを行うことができる．用いた装置は，日機装製冷間等方圧プレス装置（CL-55-40）で，ゴムチューブは『ペンローズドレーン』（外径 5 mm）という医療用のものを用いた．試料をゴムチューブに詰めた様子を図1に示す．

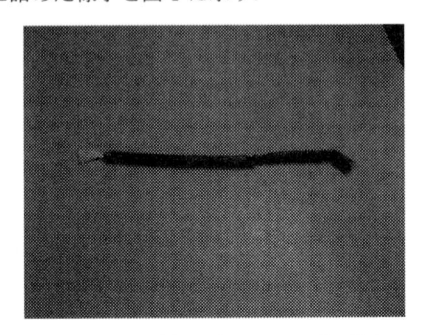

図1　粉末試料をゴムチューブに詰める

## 2-2　焼　　結

　静水圧プレスで固めた試料は，もろく試料ホルダに取り付けることが不可能なので焼結する必要がある．

　本研究では，焼結を行うためにアルバック理工製赤外線イメージ加熱炉を用いた（図2）1200 ℃，4時間の焼結で棒状のシリコン焼結体が完成した．

図2　赤外線イメージ加熱炉とその装置系の概観

## 2-3 試料の融解と結晶成長

　この焼結体試料を溶解，単結晶成長させるために用いた，アルバック理工製の結晶成長装置の全体図を図3に，原理図を図4に示した．

**図3** 赤外線イメージ加熱による浮遊帯溶融法単結晶成長装置（アルバック理工製）

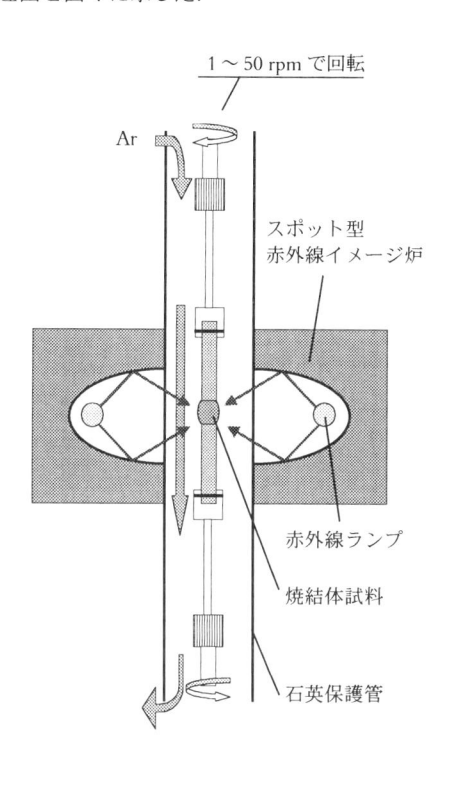

**図4** 浮遊帯溶融法単結晶成長装置の原理図

結晶成長部：　結晶成長部は，単結晶が成長する中心部分であり，浮遊帯溶融法（FZ法）が用いられる．焼結体試料は石英ガラス製のサンプルホルダに図5のように装着される．このホルダは上下個別に100 mmまで移動し，さらに1～50 rpmの間で回転させることが可能である．試料の加熱は中心部にある加熱炉により行われる．この加熱炉は，左右1基ずつ装着されている点光源のハロゲンラ

ンプからの光を回転楕円反射鏡で試料部に集光し，試料加熱する仕組みになっている．ハロゲンランプは1基あたり定格 AC100V-1kW であり，2基 1500 ℃までの加熱が可能である．試料部と外気との間には石英製の保護管があり，上下アルミニウム合金製フランジは O リングを介して外気を遮断し，保護管中は雰囲気ガスが流れ，試料の酸化や不純物混入を防止している．

雰囲気ガス供給部：結晶成長部の保護管内には雰囲気ガスを流すが，今回の実験ではアルゴンを用いた．アルゴンは市販の高純度アルゴンガスを用いた．結晶成長装置本体と各種ガスボンベとの間はステンレス管とスウェージロックを用いて接続を行った．その際，結晶への不純物混入を防ぐ意味で，配管前のステンレス管内に付着した不純物を5％フッ酸で洗い流した．雰囲気ガスは不純物が混入する一番の原因であるため，この扱いには最大限の注意を払った．

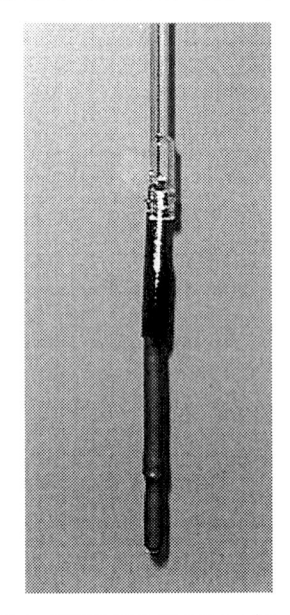

**図5** 焼結体試料棒をサンプルホルダに取り付ける

温度引き上げ制御部：温度制御はプログラム温度調節計を用いた．制御は自動・手動の切り替えが可能で自動調節の方式は PID である．制御熱電対は保護管の外側に装着され，この値が調節計のディスプレイ中に表示され制御が行われるため，表示温度は試料の真の温度ではない．実際に試料が解け始める温度と熱電対温度との差を校正し設定する必要がある．

　引き上げ制御用シーケンサは，試料ホルダの上下方向の移動速度と回転速度の制御が上部，下部独立して行うことができ，さらに回転方向を，時計回り（CW），反時計回り（CCW）に切り替えが可能である．

　この結晶成長装置を用いて実験を行った結果，種結晶を用いない場合は，結晶の成長速度はできるだけ速くすることが，単結晶完成に重要であることがわかっ

た．成長速度 50mm/h という値は，本装置における最大速度である．
以上の過程を経て，最終的に成長させた $^{28}$Si 単結晶を図6に示した[6]．SIMS 測定により同位体純度は $^{28}$Si : 99.92 ％ と世界最高同位体純度であることがわかった．この単結晶は現在様々な物性実験に利用されている．

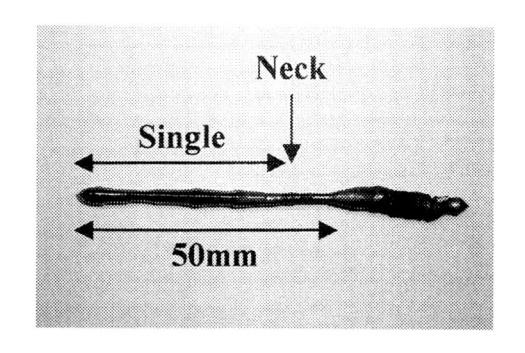

図6　本研究で初めて作製された高純度同位体 $^{28}$Si バルク単結晶

## 3　まとめ

アルバック理工が製作した小型シリコン結晶成長装置を用いて，世界にさきがけ高純度 $^{28}$Si 単結晶の成長に成功した．研究ニーズに応じて柔軟にイメージ炉を利用することは非常に有効である．本研究では焼結と結晶成長の 2 ヵ所でイメージ炉を利用したが，応用範囲はさらに広がるものと期待している．

参考文献
1) 伊藤公平：固体物理，**33**（1998）965．
2) M.Asen-Palmer 他: *Phys. Rev.*, **B 56** (1997) 9431.
3) T.Ruf 他: Solid State Commun., **115** (2000) 243.
4) 伊藤公平，田久賢一郎：応用物理，**70**（2001）1187．
5) K.M.Itoh and E.E.Haller: *Physica E*, **10** (2001) 463.
6) K.Takyu, K.M.Itoh, K.Oka, N.Saito and V.I.Ozhogin: *Jpn. J. Appl. Phys.*, **38** (1999) L1493.

# 5.2 赤外線イメージ炉を使った Bi2212 単結晶作成の試み

横浜国立大学工学部物質工学科（現古河電工）
横浜国立大学大学院工学研究院（物理工学）*
佐野将樹，一柳優子*， 君嶋義英*

## 1 はじめに

1908年，ヘリウムの液化に成功したカマリング・オネスは，次ぐ1911年，水銀の電気抵抗が4.2 Kで消失するのを発見した[1]．これが超伝導である．1986年にBednorzとMüllerによりLa系高温超伝導体（$T_c$=30 K）[2]が発見された．これはペロブスカイト型同酸化物を基本としたもので，以後，臨界温度の上昇はBCS理論の予測をはるかに上回り，Y系（$T_c \sim$ 90 K），Bi系（$T_c$から80 K, 110 K）[3]など，その臨界温度が液体窒素温度（$T$=77K）を超えるものが次々と発見され，現在，最高でHg系の$T_c \sim$ 134 Kにまで上がっている．

この臨界温度の例からもわかるように，これらの酸化物高温超伝導体は，それまでのBCS型超伝導体とは異なり，BCS理論では完全に説明することことができない．高温超伝導でも超伝導を形成するキャリアが対を作るということは確認されているが，その対を作る引力の起源は電子－格子相互作用とは別のものを考える必要があると言われている．そしてその引力がフォノン，または電荷のゆらぎによるものならば，その超伝導エネルギーギャップ⊿は等方的な s 波的対称性を持ち，その引力が電子間の直接的な相互作用，または反強磁性的スピンのゆらぎによるものならば，その超伝導エネルギーギャップ⊿は節を持つ異方的な d 波的対称性を持つことが指摘されている．つまり，超伝導エネルギーギャップ⊿の対称性について探ることは，高温超伝導体の発現のメカニズムを解明するための一つのアプローチであると考えられる．

臨界温度が高いということのほかにも，これら高温超伝導体は従来の超伝導体と異なったいくつかの特徴を持っている．その一つが従来の超伝導体とかなり異なったふるまいをする，混合状態の存在である．臨界磁場 $H_c$ 以上ですぐに超伝導状態が壊れてしまう，第一種超伝導体（図1(a)）に対し，下部臨界磁場 $H_{c1}$ 以上で部分的な磁束の侵入を許すが，上部臨界磁場 $H_{c2}$ までゼロ抵抗を保つ第二種超伝導体（図1(b)），すなわち混合状態についての理解を深めることは高温超伝導体のメカニズムの解明に寄与するだけでなく，その応用においても非常に重要である．

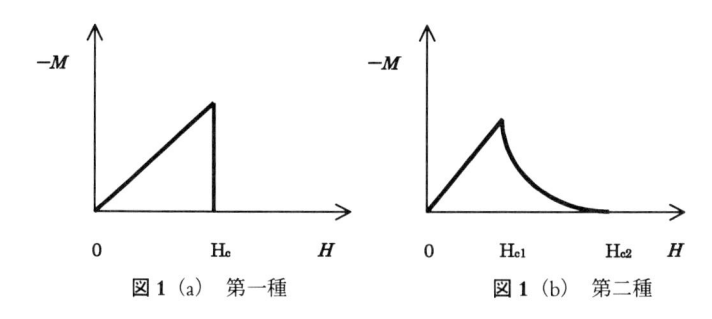

図1(a) 第一種

図1(b) 第二種

## 2 赤外線イメージ炉による利点

高温超伝導体の混合状態は，興味深い様々な特徴を持つ．当研究室ではこれまでセルフフラックス法を用いて作成した Bi2212（$Bi_2Sr_2CaCu_2O_y$）単結晶について，slab 形状の超伝導体に対して外部磁場が作る臨界状態に着目し，磁化曲線および交流磁化率の測定を行い，臨界状態モデルを用いてその解析を行ってきた．単結晶についてのデータは焼結体の場合に比べ，理論とのより正確な比較が可能となるが，従来のセルフフラックス法を用いて作成されてきた単結晶は，小型なため，測定精度が低下してしまう．よってこの問題を解決するために，赤外線イメージ炉（真空理工 MR39HD 特型単結晶赤外線加熱装置）を用いてさらに大型かつ良質の Bi2212 単結晶の作成を試みることにした．

## 3 試料作成

試薬は，$Bi_2O_3$, $SrCO_3$, $CaCO_3$, $CuO$ を用い，配合比がそれぞれ 2：2：1：2 に

なるように秤量し，ボールミルで約50時間混合した後，プレスしてペレット状とした．次に図2(a)の昇温プログラムで仮焼きをし，再び粉砕，再プレスし，二度目の仮焼きを行った．その後，粉砕した仮焼粉末試料を詰めたゴム風船を，内径7 mm，長さ60 mmのガラス管の中にゴム風船を通し，その中に粉末試料を詰め，水圧プレス器で約30分加圧して，棒状の試料を得た．これを図2(b)の昇温プログラムで本焼きをし，棒状のBi2212焼結体を作成した．焼結体の作成には，管状型シリコニット電気炉（シリコニット高熱工業 TSH-1060G）を用いた．

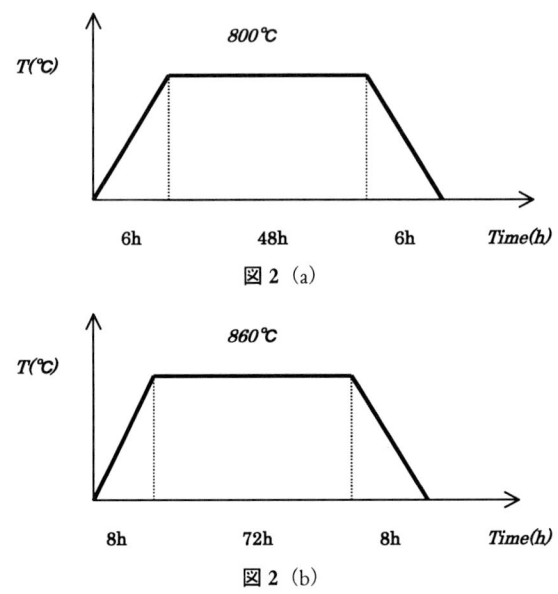

図2(a)

図2(b)

## 4 赤外線イメージ炉による単結晶の作成

得られた棒状焼結体を赤外線イメージ炉内にセットし，図3のように徐々に炉本体を上昇させることにより，Bi2212単結晶の作成を試みた．アルゴン雰囲気中で，上部焼結体を15 rpmで回転させながら，徐々に出力を上げていき，約1時間かけて焼結体が融解する温度に到達した．試料部分に融帯が形成されたら，1 mm/hの速度で炉本体を上昇させた．融帯は，上部焼結体に対し，相対的に上方へ移動し，融帯の下端から結晶が析出した．

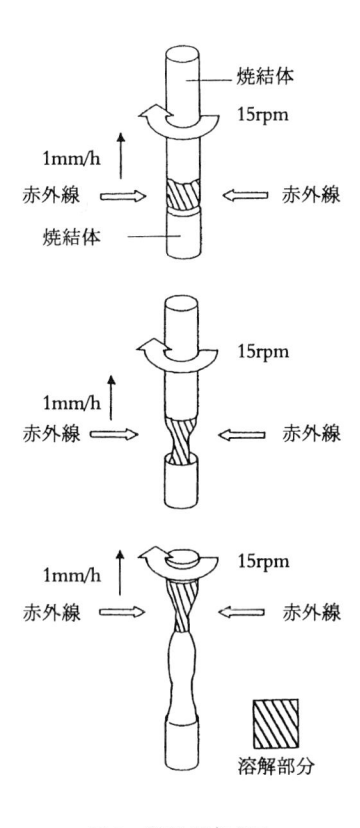

5 結晶作製・溶融金属の研究への応用

(図: 単結晶育成の3段階。焼結体、15rpm、1mm/h、赤外線、溶解部分のラベル)

**図3** 単結晶育成図

## 5 測定結果

得られた単結晶について，X線ディフラクトメータおよびラウエ写真によりBi2212系単結晶相が含まれていることを確認した．四端子法による電気抵抗率の温度依存性を図4に示す．超伝導転移温度は$T_{c\,mid}=86.0$ KとBi2212単結晶とほぼ一致する値が得られた．図中に七種類の電流密度$J$を示したが，電流密度依存性は見られなかった．次に振動試料型磁力計（VSM）およびSQUID磁力計を用いて磁化測定を行った．印加磁場は±1000 Oeまで，温度範囲は20 Kから300 Kまでである．VSMで磁化の磁場依存性と磁化の温度依存性を測定した

結果を図 5, 図 6 にそれぞれ示す. 図から明らかなように, M-H 曲線では焼結体によく見られるようなヒステリシスが現れていない. このことから, 得られた試料はinter grain 部分の少ない単結晶 like なものであることが期待できる. また $\chi - T$ 曲線からは, セルフフラックス法で得られた試料より, 10 K 程度, 転移温度が高くなることも判明した.

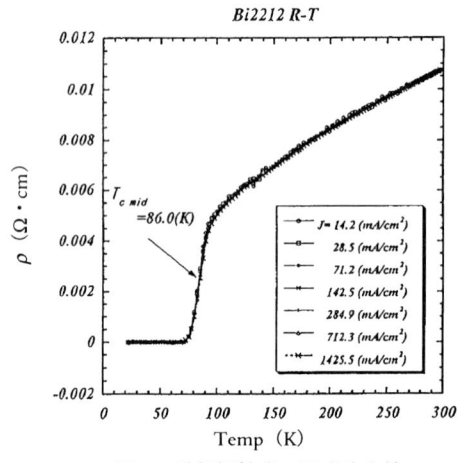

**図 4** 電気抵抗率の温度依存性

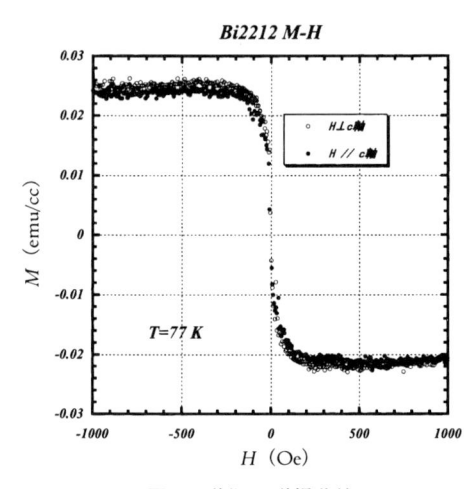

**図 5** 磁化 – 磁場曲線

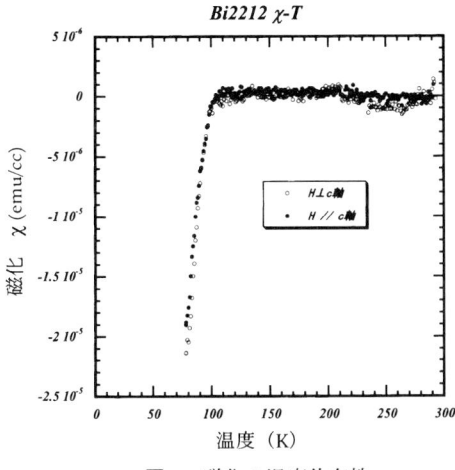

図6 磁化の温度依存性

## 6 おわりに

赤外線イメージ炉を用いて作成した試料は，単結晶である可能性が確認できた．しかし，得られた試料は，従来と同程度の小型なものであり，イメージ炉の作成条件のコントロールには困難な点が多い．また，転移温度を考慮すると，Bi2223相が生成している可能性もあり，今後，より詳細な物質評価が必要であろう．

参考文献
1) H.Kamerlingh Onnes: Commun. Phys. Lab. Univ., Leiden, (1911) 21-25.
2) J.G.Bednorz and K.A.Müller: Z. Phys., **B64** (1986) 189.
3) C.W.Chu, et al.: Phys. Rev. Lett., **58** (1987) 908.
4) A.C.Rose-Innes, E.H.Rhoderick: 超電導入門 (1978).
5) 長岡洋介: 低温・超伝導・高温超伝導, 丸善 (1995).
6) 佐野将樹: 横浜国立大学, 平成10年度卒業論文 (1999).

## 5.3 過冷却融体からの非線型光学素子結晶の生成

物質・材料研究機構材料研究所
木村秀夫, 宮崎昭光

## 1 はじめに

　酸化物結晶の分野では，現在でも新しい結晶の発見が続いている．しかし，新しく発見される結晶の多くは非平衡・準安定状態で存在するため，融液からそれらの結晶を育成するためには大きな過冷却状態が必要となる．融液を冷却させる過程で大きな過冷却状態を実現するには，界面から結晶が生成するという不均一核生成を抑制しなければならないが，それには坩堝を使わないことが不可欠である．たとえば，結晶育成法の一つである引き上げ法において使われる円形坩堝の場合には，円形坩堝内の融液は坩堝との界面から結晶化してしまい，大きな過冷却状態は得られない．このため，従来は融液そのものを浮遊させることで不均一核生成を抑制し，大きな過冷却状態を実現しようという試みがなされてきた．古くは電磁浮遊，近年では静電浮遊も含めた種々の浮遊技術に関する研究が盛んに行われている[1]．しかし，確かに浮遊法は非接触という点では優れた方法であるが，現状では単発の方法（少量の融液をバッチ処理する方法）でしかなく，実際に使える大きさの結晶を連続して育成することは困難なため，新たな方法が要求されてきた．ここで大切なことは，融液と坩堝との界面で結晶化（結晶生成）が起こらないことである．そこで我々は，古くから坩堝を使わない結晶育成法として知られている浮遊帯溶融法に着目した．すなわち，長い溶融ゾーンを形成し，その中央部の温度を下げれば,そこで結晶を生成させることができるというわけである．通常の浮遊帯溶融法では融液と種結晶との界面から結晶が生成するた

め，我々の方法は特異である．ここでは，我々が行ってきた過冷却融液からの酸化物結晶生成研究について紹介する．

## 2 実験装置

浮遊帯溶融法に使われる通常のハロゲンランプ加熱装置は，光を集光する反射鏡が単楕円型あるいは双楕円型のものが大部分である．しかし，溶融ゾーンからの結晶生成を考えた場合には長い溶融ゾーンの上下2ヵ所を別々に加熱することが望ましく，リング状ハロゲンランプ加熱装置が必要となる．これは，断面が楕円形であるドーナツ型の反射鏡を持ち，反射鏡の二つある焦点の一つに，図1に示すようなリング状ハロゲンランプを配置するものである．実験試料は，ドーナツ型反射鏡の中央（リング中央）にあるもう一つの焦点に置く．図2には過冷却結晶生成実験の簡単な概念を示すが，リング状ハロゲンランプは，水平方向で上下2ヵ所に配置することになる．真空理工（現 アルバック理工）では，リング状ハロゲンランプを使用した顕微鏡加熱装置を市販していたので，これを部分的に流用し，過冷却結晶生成実験装置を構成した．ただし，特殊形状のランプなため，通常のハロゲンランプと比較するとコストが高いという欠点がある．

長い溶融ゾーンを形成する場合，通常の焼結体を原料棒として使用したのでは，溶融ゾーンの安定性に問題があった．このため，両端には溶融原料を充填したPtチューブを使用している．この結果，溶融ゾーン両端の形状を一定に保つことが

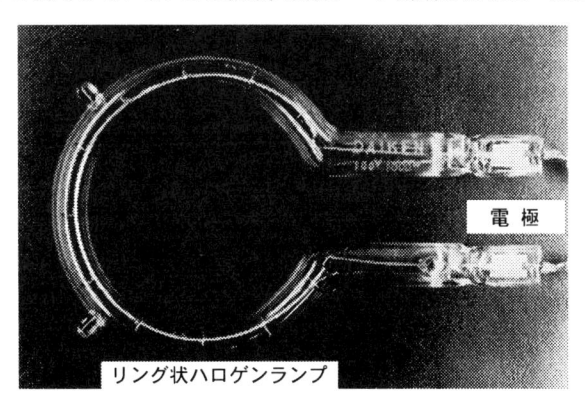

図1 リング状ハロゲンランプ．ランプ直径：50 mm.

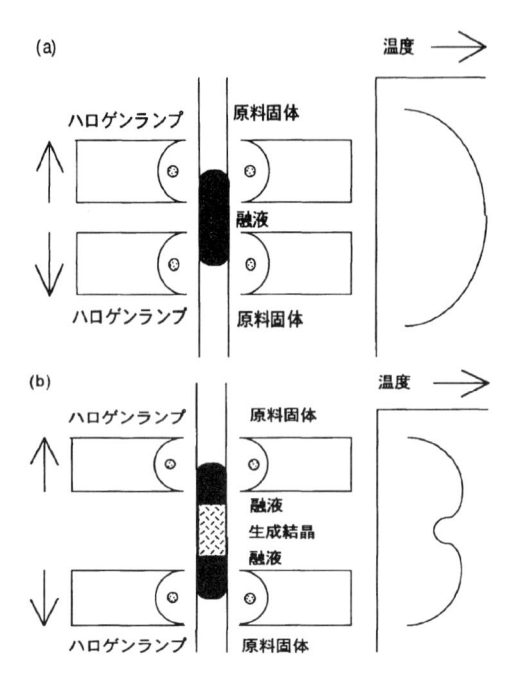

図2 過冷却結晶生成実験の簡単な概念. (a) 融解過程. (b) 結晶生成過程. 上下のリング状ハロゲンランプを離すことで, 溶融ゾーン中央部の温度を低下させている.

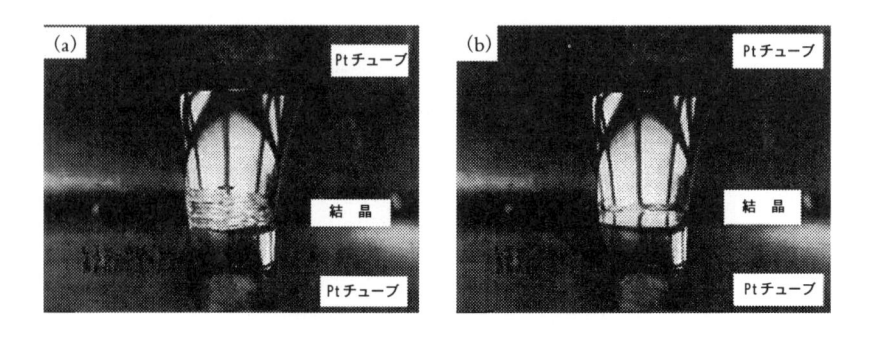

図3 Ba$(B_{0.9}Al_{0.1})_2O_4$結晶の融解過程. (b) は (a) の3分後. Ptチューブ直径:4 mm (左), 2 mm (右).

でき，安定に溶融ゾーンを形成保持することができるようになった．ただし，Pt チューブだけでは毛管現象により融液が移動するので，Pt ロッドを融液ストッパーとしてつけてある．図3には，Ba($B_{0.9}Al_{0.1}$)$_2O_4$結晶の融解過程を示す．融解は上下の Pt チューブ側から始まり，溶融ゾーン中央部で終了していることから，我々の考え方が妥当であることがわかる．

## 3 過冷却状態にある溶融ゾーンからの結晶生成 [2-3)]

長い溶融ゾーンを安定に形成保持するには微小重力環境の利用が望ましく，リング状ハロゲンランプ加熱装置は，本来は航空機のパラボリック飛行を利用した微小重力実験用に考えた装置であった．しかし実際には，航空機（三菱 MU-300）の電力使用の制限から，従来型の双楕円型ハロゲンランプ加熱装置を航空機に搭載して実験を行っている．双楕円型の加熱装置でも，Pt チューブを使用していることからハロゲンランプの光は融液よりも Pt チューブに吸収され，溶融ゾーン中央部の温度を低くすることができる．図4,5には，地上重力環境と航空機微小重力環境における Ba($B_{0.9}Al_{0.1}$)$_2O_4$ 結晶の結晶生成過程を示す．地上重力環境では，溶融ゾーンの下側で結晶が生成し，ランダムな方向へとデンドライト状に成長した．一方で航空機微小重力環境では，最初は溶融ゾーンの中央部で結晶が生成し，半径方向へとコラム状に成長した後，上下の軸方向へと成長した．このように，溶融ゾーンからの結晶生成は地上重力環境でも十分可能であるが，微小重

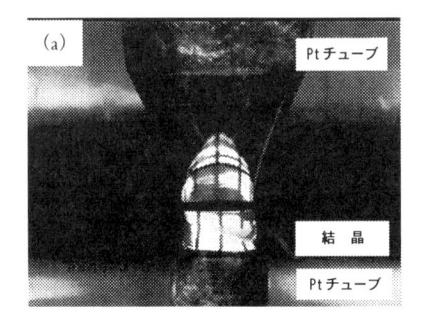

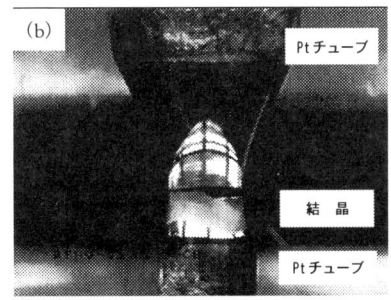

**図4** 地上重力環境での Ba($B_{0.9}Al_{0.1}$)$_2O_4$ の結晶生成過程．(b) は (a) の3秒後．Pt チューブ直径：4 mm（左），2 mm（右）．

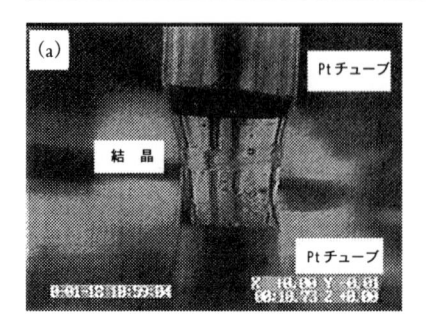

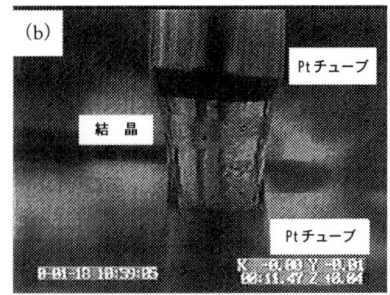

**図5** 航空機微小重力環境での $Ba(B_{0.9}Al_{0.1})_2O_4$ の結晶生成過程．(b) は (a) の1秒後．Pt チューブ直径：3 mm（左），2 mm（右）．

力環境では，(1) 溶融ゾーン形状を上下対称にできること，(2) 上下の温度分布を対称にできること，が最大の長所である．いずれの場合も，融点 1050 ℃ の $Ba(B_{0.9}Al_{0.1})_2O_4$ 結晶の場合，250 ℃（〜0.8 $T_{mp}$，$T_{mp}$：融点）という大きな過冷却状態が達成でき，固相転移がある $Ba(B_{0.9}Al_{0.1})_2O_4$ 結晶の低温相が生成している．

一度生成した結晶は比較的安定であることが多く，以上のようにして生成した結晶を種結晶として使うことにより，連続した結晶育成ができるものと期待される．

## 4 ミリメータサイズ結晶の育成[4)]

リング状ハロゲンランプの採用により，結晶育成においても半径方向の均熱性を向上させることができるとともに上下軸方向の温度勾配を急峻にすることができ，直径がミリメータからマイクロメータサイズの結晶の育成が可能となる．このような細径結晶は，デバイス応用を考えると成形加工工程をいくつか省略することができるという長所がある．

装置としてはリング状ハロゲンランプ加熱装置を用いるが，結晶育成の場合には過冷却結晶生成実験とは異なり，上側にのみ原料を充填した Pt チューブを使用し，下側には種結晶の代わりとなる Pt 線を配置している．上側の Pt チューブにおいて溶融ドロップを形成し，Pt 線をこれに接触させた後で引き下げることにより結晶育成を行う．Pt チューブ内での融液の流動性を良くするため，Pt ロッ

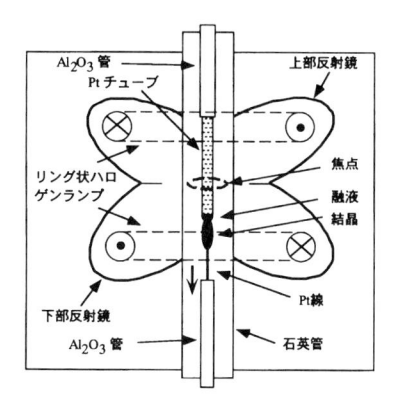

5 結晶作製・溶融金属の研究への応用

**図6** ミリメータサイズ結晶育成の概念

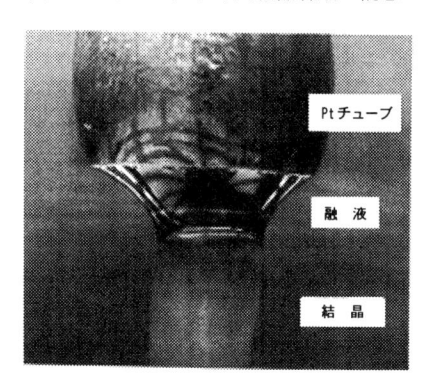

**図7** 育成中の $Ba(B_{0.9}Al_{0.1})_2O_4$ 結晶. Pt チューブ直径：4 mm.

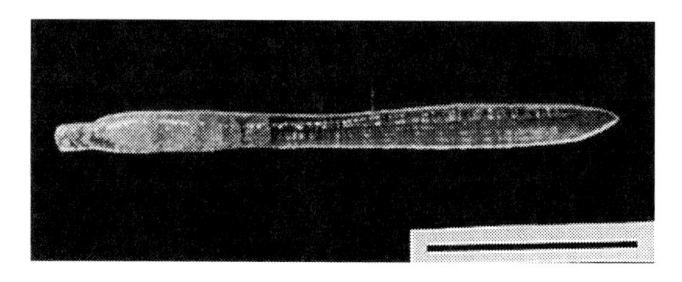

**図8** 育成された $Ba(B_{0.9}Al_{0.1})_2O_4$ 結晶. スケール：5 mm.

ド融液ストッパーは使わない．図6には，結晶育成の概念を示す．Ptチューブに光が集光するために融液内半径方向の均熱性が良くなるが，これは結晶育成には好都合である．図7には，育成中の$Ba(B_{0.9}Al_{0.1})_2O_4$結晶を示す．ミリメータからマイクロメータサイズの結晶が育成可能である．図8には育成された$Ba(B_{0.9}Al_{0.1})_2O_4$結晶を示すが，低温相結晶が育成されている．低温相$Ba(B_{0.9}Al_{0.1})_2O_4$結晶は，波長変換用の非線形光学結晶である低温相$BaB_2O_4$結晶の改良のためにBの一部をAlで置換した結晶で，通常の引き上げ法や浮遊帯溶融法では育成が困難な結晶である．すなわち，センチメータ以上のバルク結晶では組成的過冷却のために白濁してしまう傾向にあり，本方法でミリメータからマイクロメータサイズの結晶とすることで，初めて透明結晶を容易に育成することができるようになった．これは，結晶径が小さくなると結晶育成時の固液界面の温度勾配が大きくなり，組成的過冷却を抑制できるためである．また，結晶の育成速度も速くできるという長所があり，本方法は固溶体結晶の育成に威力を発揮している．

## 5 おわりに

「新しい研究を始めるには独自の新しい装置が必要である」これは，木村が大学4年で研究室に配属になった時の，教授（故 平野賢一：当時東北大学工学部金属材料工学科）の言葉である．真空理工（現 アルバック理工）には全く新しいアイディアの装置の製作を依頼した．ここではこの装置による研究について紹介した．

参考文献
1) たとえば，"特集：「浮かせる」"，日本マイクログラビティ応用学会誌，**13** [1]（1996）．
2) X.Jia, A.Miyazaki and H.Kimura: *J. Cryst. Growth*, **218** (2000) 459-462.
3) 宮崎昭光，木村秀夫，賈暁鵬：第44回宇宙科学技術連合講演会講演集（下巻），(2000，福岡) 1628-1633.
4) H.Kimura, X.Jia, K.Shoji, R.Sakai and T.Katsumata : *J.Cryst. Growth*, **212** (2000) 364-367.

## 5.4 鋳型材料と鉄合金の濡れ
―焼付き現象の解明―

早稲田大学理工学部
中江秀雄

## 1 はじめに

　鋳物と濡れの関係はどこにあるのであろうか，と不思議に思われる方も少なくはないであろう．実はこれらには極めて密接な関係が存在する．これまでに鋳型として最も多用されてきた砂型は，その空隙から空気は流出し，溶融金属（以下は溶湯と記述する）が流出させずに凝固することで鋳物ができている．この現象は溶融金属と砂が濡れないために生じている，一種の布地の防水加工と同じ現象である[1,2]．

　これらの関係は布地の防水加工の前後での水滴の挙動を思い出していただけれ

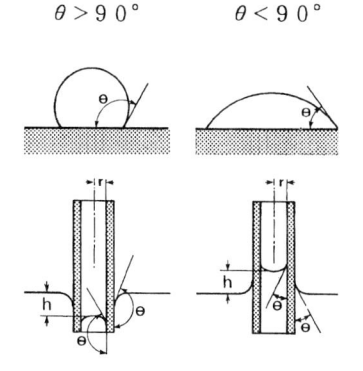

図1　接触角（濡れ）による液体の挙動

ば理解していただけるであろう．そこで濡れ（接触角）と濡れの形態を整理して図1に示す．ここで，濡れが良いと（接触角が90°以下では）毛細管内を液体が上昇し，濡れないと液体が下降することがわかる．この下降が砂型の透き間を溶湯が流出し得ない原因である．このように鋳物と濡れは極めて密接な関係があるにもかかわらず，濡れの概念が鋳造に積極的に活用された歴史は，鋳物五千年の歴史の中で極めて新しく，僅かに50年程度に過ぎない．濡れを知らなくとも鋳物はできているが，その根本原理を知らずしては正確に鋳造技術を語ることはできないであろう．

　砂型と溶湯間での化学反応により濡れが良くなる（？）ことで，毛細管現象により溶湯が砂型の透き間に浸透すると，これは鋳物に取っては大きな欠陥であり，これを焼付きと称している[3]．大きな鋳物では，溶湯の静圧により物理的に溶湯が浸透する物理的な焼付きに対して，筆者らはこれを化学的焼付きと称している[3,4]．焼付きの防止に関しては，これまでは主として砂の種類と添加剤・塗型から論じられてきた．これに対して筆者らは，溶湯の酸化で生成する酸化物が砂との反応で形成するスラグの融点が問題であることを明らかにしてきた[5]．本稿ではこの化学的焼付きを中心に，赤外線加熱炉の使用事例を紹介する．

## 2　実験方法

　通常の電気炉では，酸素を導入するとヒータが燃焼するため，酸素の導入が難しい．この実験に赤外線加熱炉を用いた最大の理由は，高温が容易に得られることと，測定雰囲気中に酸素が導入できる点にある．

　砂型のモデルとして，シリカガラス板とシリカ粒子の充填したもの（図2）を用いた．これらのモデル材の上で図3のように鉄合金（純鉄，Fe-4％C合金とFe-3.3％C-1.9％Si合金）を溶解し，一定の温度で溶湯を保持している時に酸素ガスを導入し，接触角の変化をガラス窓よりビデオカメラにて連続的に撮影した．ここでは1600℃の温度での結果を紹介する．1600℃のアルゴン雰囲気中（流量135 ml/min）で0.2 gの鉄合金を溶解・保持し，1600℃に到達して150 s後から酸素を10％（15 ml/min）導入して，接触角の変化を測定した．

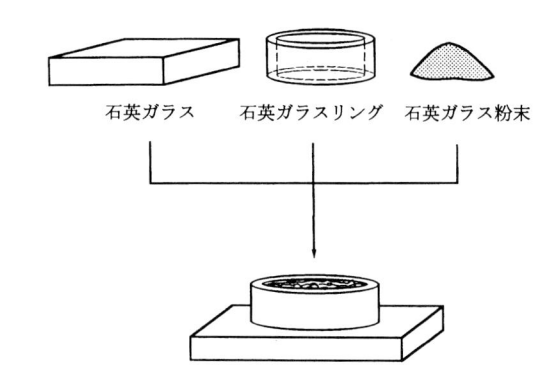

図2　シリカ粒子を用いた砂型モデル材の作成法

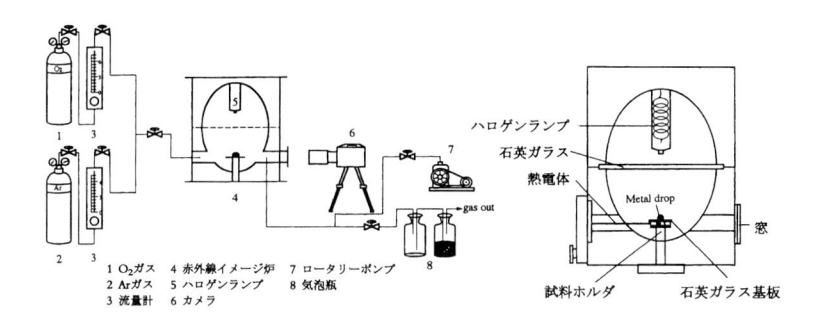

図3　赤外線加熱炉を用いた濡れの測定方法

## 3　実験結果

ここでは，シリカ粒子を充填した砂型のモデル材の上での溶融純鉄の挙動（図4）から先ず紹介する．砂型モデル材の上に見えているのが溶融純鉄であり，酸素の導入により次第に溶融純鉄が砂型の中に浸入する（液滴が見えなくなる）様子が見て取れよう．これが化学的焼付きのその場観察の結果である．ここで液滴上のリング模様は光源のハロゲンランプが写っている様子である．ここには示していないが，酸素の導入前では溶融鉄の砂型への浸入は全く生じていない．

酸素導入によるシリカガラス板の上での純鉄液滴の形状変化を図5に示す．こ

れより，酸素の導入により鉄液滴の下部に矢印で示した別の物体が生成し，この物体とシリカガラス板との接触角は90°以下であることがわかる．この物体は鉄が酸化してできた酸化鉄にシリカが溶解してできたスラグであることが判明している．このように，酸素の導入により接触角が90°以下になり（濡れが良くなり），その結果として毛細管上昇が起こり，純鉄の溶湯は砂型の透き間に浸透したことがわかる（図4参照）．

各種溶湯のシリカガラスとの接触角の関係をまとめて図6に示す．これより，全ての系で酸素の導入により接触角は急激に減少しているが，その速度は純鉄の場合が一番速いことがわかる．これは鋼鋳物（純鉄）の方が鋳鉄鋳物（Fe-C-Si合金）よりも焼付きやすい現象に対応している．これらの実験はシリカガラス板の代わりにMgO板を用いると，接触角の低下速度が著しく減少すること[4]も突き止めている．また，シリカ粒子の代わりに鋳物砂を用いると，鋳物砂の融点と焼付き量の間には密接な関係にあることも突き止めている．これらの結果は，実際に鋳物製造時に起きる焼付き欠陥の発生率とよく関連していることが判明した．

最後に，図4で純鉄の溶湯がシリカ粒子の中に浸透した試料を切断し，断面を

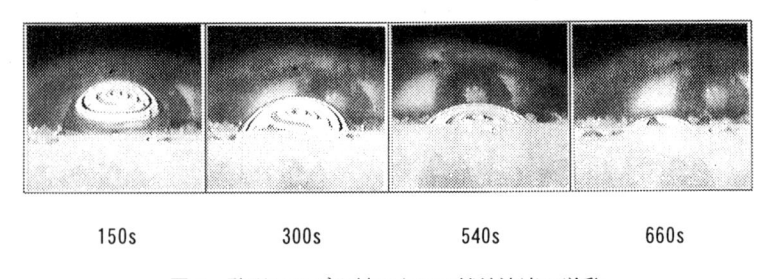

図4 砂型のモデル材の上での純鉄液滴の挙動

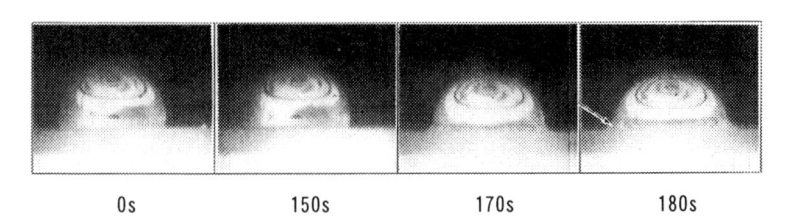

図5 シリカガラス板の上での純鉄液滴の形状変化

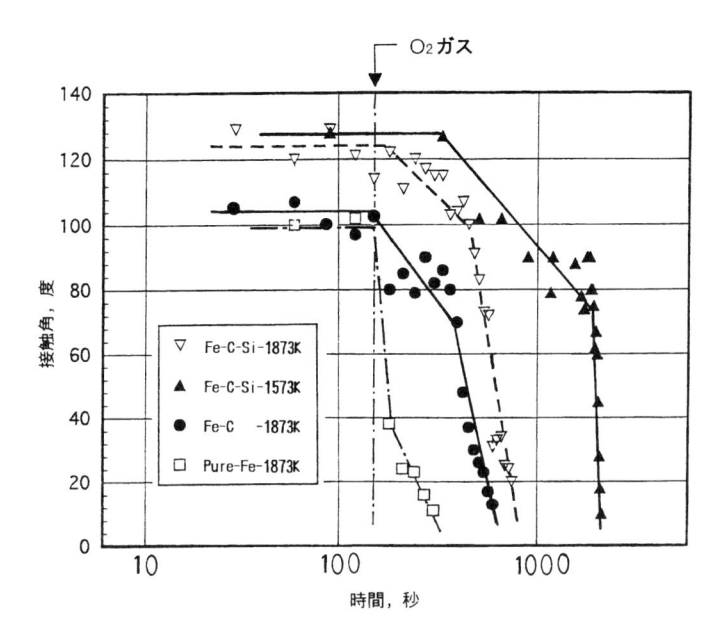

## 5 結晶作製・溶融金属の研究への応用

図6　各種溶融金属とシリカガラスとの接触角に及ぼす酸素の影響

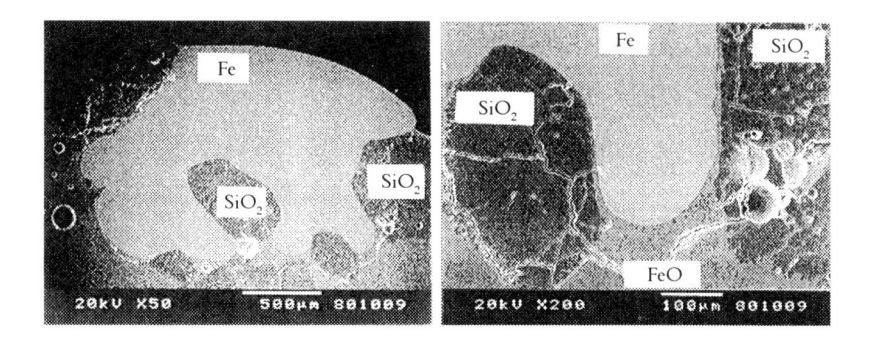

図7　シリカガラス粒子内への溶融純鉄の浸入断面組織

観察した結果を図7に示す．図よりシリカ（$SiO_2$）粒子の間に純鉄が浸透している状況がよくわかるであろう．また，この場合にはスラグ（FeO）が先に砂と濡れ，スラグの後を追うように純鉄が浸透して行ったことも良く理解できる．

## 4 終わりに

この研究が行われる以前には，焼付きは影響する要因が多く，研究はなかなか進まなかった．しかし今回のように，焼付きを単純なモデルで検討するために赤外線加熱炉を用い，溶解雰囲気に酸素ガスを導入することで，焼付きの機構が解明できた．これも，新しい装置を活用し得た結果と考えている．

参考文献
1) 中江秀雄：金属，**72**（2002）57-66.
2) 中江秀雄：金属，**72**（2002）147-153.
3) 鹿取一男，牧口利貞，阿部喜佐男，中村幸吉：鋳造工学，コロナ社（1978）250.
4) 中江秀雄，松田泰明：鋳造工学，**71**（1999）28-33.
5) 中江秀雄，松田泰明：鋳造工学，**72**（2000）102-106.

# 5.5 溶融金属によるダイヤモンドの濡れ性

大阪大学
野城　清

## 1　はじめに

　ダイヤモンドはすべての物質の中で，最も硬度が高いだけでなく，熱伝導率，屈折率も最も高く，化学的に安定で耐食性に優れ，音の伝播速度が最も速いなど数々の優れた特性を有している．また通常はそのエネルギーギャップが 5.48 eV と高く絶縁体であるが，周期律表のⅢ族，Ⅴ族の元素をドーピングすることによって得られるダイヤモンド半導体はキャリヤー移動度が速く，高温での使用にも耐えるため，次世代半導体としても注目されている．

　溶融金属によるダイヤモンドの濡れ性に関する研究は，ダイヤモンドを半導体として使用する際の電極の形成や，高硬度である特性を利用したダイヤモンドカッター，ダイヤモンドホイールの製造のみならず高圧合成法でダイヤモンドを製造する際のダイヤモンド中への溶媒金属の巻き込みなどを，制御する上で重要な情報となる．

　本研究においては表面方位の異なるダイヤモンド基板の溶融純金属による濡れ性を測定し，濡れ性に及ぼす固体の表面構造の影響について検討した．

## 2　従来の濡れ性の研究

　溶融金属による固体（金属，セラミックス等）の濡れ性は，材料の製造・加工のさまざまな分野において重要な役割を果たしているため，国内外において精力

的な研究が行われている．近年は濡れ性の研究に特化した国際会議や成書も数多く報告されている[1,2]．

しかしながら，濡れ性は測定条件（雰囲気，表面粗さ，液体あるいは固体基板中の不純物，温度等）によって大きく影響されるため，同一の系であっても測定者により大きく異なった結果が報告されている．

## 3 濡れ性の測定方法

通常の濡れ性評価に用いる試料は固体基板が直径 15 mm 以上，液滴が 0.3 cm$^3$ 程度であるが，本研究対象のダイヤモンド基板は高価で，大きいものは入手不可能である．したがって，本研究では通常の濡れ性測定装置は使用できないため，図1に示すような高温顕微鏡を用いた．市販の高温顕微鏡は試料表面を上部から観察するようになっているが，濡れ性は液滴形状を水平方向から観察する必要があるため，図1の装置は特別に製作したものである．

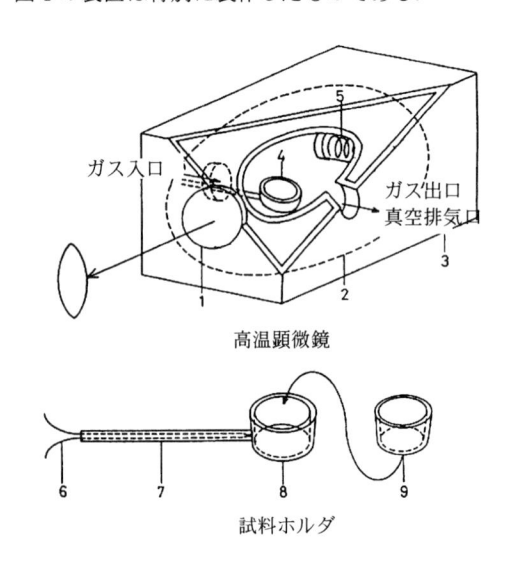

**図1** 濡れ性測定装置の概略図
1.観察窓　2.ゴールド反射鏡　3.冷水ジャケット　4.試料ホルダ　5.赤外線ランプ
6.熱電対　7.アルミナ管　8.白金ホルダ　9.アルミナホルダ

## 5 結晶作製・溶融金属の研究への応用

炉は水冷補助ミラー付きの赤外線放射加熱炉であり，1800 K に到達するのに要する時間は約 5 分程度であり，実験開始前の溶融金属とダイヤモンドとの反応を最小に抑えることが可能となっている．また，本装置は小型ではあるが，試料自体が小さいため，熱電対の先端とダイヤモンド基板はいずれも赤外線の焦点位置にあり，試料温度と指示温度との相違は定常状態（濡れ性測定時）で 10 K 以内であった．温度補正はあらかじめ融点が明らかな純金属の融点を測定することによって行った．

ダイヤモンド基板上の溶融金属液滴の形状は顕微鏡により，250〜400 倍に拡大撮影した．測定は減圧下，高純度水素ガス雰囲気，またはアルゴン・水素混合ガス雰囲気で測定した．

金属試料はダイヤモンドとの化学的親和力の小さい高純度（4N 以上）の Bi, Pb, Sn, Ag, Au を用い，ダイヤモンド基板は高圧合成法によって得られたもので，表面方位は（100），（110），（111）を用いた．また，比較のために黒鉛のへき開面である（0001）面についても測定を行った．

図 2 に結果の一例としてダイヤモンドおよび黒鉛基板上の金液滴の形状を観察した結果を示す．金液滴の形状は測定条件は同じであってもダイヤモンドの結

ダイヤモンド（100）面上　　ダイヤモンド（110）面上

ダイヤモンド（111）面上　　黒鉛上

**図 2**　ダイヤモンドおよび黒鉛上の溶融金液滴の形状

晶方位によって大きく異なること,同じ炭素原子から構成されている黒鉛とも大きく異なることがわかる.

## 4 ダイヤモンド-溶融金属の接触角の測定結果

同一の測定条件により,数回の測定を行い,濡れ性の評価となる液滴と固体基板間の接触角を求めた結果,溶融金/ダイヤモンド(111)面系を除いて,測定誤差は±3°と見積もった.ダイヤモンド(111)面上の溶融金は後述するように特異な挙動を示した.

本研究で得られた接触角の値を表1および表 2 に総括する.

表1から明らかなように,溶融金属とダイヤモンドとの接触角はダイヤモン

表1 ダイヤモンド上の種々の溶融純金属の接触角

| 結晶方位<br>(hkl) | ビスマス<br>(853K) | 鉛<br>(873K) | すず<br>(1023K) | 銀<br>(1273K) |
|---|---|---|---|---|
| (100) | 113 | 110 | 133 | 135 |
| (110) | 106 | 117 | 135 | 103 |
| (111) | 98 | 101 | 130 | 147 |

表2 1373 K における種々の真空度におけるダイヤモンド上の溶融金の接触角

| 結晶方位<br>(hkl) | 真 空 度 | | |
|---|---|---|---|
| | 0.133Pa | 0.013Pa | 0.005Pa |
| (100) | 151 | 138 | 137 |
| (110) | 151 | 140 | 136 |
| (111) | * | ** | *** |

\* :　110°　(直後) －　134°　(1 時間後)
　　　126°　(直後) －　130°　(1 時間後)
\*\* :　 98°　(直後) －　131°　(1 時間後)
　　　 51°　(直後) －　114°　(1 時間後)
　　　 64°　(直後) －　134°　(1 時間後)
\*\*\* : 78°　(直後) －　129°　(1 時間後)

ドの表面方位に依存している．

853 K で測定した Bi 系においては (100) 面の接触角が最も大きく，(111) 面の接触角が最も小さいが，873 K, 1023 K での Pb, Sn 系では (110) 面の接触角が最も大きく，(111) 面が最も小さい接触角を示している．一方，1273 K の Ag では Pb 系，Sn 系とは完全に反対で，(111) 面の接触角が最も大きく，(110) 面が最も小さい．また表から明らかなように 1373 K で測定した溶融 Au とダイヤモンドとの接触角は測定開始直後に低い値を示し，数 s ～ 数十 s 後に急激に回復した．いちじるしい場合には，70° もの接触角の増加がみられた．

現在までに，溶融金属／セラミックス系の接触角は多くの系で測定されているが，本研究の溶融 Au ／ダイヤモンド系で観察されたような時間経過に伴う接触角の急激な増大は報告されておらず，非常に興味ある現象である．また，表 2 から明らかなように接触角は真空度にも依存し，同一面では真空度の低い方が高い接触角の値を示した．Au の実験においては測定後ダイヤモンド表面が黒色に変色しているのが観察された．したがって，Au については黒鉛の劈開面である (0001) 面との接触角も求め，温度が，1373 K，真空度が，0.1333 Pa において 140° の接触角の値が得られた．

## 5 実験結果の考察

溶融金属とダイヤモンドとの接触角に関する測定はこれまでにもいくつかの系で報告されており[3]，表 3 に総括する．

**表 3** ダイヤモンド上の溶融純金属の接触角の報告値

| 金属 | 温度（K） | 接触角（°） |
|---|---|---|
| 鉛 | 1273 | 110 |
| すず | 1173 | 125 |
|  | 1273 | 125 |
|  | 1373 | 125 |
|  | 1423 | 124 |
| 銀 | 1273 | 120 |
| 金 | 1373 | 151 |
|  | 1423 | 150 |

表3の結果は測定温度が異なり,またダイヤモンドの表面方位について明らかにされておらず,本研究結果とは直接比較はできないが,Pb の接触角が最も低く,Au の接触角が最も高いことなど,定性的にはよい一致を示しているといえる.

## 6 付着の仕事と表面方位の関係

液体を固体から引き離すのに要する仕事量として定義される付着の仕事は式(1)で表される.

$$W_{ad} = \gamma(1+\cos\theta) \quad (1)$$

ここで,$W_{ad}$ は付着の仕事($mJ \cdot m^{-2}$),$\gamma$ は液体の表面自由エネルギー($mJ \cdot m^{-2}$),$\theta$ は接触角(°)である.

本研究においては液滴が小さく,表面張力の値を精度よく求めることができなかったため,式(1)の計算に必要な表面張力の値は著者らの一部が以前に求めた値を採用し[4,5],Pb の表面張力については Joud[6]らの値を採用した.

式(1)にそれぞれの金属の表面張力の値と本研究で得られた接触角の値を代入して求めた付着の仕事の値を後述する各面の水素の脱離温度とともに図3に示す.図から明らかなように,溶融金属とダイヤモンドとの付着の仕事はいずれの金属の場合もダイヤモンドの表面方位によって異なるが,その表面方位依存性は,低温で測定した Bi,Pb,Sn よりも高温で測定した Ag,Au の方がいちじる

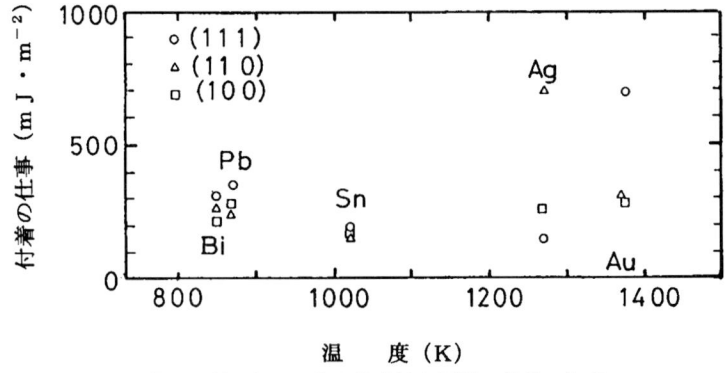

図3 ダイヤモンドと溶融純金属間の付着の仕事

しく，また最も大きい付着の仕事を示す面は金属によって異なっていることがわかる．最も大きい付着の仕事はBi，Pb，Sn，Auでは（111）面であるのに対し，Agでは（110）面となっており，とくにAg，Auでは他の面に比し，著しく大きい値を示している．また，最も小さい付着の仕事を示す面も金属によって異なっている．

このように付着の仕事が結晶の表面方位に大きく依存することは，著者らの一部が以前に溶融純金属（Bi，Sn，Pb）による単結晶MgOの濡れ性を873Kで測定した際にも得られている[7]．溶融純Bi，Sn，Pb/単結晶MgO系では，金属の種類によらず，（100）面の付着の仕事が最も大きく，次いで（111）面，（110）面の順になることを明らかにしている．しかし，本研究は853〜1373Kの温度範囲での測定であり，得られた結果を考察するためには各温度における結晶面の特性の相違はもちろん，温度変化に伴う結晶表面の特性の変化をも考慮する必要がある．

## 7 付着の仕事，接触角の温度依存性

温度上昇にともなうダイヤモンドの表面構造の変化についてはこれまでの研究[8-11]から以下のように考えられる．図4に示すように，低温においてはダイヤモンド表面のダングリングボンドに水素原子が吸着した状態を維持しており，温度の上昇に伴い，吸着した水素の脱離，さらには黒鉛化へと進行すると考えられる．このような表面構造の変化に伴って定性的には表面自由エネルギー

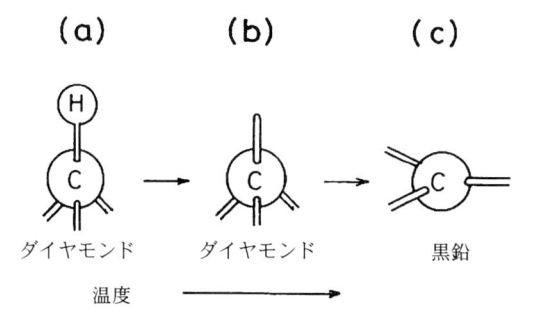

図4 ダイヤモンドの表面構造の温度依存性

は水素が吸着した低い状態からダングリングボンドがむき出しの高い状態へと変化し，さらに水素が脱離して不安定な状態になったダイヤモンド表面は黒鉛化することにより安定化する．表面から水素が脱離する温度は，表面の結晶方位によって異なることが報告されており[8-11]，表4にこれまでの結果を総括する．表から明らかなように，水素の脱離温度は (100), (110), (111) 面の順に高くなっている．しかし水素の脱離は表4に示した温度で急激に生じるのではなく，表4の温度より200Kも低い温度から始まっている[7]．したがって図4に示したダイヤモンド表面の構造変化は表4の温度よりかなり低い温度から徐々に生じていると考えられる．ダイヤモンドは黒鉛の準安定相であり[12]，高温では容易に黒鉛化することが知られている．ダイヤモンドの黒鉛化の結晶面の方位依存性については未だ正確には明らかにはされていないが，黒鉛化は炭素の結合軌道が $sp^3$ 混成軌道から $sp^2$ 混成軌道へと変化することによるものであり，$sp^3$ 混成軌道による水素の吸着がある場合には，ダイヤモンドの黒鉛化が抑制されると考えられる[13]．先に述べたように，本実験においては最も高温の測定である Au の場合においてのみ，いずれの面も実験終了後黒色に変化していることが肉眼で観察されたが，これは1373Kと高温の測定であり，Au以外の実験は水素雰囲気での測定であったため，他の実験に比し，黒鉛化の速度が速かったことによるものと考えられる．

　図3における Bi, Pb, Sn の実験温度では，表4から明らかなようにダイヤモンドのいずれの面も，図4の a のように水素原子が吸着しており表面エネルギーの低い状態を保っている．付着の仕事を計算する際に用いた接触角の測定誤差（±3°）を考慮すると，溶融 Bi 系では付着の仕事の値は（111）面 >（110）面 ≧（100）面，溶融 Pb 系（111）面 >（100）面 ≧（110）面，溶融 Sn 系（111）面 ≒（100）面 ≒（110）面の順になる．

表4　ダイヤモンド表面からの水素の脱離温度

| 表面方位 (hkl) | 温度 (K) |
|---|---|
| (111) | 1273K, 1373K |
| (110) | 1173K, 1223K |
| (100) | 1073K |

## 8 溶融銀 – ダイヤモンド系

　Ag の実験温度では（100）面および（110）面は図 4 の b のように水素原子が脱離し，表面エネルギーが高く，活性な状態となっている[14]か，あるいは（100）面については水素原子の脱離温度，1073 K よりも実験温度が 200 K も高いために，図 4 の c のようにすでに黒鉛化が生じ始めていることも考えられるが，表 3 の結果から明らかなように（111）面は未だに水素原子が吸着した状態を保っていると考えられる．このように Ag の場合にはダイヤモンド表面は低温の Bi, Pb, Sn とは異なった状態にある．

　Ag の場合の付着の仕事は（100）面＞（100）面＞（111）面となっており，（110）面の付着の仕事が著しく大きい．これは先に述べたように（110）面は図 4 の b のように，表面に存在するダングリングボンドと Ag 原子との相互作用によるものと考えられる．また（100）面の付着の仕事は水素の吸着によって安定化されている（111）面のそれとあまり大きな相違がみられなかったことは，（100）面は 1273 K の実験温度で肉眼では観察されないものの，すでに黒鉛化が生じ，図 4 の c のように安定化されていることを示唆しているものと考えられる．

## 9 溶融金 – ダイヤモンド系

　Au の場合には 1373 K の実験温度は表 4 の水素の脱離温度に等しく，(111) 面も水素原子が脱離し，表面エネルギーの高い活性な状態となるが，高温のために以後急速に図 4 の c のように黒鉛化し，表面エネルギーの低い状態へと移行する．そのために，Au の実験においては測定開始直後の表面エネルギーの高い面における大きな付着の仕事が，急速な黒鉛化によってダイヤモンドの表面が表面エネルギーの低い状態へと移行するために，濡れにくくなり，付着の仕事も小さくなるものと考えられる．本研究で得られた溶融 Au と黒鉛の（0001）面との付着の仕事は 260 mJm$^{-2}$ であり，溶融 Au とダイヤモンドの各面との付着の仕事の値と良い一致を示している．このことも Au の測定温度でのダイヤモンドの黒鉛化の結果と矛盾しない．

## 10 結晶の表面方位と原子間力

　高温の測定である Ag, Au のみならず，いずれの面も水素が吸着した同一の表面状態であると考えられる Bi, Pb, Sn の場合にも付着の仕事はダイヤモンドの表面方位に依存することが明らかとなった．これは低温の水素の吸着した状態において，ダイヤモンド表面に働く相互作用エネルギーが表面方位によって異なることを示唆している．この点を明らかにするために，原子間力顕微鏡を用いて，ダイヤモンド表面の観察を行った．原子間力顕微鏡は試料の表面を原子レベルで観察できるのみならず，試料表面と探針との間に働く Van der Waals 力に起因する原子間力の値そのものも求めることができる[15]．探針として $Si_3N_4$ を用い，室温において探針とダイヤモンドの各表面との間に働く相互作用エネルギーを求めた結果を表5に示す．表5から明らかなように，相互作用エネルギーはダイヤモンド表面の結晶方位によって異なり，(111) 面が最も大きく，次いで (110) 面，(100) 面の順になっている．この値自身の大きさは探針の先端が一原子で形成されていないため，先端の形状に依存する．表5の値はいずれの面も $10^{-17}$J のオーダである．一方，物理的な相互作用エネルギーは一原子当り $10^{-20}$J である[16]．原子間力顕微鏡で得られた値は一原子当りの物理的な相互作用エネルギーの値よりも $10^3$ 倍も大きく，本研究で用いた探針の先端は $10^3$ 個程度の原子で構成されていると考えられる．しかし，同一の探針を用いているかぎりは相対的な大

表5　原子間力顕微鏡によって求めた探針とダイヤモンド表面の相互作用

| 表面方位 | 相互作用エネルギー (J) |
|---|---|
| (111) | $4.1 \times 10^{-17}$ |
| (110) | $2.9 \times 10^{-17}$ |
| (100) | $0.8 \times 10^{-17}$ |

表6　ダイヤモンド表面上における金属原子と炭素原子間の付着仕事 (J/原子)

| 表面方位 | Bi | Pb | Sn |
|---|---|---|---|
| (111) | $3.7 \times 10^{-20}$ | $3.9 \times 10^{-20}$ | $2.0 \times 10^{-20}$ |
| (110) | $3.1 \times 10^{-20}$ | $2.7 \times 10^{-20}$ | $1.6 \times 10^{-20}$ |
| (100) | $2.6 \times 10^{-20}$ | $3.2 \times 10^{-20}$ | $1.7 \times 10^{-20}$ |

小関係は損なわれず，(111)面＞(110)面＞(100)面の順に相互作用エネルギーは小さくなる．この結果を濡れ性の結果と比較検討するためには式 (1) で計算される単位面積当りの付着の仕事の値を一原子当りの値に換算する必要がある．

一原子当りの付着の仕事，$W_{\text{a-atom}}$，は式 (2) で表される[17]．

$$W_{\text{a-atom}} = W_{\text{ad}}/n_s = W_{\text{ad}}/\left(\rho N_A \cdot M^{-1}\right)^{2/3} \quad (2)$$

ここで，$W_{\text{ad}}$ は付着の仕事（mJ・m$^{-2}$），$n_s$ は金属とダイヤモンドとの界面における単位面積当りの金属原子の数，$\rho$ は金属の密度（kg・m$^{-3}$），$N_A$ は Avogadro 数（$6 \times 10^{23}$mol$^{-1}$），$M$ は金属の原子量（kg・mol$^{-1}$）である．

式 (2) の計算に必要な $\rho$ は文献の値を採用し[17]，低温の Bi，Pb，Sn の場合について，$W_{\text{a-atom}}$ の値を求めた結果を表 6 に示す．

表 6 から明らかなように，いずれの値も 10〜20J のオーダであり，これら金属とダイヤモンドとの間では物理的な相互作用が支配的であることが明らかである．また，Bi については表 5 に示した原子間力顕微鏡による測定結果とも対応していることがわかる．しかし，Pb については (100) 面の値の方が (110) 面の値よりも大きく，また Sn については面による相違はみられない．この点については明確ではないが，(100) 面の方が (110) 面よりも水素の脱離温度が低いこと，水素の脱離が表 4 の温度よりかなり低い温度で開始し，その開始温度が面によって異なること，他の吸着物質（酸素，水）の影響，ダイヤモンド表面の再構成する温度が面によって異なることなどによるものと考えられる．しかし，現時点ではダイヤモンドの表面構造の温度依存性に関する詳細な報告がなく，今後の検討課題である．

本研究で明らかになったように，濡れ性はダイヤモンドの表面状態の変化を鋭敏に反映することから，蒸気圧の低い低融点の金属とダイヤモンドとの接触角の温度依存性を測定することにより，温度変化によるダイヤモンド表面の構造変化を予測することも可能であると考えられる．

図 5〜図 7 にダイヤモンド表面上の溶融錫の接触角の温度変化を示す．図から明らかなように，溶融錫とダイヤモンドとの接触角は急激に変化する温度が存在し，その温度はダイヤモンドの表面方位に依存する．この温度はダイヤモンドの表面構造の変化する温度にほぼ対応している．このように，接触角の温度依存性を精密に測定することによって，固体の表面構造の温度依存性を予測すること

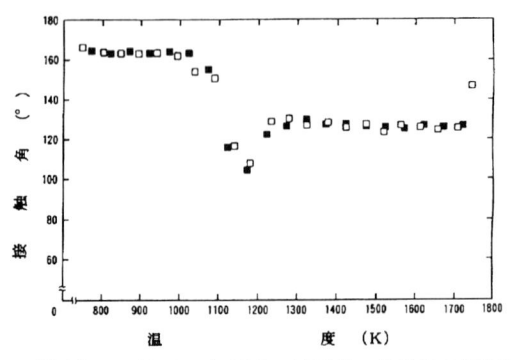

図5 ダイヤモンド (100) 面上の溶融錫の接触角の温度依存性

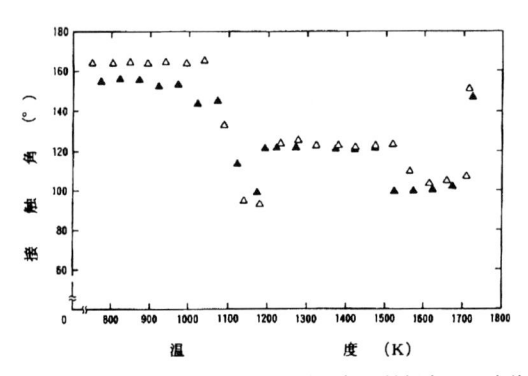

図6 ダイヤモンド (110) 面上の溶融錫の接触角の温度依存性

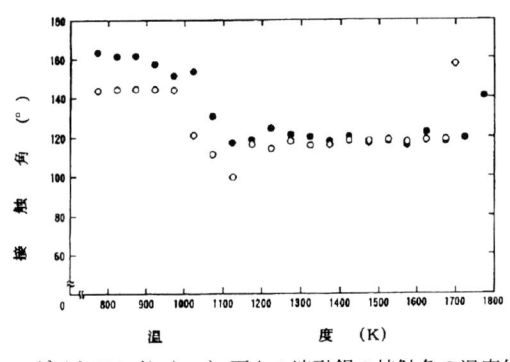

図7 ダイヤモンド (111) 面上の溶融錫の接触角の温度依存性

ができる．

## 11 まとめ

溶融純金属（ビスマス，鉛，錫，銀，金）によるダイヤモンドの濡れ性を測定し，以下の結果が得られた．
(1) 溶融純金属によるダイヤモンドの濡れ性はダイヤモンドの表面方位に依存した．
(2) 濡れ性はダイヤモンド表面の水素の吸着，脱離，黒鉛化に著しく影響される．
(3) 本研究で測定した系においては物理的な相互作用が支配的であった．
(4) 最も低温の測定である溶融 Bi とダイヤモンドとの付着の仕事の表面方位依存性と定性的によい一致を示した．
(5) 濡れ性の測定よりダイヤモンド表面の構造変化を予測することも可能である．

謝　辞

本文の一部は著者らの以前の報告（日本金属学会誌，57 (1993) 63-67 および Acta Mater. 46 (1998) 2305-2311）から引用したものであり，ここに記して関係者各位への謝辞とする．

参考文献

1) 濡れ性に関する著名な国際会議の報告集としては，Trans. JWRI, 30 (2001), Special Issue.
2) 濡れ性に関する書籍としては，"ぬれ性と制御"技術情報協会（東京）2001 年 3 月，"ぬれ技術ハンドブック"テクノシステム（東京）2001 年 10 月，"Capillary SurfacesD. Langbein, Springer (Berlin, New York, Tokyo), 2001, "Wettability at High Temperature", Pergamon Materials Series (1999) 3.
3) Ju.V.Naidich and G.A.Kolesnichenko: Vzaimodeystvie metllicheskih rasplavov s poverhnostju almaza e graphite, Naukova Dumka, Kiev, (1968) 97, 98.
4) 野城　清，大石恵一郎，荻野和己：日本金属学会誌，**52** (1988) 72.
5) A.T. Hasouna, K. Nogi and K. Ogino: *Mater. Trans. JIM.*, **32** (1991) 74.

6) J.C.Joud, N.Eustathopoulos, A.Bricard and P.Desre: *J. Chim. Phys.*, **70** (1973) 1290.
7) K.Nogi, M.Tsujimoto, K.Ogino and N.Iwamoto: *Act. Metall. Mater.*, **40** (1992) 1045.
8) B.B.Pate: *Surf. Sci.*, **165** (1986) 83.
9) B.B.Pate, P.M.Tefan, C.Binns, P.J.Jupiter, M.L.Sheck, I.Lindau and W.E.Spicer: *J. Vac. Sci. Tech.*, **19** (1981) 349A.
10) V.Hamza, G.D.Kubiak and R.H.Stulen: *Surf. Sci.*, **206** (1988) L-833.
11) S.V.Pepper: *J. Vac. Sci. Tech.*, **20** (1982) 643.
12) 大塚直夫:表面・薄膜分子設計シリーズ10「ダイヤモンド薄膜」14, 共立出版, (1990) 110.
13) J.Ihm, S.G.Lourie and M.L.Cohen: *Phys. Rev.*, **b17** (1978) 769.
14) R.Berman: Proc.1st Int. Cong. On Diamonds in Industry, Paris, (1963) 291.
15) 塚田 捷:表面物理入門, 東京大学出版会, (1989).
16) 野城 清, 辻本実佳子, 荻野和己:バウンダリー, **7** [8] (1991) 2.
17) V.N.Eremenko: The Role of Surface Phenomena in Metallurgy, Consulation Bureau, New York, (1963) 1.

# 5.6 レーザ顕微鏡と赤外線イメージ炉を用いた高温材料プロセスの直接観察四方山話

東北大学多元物質科学研究所
柴田浩幸

## 1 はじめに

　金属の製精錬，凝固，組織制御では，高温で起こる様々な現象を非常に上手く制御して，最終製品に多くの特性が付与されている．このような高温の現象の評価・解析は急冷した試料の観察により行われ，多くの成果が上げられている．一方で，このような高温の現象を直接観察し評価したいという要求は以前からあり，通常の光学顕微鏡や走査型電子顕微鏡と様々な様式の加熱炉を組み合わせた観察手法が開発され，先端的な観察が試みられてきた．最近では，透過型電子顕微鏡と特殊なヒータの組み合わせで，高温の析出・反応等の現象が原子レベルで解析可能になっている．しかし，試料の温度が 800 ℃を超え，試料からの輻射の観察への影響が大きくなりはじめると試料の観察が困難になり，1500 ℃を超えるような温度範囲での直接観察はほとんど不可能であった．ところが，レーザ顕微鏡と赤外線ゴールドイメージ炉の組み合わせにより，このような研究上の困難を解決することが可能になった．本稿ではこの実験装置を用いて，著者らが行った観察の結果と赤外線ゴールドイメージ炉を使いこなす上でのポイントについて述べる．

## 2 レーザ顕微鏡の原理

　通常の金属顕微鏡では白色光を試料に照射してその反射光を観察しているが，レーザ顕微鏡は，試料表面をレーザビームにより走査し，その試料からの反射光

により試料のイメージを得る顕微鏡である．また，観察はリアルタイムで行え，ビデオに録画することもできる．赤外線ゴールドイメージ炉とレーザ顕微鏡の概略を図1[1)]に示す．また，この顕微鏡で採用している共焦点型光学系では検出器前面にスリットを配して，焦点位置以外の光が検出器に入射しない構造になっている．このため高温の試料からの輻射が検出器に入るのを防ぐことができる．焦点位置の輻射光はもちろん検出器に入射するが，レーザ光の輝度が輻射光の輝度に比較して十分に大きいので，試料からの反射光を高い S/N で検出可能である．試料は赤外線イメージ炉の中で加熱され，その試料の表面を石英ガラスの窓材を介して観察することができる．この観察では窓越しに試料を観察するために長焦点の対物レンズを用いている．このようなレーザ顕微鏡と赤外線ゴールドイメージ炉の組み合わせで，1500℃を超える温度領域での様々な高温現象の"その場観察"が可能となっている．

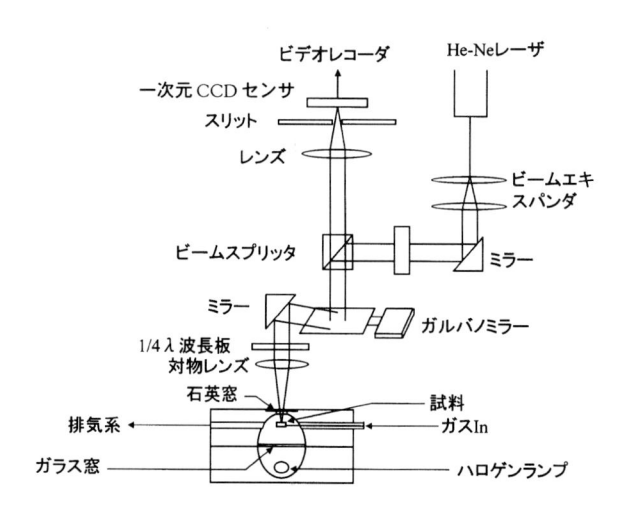

図1 レーザ顕微鏡と赤外線ゴールドイメージ炉を組み合わせた高温観察装置

## 3 赤外線ゴールドイメージ炉による試料の温度制御の難しさ

高温での現象を上手く観察するためには，試料の温度と状態を如何にして制御するかが大変重要である．ここでは赤外線ゴールドイメージ炉を用いて観察を

## 5 結晶作製・溶融金属の研究への応用

行ってきた著者の経験に基づいた，炉の使用上の勘所について述べてみたい．

赤外線ゴールドイメージ炉は非常に高速での加熱が可能であり，温度制御も精度良く行える．しかし，光で加熱するためその光を受ける物質（通常は試料ホルダ）の形状，加熱光に対する吸収率によって試料中の温度分布は変化し，試料内の正確な温度分布を予測したり，計測することは容易ではない．実際の温度分布は，ホルダからホルダ保持部への熱の逃げ，試料，坩堝，ホルダを含めた光エネルギーの受光部全体のエネルギーバランスで決まる．特に，高温の場合には試料表面や試料ホルダ表面からの輻射による熱エネルギーの逃げが顕著になるので，試料内の温度分布の推定は困難になる．実際に観察に用いられる試料ホルダの概略を図 2 に示す．直径 4.2 mm，厚さ 2 mm の試料を高純度アルミナ坩堝に入れ，それを白金ロジウム製の試料ホルダに入れてある．この試料ホルダは計測を兼ねた熱電対で空中に保持されている．試料の温度分布に関する技術資料としては，試料位置に保持した石英管の中に熱電対を配置して，その熱電対を移動することによって測定された温度分布（図 3）がある．この図から読み取れることは，中心部分の直径 6 mm 程度では加熱光のエネルギーの分布状態がかなり均一になっていることのみである．実際の試料内の温度分布は前述の理由により，この加熱

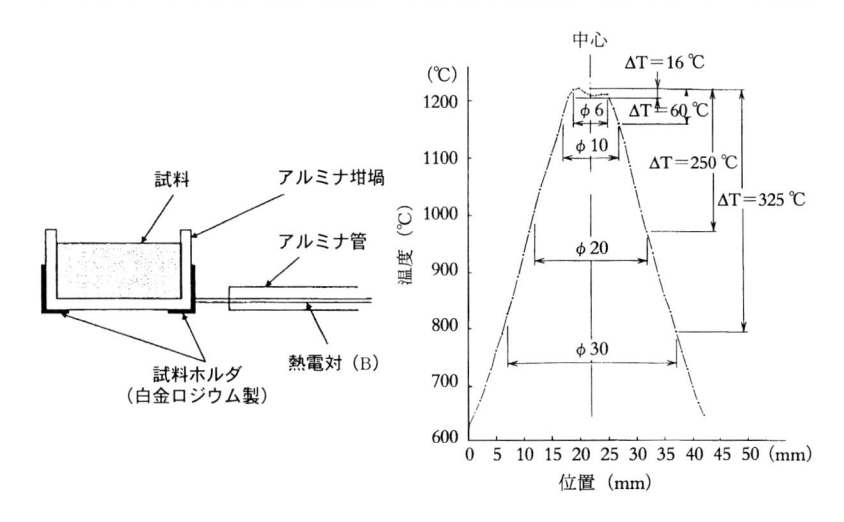

図 2　円板試料用ホルダ

図 3　熱電対を用いて測定した試料位置での温度分布

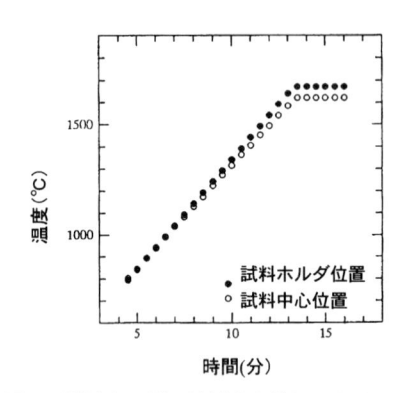

図4　試料ホルダと試料中心位置における温度差

(a)

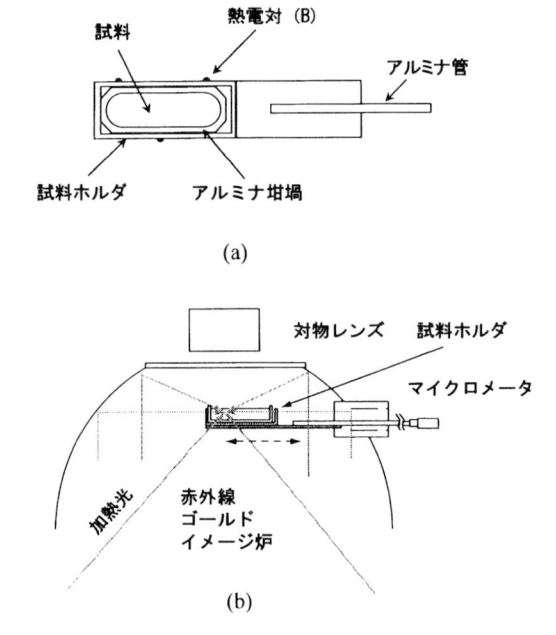

(b)

図5　長方形試料用ホルダと移動機構の概略図
（マイクロメータによって試料位置を移動し，試料の長手方向の温度勾配を制御する）

光のエネルギー分布と一対一には対応しない．そこで，これらの問題を解決するために，熱電対を複数導入可能な特型の試料ホルダを用いて，試料表面の中心部に熱電対を溶接して，100℃/分で昇温しながら試料ホルダ部と試料中心部の温度差を測定した．図4[1)]に示すように加熱過程では試料中心部が試料ホルダ部より低くなっている．これは試料の温度が不均一であるということだが，むしろこのような温度勾配を積極的に利用することよって，高温の凝固現象等を直接観察することが可能となる．また円盤状の試料ではなく長方形状の試料を用いることにより温度勾配を制御しやすくなる．試料の長手方向への移動機構を備えた長方形型試料セルの形状を図5[2)]に示す．イメージ炉内に形成されるエネルギー分布を反映した温度勾配が試料の長手方向に得られる．また，固液共存状態から急冷した試料の断面を観察すると，試料上面の方が試料下面より低温になっていることがわかっている．

## 4 雰囲気ガス制御の重要性

　金属系の試料の観察が上手くいくためには試料表面が酸化膜に覆われることなく，清浄な表面が維持されることが大変重要である．もし，酸化が進行すると試料表面は厚い酸化膜に覆われてしまい，金属の表面を観察することができなくなってしまう．現在利用できる試料チャンバは超高真空対応ではないので，酸化を防止するためにはアルゴンガスをチャンバ内に流す等の工夫が必要である．非常に薄い酸化膜でも観察の妨げとなるので，十分に酸素や水分濃度を下げたアルゴンガスを使用することが必要である．高純度のアルゴンガスが入手可能であるが，このようなガスを使っても試料表面の酸化を完全には防止できないので，さらにガス精製装置や脱酸素炉を併用することやガスの配管部分やガス置換の前に十分な排気を行うこと等の工夫が必要である．

　表面の酸化を気にする必要の無い酸化物系の試料の場合には，別の問題が生じる．それは，酸化物系の場合には，レーザ光に対する反射強度が高くないため，コントラストの鮮明な画像を得ることが少々難しくなる．しかし，試料表面での反射が顕著ではないので，逆にいえば試料の内部の観察も可能となる．この特徴を上手く使うと，フラックス中での結晶の晶出過程の観察等[3)]を行うことができる．

## 5 鋼の凝固，変態の観察

　実際の試料の観察は試料の準備から始まる．たとえば鋼の試料の観察の場合まずは試料の表面をきれいに鏡面にまで研磨する．その後試料を十分に洗浄後，高純度のアルミナ坩堝に入れて観察に供する．このアルミナ坩堝も吸着している水分等を除去するために予め加熱処理を行っておくことが望ましい．特に梅雨時は要注意である．試料を赤外線ゴールドイメージ炉のチャンバ内に収め，残存ガスや水分を除去する目的で排気を行う．チャンバ内はおよそ $10^{-3}$ Pa 程度まで排気する．そして，チャンバ内に精製したアルゴンガスを導入して十分な時間が経過した後昇温を開始する．観察は非常にドラマティックである．はじめに粒界部分が鮮明になってくる．次に $\alpha \to \gamma$ 変態点に達すると観察試料中の高温部から変態が起こる様子が観察できる．さらに温度を上昇すると結晶粒の成長が起こる．$\gamma \to \delta$ 変態領域での観察は非常に面白い．結晶粒の成長や成長に伴う粒界の移動，双晶の発生，介在物による粒界のピン止め現象等が観察できる．例えば，図6のように，鋼（0.04 mass% 炭素）を $\delta$ 単相域に保った後温度を変化させると，$\delta$ 相の三重点部分に $\gamma$ 相が晶出する様子が非常に明瞭に観察できた[4]．さらに，温度を上げていくと試料の溶解が始まる．試料の溶解は鋼の種類によってはミクロ偏析があると考えられる部分から生じることもある．試料全体が溶解してしまうと，アルミナ坩堝と試料の濡れが悪いため試料は丸くなってしまい，観察が困難になってしまう．このあたりの温度制御の勘所が固体と液体が共存してい

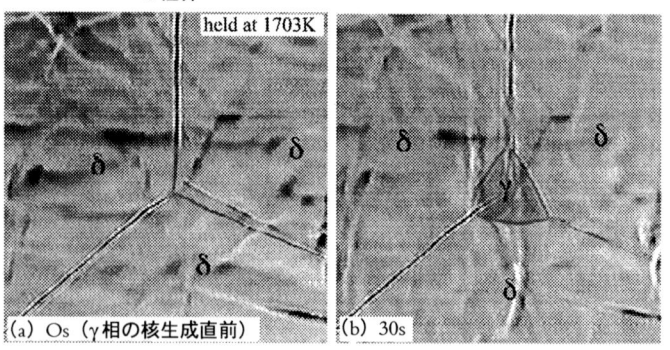

図6　鋼（0.04 mass% 炭素）の $\delta$ 相の三重点に $\gamma$ 相が晶出してくる様子

5 結晶作製・溶融金属の研究への応用

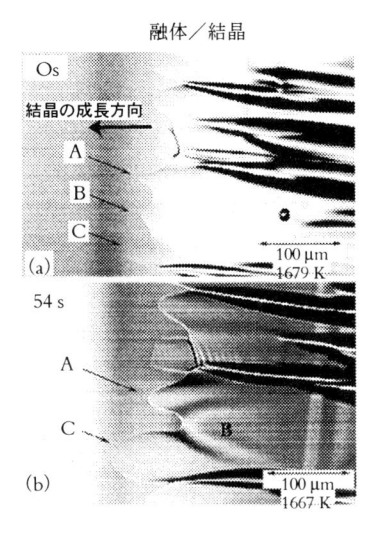

図7 鋼（0.83 mass% 炭素）の融体中へ鋼の結晶が成長して行く様子，A，B，C の突出した鋼の結晶のうち A，C の部分が優先的に成長していく．

る状態での観察を上手く行うこつであり，経験が必要なところである．試料の温度が上手く制御できると試料内に固液共存状態を実現することができ，例えば，図7に示すように鋼（0.83 mass% 炭素）の融体中へと成長する鋼の結晶を観察することができた[5]．

## 6　最　後　に

凝固現象や溶融金属の高温での"その場"観察は大変興味深いものである．ぜひ一度トライされることをお薦めする．金属に限らず，物質の変態等の現象がこんなにもダイナミックであったのかと再認識されるものと思う．またここで紹介できなかった観察例について参考文献 6) – 13) を添付した．

参考文献
1) H.Chikama, C-H Yu, H.Shibata, M.Suzuki and T.Emi: Application of Confocal Laser Microscope for Material Technology, Bulletin of the Inst.Adv.Mater.Process., Tohoku

University, **51**(1995) 35-40.
2) H.Shibata, Y.Arai, M.Suzuki and T.Emi: Kinetics of Peritectic Reaction and Transformation in Fe-C Alloys, *Met. Mat. Trans. B*, **31B** (2000) 981-991.
3) J.W.Cho and H.Hiroyuki: Effect of solidification of mold fluxes on the heat transfer in casting mold, *J. Non-Crystalline solids*, **282** (2001) 110-117.
4) H. Yin, T. Emi and H. Shibata: Determination of Free Energy of δ-Ferrite/γ-Austenite Interphase Boundary of Low Carbon Steels by In-situ Observation., *ISIJ Inter.*, **38** (1998) 794-801.
5) H.Chikama, H.Shibata, T.Emi and M.Suzuki: "In-situ" Real Time Observation of Planar to Cellular and Cellular to Dendritic Transition of Crystals Growing in Fe-C Alloy Melts, *Mat.Trans. JIM*, **37** (1996) 620-626.
6) H.Yin, H.Shibata, T.Emi and M.Suzuki: "In-situ" Observation of Collision , Agglomeration and Cluster Formation of Alumina Inclusion Particles on Steel Melts, *ISIJ Inter.*, **37** (1997) 936-945.
7) H.Yin, H.Shibata, T.Emi and M.Suzuki: Characteristics of Agglomeration of Various Inclusion Particles on Molten Steel Surface., *ISIJ Inter.*, **37** (1997) 946-955.
8) H.Shibata , H.Yin , S.Yoshinaga T.Emi and M.Suzuki: In-situ Observation of Engulfment and Pushing of Nonmetallic Inclusions in Steel Melt by Advanced Melt/Solid Interface., *ISIJ Inter.*, **38** (1997) 149-156.
9) H.Shibata and T.Emi: Confocal Scanning Laser Microscope Technique to "In-situ" Observe Phase Transformations and Behaviors of Nonmetallic Inclusions and Precipitates in Metals at Elevated Temperatures, *Materia Japan*, **36** (1997) 809-813. in Japanese.
10) N. Yuki, H. Shibata and T. Emi: Solubility of MnS in Fe-Ni Alloys as Determined by In-situ Observation of Precipitation of MnS with a Confocal Scanning Laser Microscope., *ISIJ Inter.*, **38** (1998) 317-323.
11) H. Shibata, H. Yin and T. Emi: The Capillary Effect Promoting Collision and Agglomeration of Inclusion Particles at the Inert Gas-steel Interface., *Phil. Trans. R. Soc. Lond. A*, **356** (1998) 957-966.
12) H. Yin, T. Emi and H. Shibata: Morphlogical Instability of δ-Femre/γ-Austenite Interphase Boundary in Low carbon Steels, *Acta Mater.*, **47** (1999) 1523-1535.
13) T.Hanamura H.Shibata, Y.Waseda, H.Nakajima, S.Torizuki, T.Takanashi and K.Nagai: In-situ Observation of Intragranular Ferrite Nucleation at Oxide Particles., *ISIJ Inter.*, **39** (1999) 1188-1193.

# 6 セラミックス研究開発への応用

## 6.1 熱電素子材用の熱源移動型ホットプレス焼結装置

湘南工科大学
梶川武信

## 1 まえがき

　我々は熱から電気に直接変換するゼーベック効果を用いた熱電半導体を材料とする素子化の研究を進めている．熱電素子では種々の合金，化合物が用いられるが，我々は，環境に優しいという視点を重視し，各種の金属珪化物の高性能化をテーマとして取り上げている．例えば，マグネシウム珪化物（$Mg_2Si$），マンガン珪化物（$MnSi_{1.73}$）やクロム珪化物（$CrSi_2$）などである．素子材料は，本装置の運用例のところでも明らかにされるが，プラズマ放電合成法（SPS：Spark Plasma Synthesis）で合成し，それを粉末化して，ホットプレスにより均質性に優れた，かつ機械的強度の高い素材にしている．一般にホットプレス装置は，大型であるというイメージが強く，また加熱源は，抵抗体によるヒータ加熱が従来主体である．抵抗体は熱容量が大きく制御性と温度設定値に至る過程で脈動する場合が多く問題がある．熱電半導体は，製造プロセスによって，その性能が大きく変化するという特徴がある．すなわち，熱電性能を決定しているものは，ゼーベック係数 $\alpha$（単位温度差当りの起電力），導電率 $\sigma$ および，熱伝導率 $\kappa$（キャリアによる熱伝導＋格子振動による熱伝導，一般に後者の方が大きい）の三つの輸送パラメータ（$\alpha^2\sigma/\kappa$）で決められる．それらは各々複雑に関連し合い，素子のミクロな構造からマクロ構造によって影響をうける．従って，製造プロセスの精密制御が必要となる．そこで我々は熱源として制御性および，応答性能に優れた赤外線ゴールドイメージ炉に着目し，それをホットプレス焼結装置に適用することにし

た.また場所的均一性と,中心から離れる時の温度分布の急峻性を活用して,温度勾配を持った焼結の出来る熱源移動を可能とする付加的機能を装備することにした.この温度勾配をつけた焼結により一度に最適な素子の焼結温度を決定できる利点を有している.以下に熱源移動型ホットプレス装置の性能仕様とそれを運用した熱電素子装置への適用状況を紹介する.

## 2 装置性能

図1に熱源移動型ホットプレス焼結装置の概略構成を示した.主要な構成機器

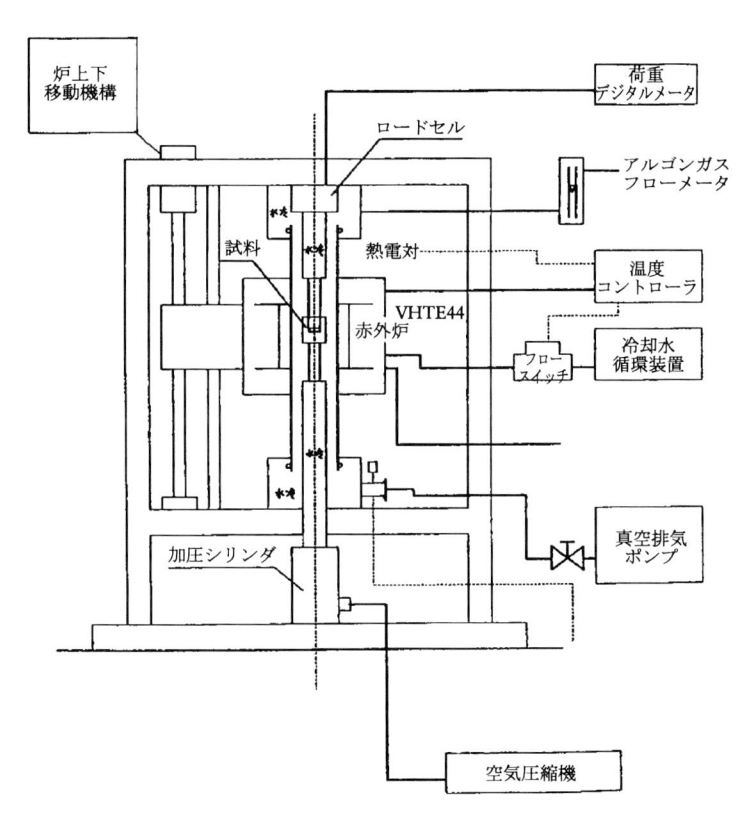

**図1** 熱源移動型ホットプレス焼結装置概略構成

は，中心部に熱源として赤外線ゴールドイメージ炉 (E44-VHT)，プログラム温度コントローラ，石英管外管および，試料ホルダ（シェイパル製）系，サンプル加圧機構，炉移動機構，真空排気および，雰囲気制御系である．主要仕様性能を表1にまとめた．要約すれば1573 Kまで加熱できる超高温型赤外線ランプ加熱炉（二ツ割構造）を有する加圧焼結装置で，石英チャンバにより真空を含めた各種雰囲気下での焼結が可能で，加熱中に一定速度で熱源を移動することが出来る装置である．図2に本体部および制御部の写真を示した．試料作成用グラファイト製ダイは外径 30 mm 径，内径 100×45 mm と小さいこともあり，非常にコンパクトな装置となっていることがわかる．加圧力が最大 500 kg (60 MPa) であるが通常のホットプレス条件をカバーしており，通常は 200 kg (24 MPa) で焼結している．グラファイト製ダイの中心と上下三点に R 熱電対を差し込んでいるが中心の一点の R 熱電対で温度制御を行っている．制御性および，設定精度と操作性においてランプ利用の利点が十分に生かされた．またランプの持つ局

表1 主要性能仕様

| 温度範囲（最大） | 1573 K（不活性ガス中）　1273 K（真空中） |
|---|---|
| 雰囲気 | 不活性ガス　真空 |
| 加熱方式 | 楕円面反射赤外線管状加熱方式（二ツ割構造） |
| 赤外線ランプ | タングステンフィラメントランプ（2 k×4 本） |
| 石英チャバ | 石英ガラス　50 nm 径 |
| 熱処理ゾーン | 15 nm 径×30 nm 長さ　（サンプル寸法） |
| 温度制御 | PID 制御＋ファジイ制御　オートチューニング |
| 炉体移動 | ストローク 120 nm, 移動速度 1 mm/h～100 mm/h |
| サンプル加圧 | 空気圧縮機によるエア圧力，Max. 500 kg |
| 真空排気・雰囲気制御 | 油回転ポンプ 50 l/min　不活性ガス導入可 |
| 寸法 | 800 mm 幅×700 mm 奥行　（本体） |
|  | 600 mm 幅×750 mm 奥行　（制御盤） |
| 重量 | 200 kg（本体） |
|  | 150 kg（制御盤） |
| 所要電源 | 単相 200 V　10 kVA |

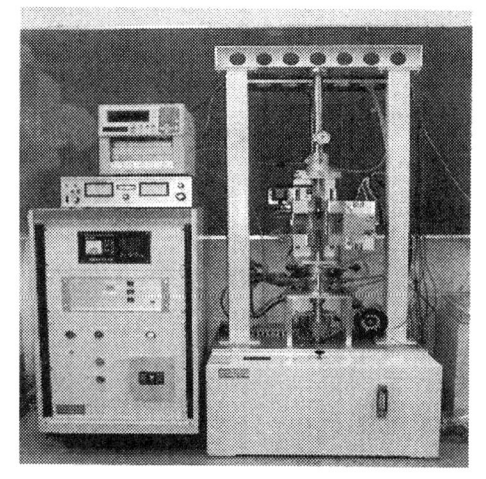

図2　本体部および制御部

所性すなわち，温度の場所依存性がシャープであることを利用して温度傾斜勾配を持つ利用も可能である．その傾斜性を制御するため熱源を可動型とした．

## 3　熱電素子（マグネシウム珪化物）の創製実験

マグネシウム（Mg chunk 純度 4N），シリコン（Si Powder 300 メッシュ　純度 5N）アンチモン（Sb Powder 100 メッシュ　純度 5N）を重量比率 Mg : Si : Sb=1.73 : 1 : 0.026（0.6 at.% 相当）で秤量する．マグネシウム単体は非常に酸化しやすいために合成時間が短くとれる特徴を持つプラズマ放電合成法(SPS 法)により創製し，そのままではマイクロクラックがあるため，均質化を兼ねて粉砕混合後，可動イメージ炉を持つホットプレス焼結を行った．ここでは，温度差焼結の例を示すこととする．移動型の機能により，グラファイト製ダイ 20 mm に 60 K の温度差を上下につけた焼結を行った．上部温度 1223 K，下部温度 1163 K である．図3に焼結温度の分布を示した．焼結後のサンプルを四分割し，各々の中心温度を焼結温度とし，その時の密度を表2に示した．焼結温度にほぼ対応した密度が得られ，このことは，SEM 像によっても明確に差異を見出すことが出来た．図4に 330 K におけるゼーベック係数 $\alpha$（V/K）と導電率 $\sigma$（S/m）と焼

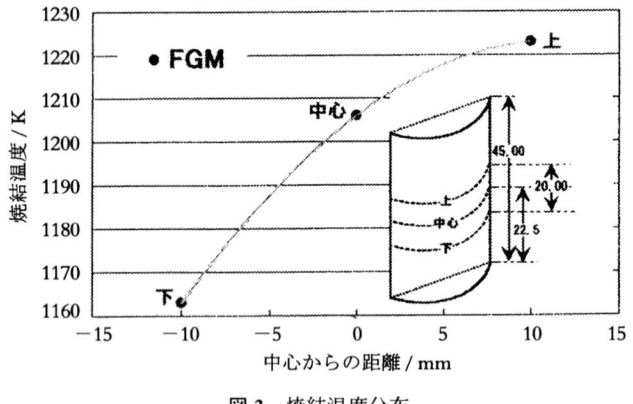

図3 焼結温度分布

表2 焼結温度と素子の密度

| 素子部位置 | 焼結温度（K） | 素子密度（g/cm³） |
|---|---|---|
| ① | 1222 | 1.99 |
| ② | 1212 | 2.02 |
| ③ | 1195 | 1.78 |
| ④ | 1175 | 1.62 |

結温度との対応を示した．ゼーベック係数は連続的単調に焼結温度を上昇させていくに従い減少し，導電率は逆に増加していく傾向が明らかになった．熱電素子の電気的特性をあらわす出力因子$P_f$（パワーファクタ）として$P_f = \alpha^2\sigma \ (W/mK^2)$があるが，この結果より（$\alpha^2\sigma$）を最大とする最適な焼結温度を直ちに導くことが可能となる．評価結果は省くが，素子利用の全温度域に渡り 1212 K が最適な焼結温度であることが見出された．[1,2]

## 4 おわりに

温度制御性と高精度設定および，操作性の観点および，局所性の特性を活かして本装置を設計した．大学などでの実験用ホットプレス焼結装置としては小型で取り扱いやすいと思われる．ただし，一つ問題点として，焼結に際して揮発性物質がある場合それが石英管内側に付着してしまう場合があることである．この対

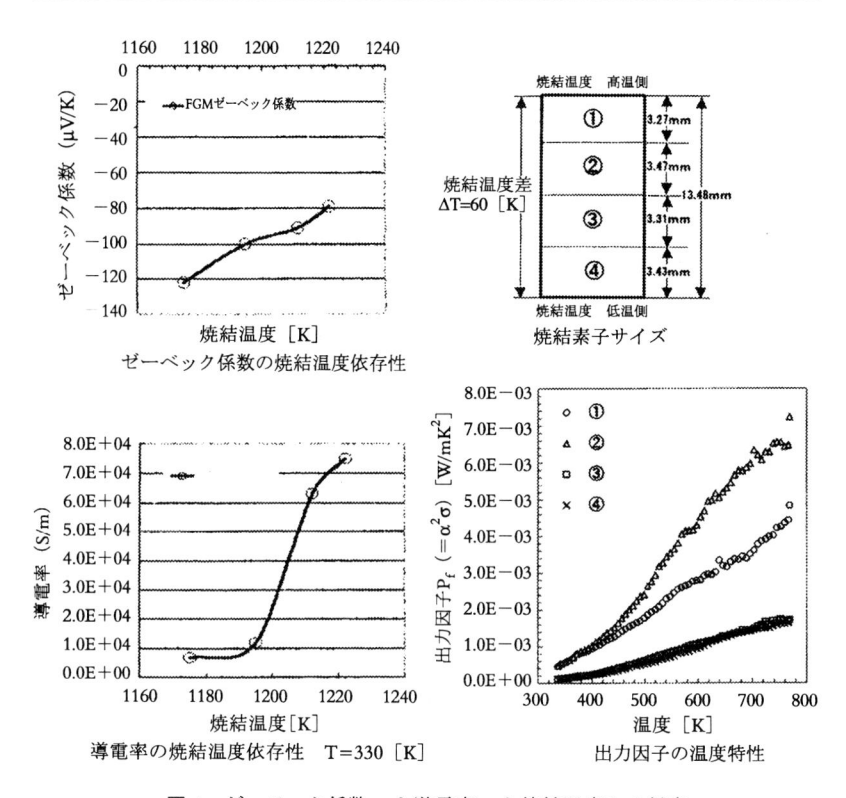

## 6 セラミックス研究開発への応用

**図4 ゼーベック係数 α と導電率 σ と焼結温度との対応**

策として石英管の内側に二ッ割の石英カバー管を用意し,グラファイト製ダイを覆ってやり,時々そのカバー管を交換してやることにしている.主石英管も年に約1回研磨再生した石英管と交換して利用している.この手間が少し問題であるが性能面での利点を消すものではない.

参考文献
1) 志田啓亮, 梶川武信, 白石健太郎, 杉原 淳: 熱電変換シンポジウム, '98論文集, (1998) 70-71.
2) T.Kajikawa, K.Shida, K.Shiraishi and T.Ito: Proc. of International Conference of Thermoelectrics, (1998) 362-369.

# 6.2 アルミナセラミックスの熱衝撃疲労

日本特殊陶業㈱総合研究所
浦島和浩

## 1 緒　　言

　セラミックスの大きな特徴は，その耐熱性と耐食性にあり，半導体装置用材料を始めとして多くの分野で使用されている．これら分野の環境は，500℃以上であることが多く，熱サイクルや熱衝撃といった点で大きな環境負荷を受けることが多い．一方，セラミックスは破壊靭性値がその他の材料と比べ低い欠点を有しており，衝撃により割れる問題を有している．特に，熱を受ける環境においては，熱衝撃により発生する応力で破壊することが知られている．さらに，セラミックス材料はその粒界にガラス層を含んでおり，繰返し応力による疲労劣化も知られており，熱サイクルを受けた後での破壊に対する挙動も重要な問題となっている．しかしながら，繰り返しの熱衝撃におけるデータは少なく，応力疲労と熱衝撃疲労の関係について比較した例はほとんど見当たらない状況にある．そこで，本研究では組織の大きく異なる二種類のアルミナ材料[1]を用いて，繰り返し熱衝撃試験を行い，組織の違いによる疲労挙動の違いを調査するとともに，熱衝撃疲労と応力疲労との相関関係について考察することを目的とした．

## 2　試　験　方　法

　熱衝撃疲労を正確かつ迅速に測定するためには，高速に加熱でき，即時に冷却できる装置が不可欠である．また，セラミックスの場合には評価温度が高いこと

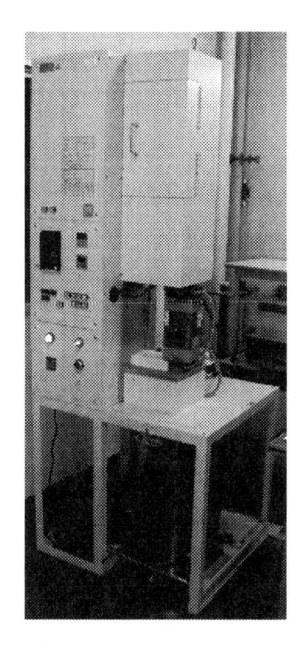

## 6 セラミックス研究開発への応用

**図1** 赤外線加熱方式の熱衝撃疲労試験機（装置サイズ：幅 800 mm ×高さ 1980 mm ×奥行き 700 mm）

**図2** 本体加熱部（加熱領域サイズ：径 40 mm×長さ 140 mm）

が要望され，その温度は 200 ℃以上，場合においては 500 ℃以上の温度差を必要とすることがある．そこで，加熱方式としては，赤外線加熱方式を採用し，加熱熱量の大きなタイプとして，アルバック理工製の P45CP/TPC-3 を使用した．これにより，最高加熱スピード：200 ℃/min., 水中投入速度 1200 mm/s. を達成し，1サイクル試験時間を 20 分に設定することが可能となった．装置の外観を図1に示し，加熱部の詳細写真を図2に示す．

　水中急冷法による熱衝撃試験で，試験装置の概略図を図3に示す．試験は，試験片を赤外線加熱炉で目的の熱衝撃温度差（以後 ΔT と略す）になるように最高温度まで 40 ℃/min で昇温し 10 分保持後，モータにより試験片を 1200 mm/s の速度で冷却水槽へ強制挿入させて急冷する．水中で1分間保持後，加熱炉に引き上げて再度加熱を開始することを1サイクルとして繰り返し熱衝撃試験を行った．

図4に示すように円柱部径 4 mm×長さ 36 mm，先端に円錐部を有するペンシル形状の試験片を用い，試料表面は研磨キズの影響を除去するためダイヤモンドペーストで鏡面仕上げした．

試験には，組織が大きく異なる二種類のアルミナ材料（板状組織アルミナ：P材，等軸状組織アルミナ：E材）を用いた．それらの機械的特性を表1に示す．今回，両材料の曲げ強度が同等になるように試料を作製した．P材はアルミナ粒子が異方粒成長して板状であるため，き裂が偏向し高い靭性が得られている．

亀裂発生の有無を浸透探傷により目視で確認した．

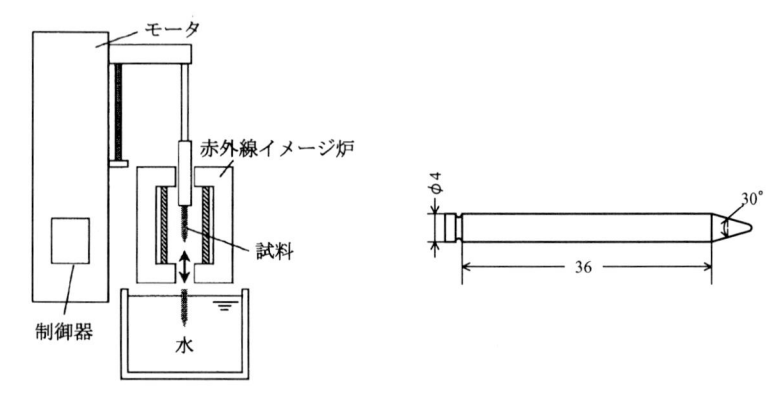

図3 試験装置　　図4 試験形状

表1 試験材の機械的性質

| 試験材 | 密度 $\rho$(g/cm³) | 屈曲力 $\sigma_3$(MPa) | Weibull modulus m | Fracture toughness $K_{IC}$(MPa・m$^{1/2}$) | 硬度 HV30 |
|---|---|---|---|---|---|
| P材 | 3.90 | 550 | 16 | 5.2 | 1510 |
| E材 | 3.95 | 570 | 11 | 3.0 | 1680 |

## 3　結果と考察

図5にP材における試験後のき裂発生状況の観察例を示す．き裂は，数回で発生する場合には多数分岐しているのに対し，多数回熱衝撃を受けて発生する場合には単一き裂が発生していた．すなわち，ΔTによるき裂発生挙動に違いが見られた．これは，繰り返し熱衝撃により，材料が何らかのダメージを受け，より低

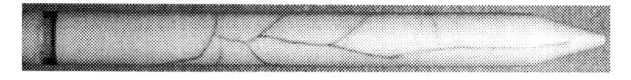

## 6 セラミックス研究開発への応用

(a) $\Delta T = 240$ K, $N = 2$

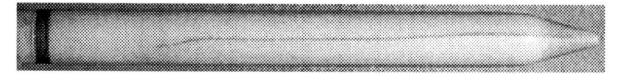

(b) $\Delta T = 210$ K, $N = 440$

図5 P材のき裂発生状況

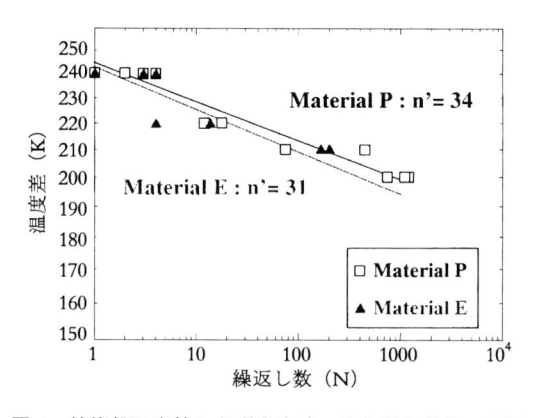

図6 熱衝撃温度差とき裂発生時の繰り返し数との関係

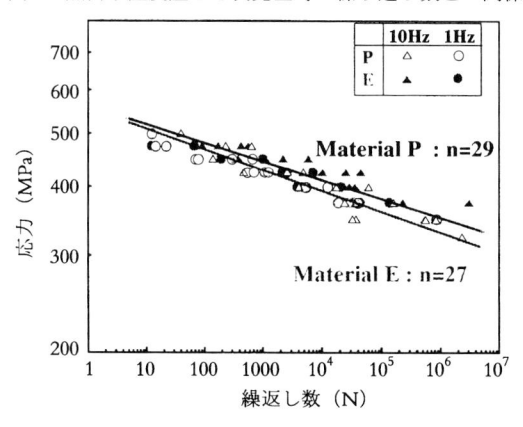

図7 繰り返し応力とき裂発生時の繰り返し数との関係

い応力で破壊が発生したことを意味している．このき裂発生状況は，E材においても同様な挙動が観察された．また，繰り返し疲労におけるき裂は，試験片の長手方向に真っすぐ進展しており，この方向は熱応力の最大引張応力方向とよく一致していた．

　熱衝撃温度差ΔTとき裂発生時の繰り返し数Nの関係を両対数でプロットしたグラフを図6に示す．P材，E材ともに明らかに熱衝撃により疲労する挙動を示した．しかしながら，lnΔTとlnNから直線近似して求めた疲労の度合いn'はP材：34，E材：31と両材料でほとんど差は認められなかった．この傾向は，以前調査した機械的応力による疲労挙動（図7）とほとんど一致しており，疲労指数もほぼ同等の値であった．このことから，熱衝撃疲労挙動は機械的繰り返し疲労挙動と同じ疲労挙動であることが示唆された．

## 4　結　論

　赤外線加熱方式の熱衝撃疲労試験機を作製し，アルミナ材料二種類の熱衝撃疲労特性を評価した．その結果，$10^3$〜$10^4$回の熱衝撃を短時間で評価することが可能となった．本試験装置は，加熱最高温度1300℃も達成可能であり，多くのセラミックス材料に対して熱衝撃疲労試験が可能である．


参考文献
1) 猪飼良仁，浦島和浩，飯尾　聡：日本セラミックス協会第39回セラミックス基礎科学討論会講演要旨集，(2001) 374-375.

# 6.3 C/C 複合材料の高温挙動

宇宙科学研究所，東京理科大学基礎工学部材料工学科*
八田博志，向後保雄*

## 1 はじめに

炭素材料は 2000 ℃以上まで使用可能という非常に優れた耐熱性を有する材料であるが，その中でも炭素繊維強化炭素（Carbon Fiber Reinforced Carbon；以下 C/C と略記）複合材料は耐熱性に加え，高強度かつ軽量であり，航空宇宙や原子力等の分野において超高温環境下で使用可能な構造材料として大きな期待が寄せられている．著者らのグループでは，C/C 複合材料を将来の宇宙往還機用のエンジンに適用しようとする検討をここ 10 年ほど行ってきており，その中で C/C 複合材料の様々な高温物性を評価してきた．本稿では，そのような評価結果の中で赤外線イメージ炉を用いた数例を取り上げる．具体的には C/C 複合材料以下の三点に関する評価結果を概説する．
1) 耐酸化性の評価，2) 熱衝撃特性，3) 熱伝導率

## 2 耐酸化性

C/C 複合材料は構成材料が全て炭素であるため，大気中では約 500 ℃から酸化消耗する．この問題点が解決困難であることが C/C 複合材料の実構造への適用を妨げている．このため C/C 複合材料の耐酸化処理技術に関する研究が広く行われてきた．C/C 複合材料の耐酸化性を改善するための代表的方法としては，C/C 複合材料表面を耐酸化コーティングで覆う方法が主に検討されてきた[1,2]．こ

こでは著者らがこれまで行ってきた研究結果を基に，C/C 複合材料（Bare C/C）と現在広く検討されている SiC コーティング付 C/C 複合材料の酸化挙動について解説する．

### 2-1 C/C 複合材料の酸化挙動 [3)]

図1に大気中，高温環境下における Bare C/C 複合材料の質量減少の経時変化の一例を示す．本図の縦軸は酸化による減少質量（$W(t)$）を初期質量（$W_0$）で割った値である．この図で注目されるのは，低温域である 663 ℃のものには曲線性が見られるが，それ以上の高温域では時間に比例した質量減少が起こることである．前者の凸曲線は，低温では材料の内部までが酸化され，酸化面積が酸化の進行とともに増加したためで，後者の時間比例の質量減少は，C/C の酸化反応性が高く，供給される酸素が C/C 表面で消費され定常的な酸化消耗を起こすためである．図2は，前図の酸化速度を $1/T$（$T$：絶対温度）に対して求めた，アーレニウスプロットである．800 ℃以下の低温域では酸化反応に充分な量の酸素が存在する領域であり，酸化速度は酸素と炭素間の酸化反応速度に律速されている．これに対し，高温域では酸化速度は試験温度の上昇と共に僅かに増大するだけである．この温度域では酸化反応速度が酸素の拡散速度を上回り，酸化速度は周りからの酸素拡散に律速されている．

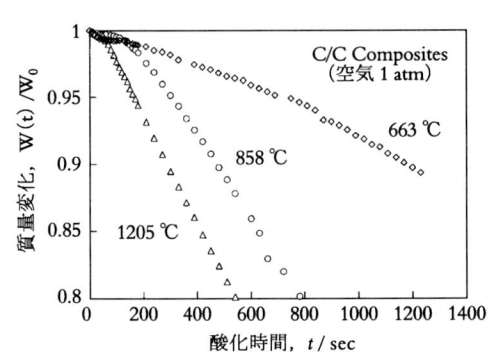

**図1** C/C 複合材料の酸化試験時の質量損失

### 2-2 SiC 被覆 C/C 複合材料の酸化挙動 [4)]

C/C 複合材料の耐酸化コーティングにおける問題点は，コーティングクラック

## 6 セラミックス研究開発への応用

の発生である．C/C の面内方向の熱膨張係数は $10^{-7}$ オーダであり極めて小さい．一方，コーティング材の SiC の熱膨張係数は約 $4.5 \times 10^{-6}$ ($K^{-1}$) 程度と大きいため，1000 ℃以上の高温の成膜温度から室温までの冷却過程においてコーティングには引張の熱応力が生じ，コーティングに多数のクラックが発生する．これらのクラックは酸素の侵入をもたらし基板 C/C を消耗させる．このため，SiC 被覆 C/C は通常クラックを $B_2O_3$ や $SiO_2$ ガラス等でシール処理を施して使用されている．しかし，シーリング材の蒸発や外力の負荷によって新たに発生するクラックを考えると，シーリング材なしのものの酸化挙動の理解も重要であり，以下ではシーリング材なしの SiC 被覆 C/C の酸化挙動を取上げる．

図 2 中に成膜温度 1800 ℃で膜厚 65 μm の SiC コーティングを施した C/C に関し，酸化速度のアレニウスプロットを示した．各プロット点は質量減少曲線の初期勾配から求めた酸化速度である．SiC 被覆 C/C の酸化挙動は以下の三温度域に分けて説明される．

(1) 900 ℃以下：コーティングクラックを通過した酸素は，連続気孔全体に拡散し（拡散律速），内表面を含めた全体的な酸化損傷をもたらす．従って，時間経過とともに材料内部に大きな空洞が形成され，酸化可能な表面積が増加し，酸化速度（質量減少曲線の勾配）は時間とともに増加する．

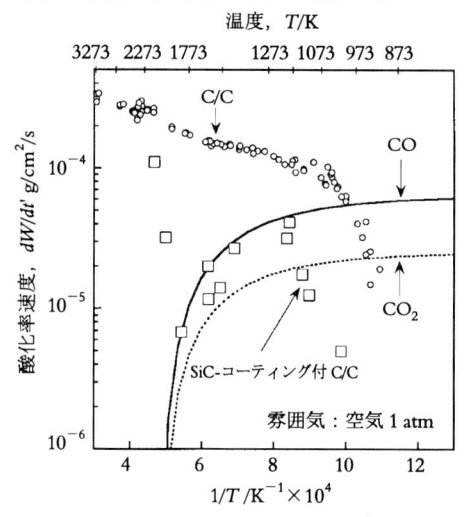

図 2 SiC コーティング付きおよび未処理 C/C 複合材料の酸化速度のアーレニウスプロット

(2) 900～1700℃：基板 C/C の酸化反応性が高いため，コーティングクラックを通過した酸素はクラック直下の C/C で即時にすべて消費される（反応速度律速）．また，コーティングクラックは熱応力によって発生したものであり，コーティング処理温度に近づくにつれて開口幅を減らす．このため温度と共に C/C への酸素の拡散量が減少し，酸化速度は温度とともに低下する．
(3) 1700℃以上：SiC が酸化により SiO 蒸気となって揮散する Active 酸化が生じる．質量減少は主として SiC の質量減少による．従って，この温度域では SiC は耐酸化コーティングとして有効ではない．

著者らは酸化速度が酸素の拡散速度に律速される 900～1700℃の温度域において，酸素がクラックを経由し基板 C/C に到達する拡散速度を実測したコーティングクラックの開口幅分布や開口幅等のクラック発生形態情報から，基板 C/C に到達した酸素は即座にすべて基板 C/C の酸化に消費されると仮定し，酸化による SiC 被覆 C/C 複合材料の質量減少を予測する解析モデルを作成した．その解析結果を図 2 中実線および点線で示した．700℃以上の温度域では，C/C の酸化による生成ガスは CO であり，従って実線とプロットの比較を行う．図示のように，有効温度域 900～1700℃で計算値と実験値を比較すると，計算値が酸化速度の温度依存性を良く再現することが理解される．

## 3 熱衝撃特性[5]

C/C 複合材料の特徴の一つに熱衝撃抵抗が高いことが挙げられる．この特性は C/C 複合材料の高靭性・高強度・低熱膨張率・高熱伝導率等の特性に由来するものであるが具体的測定例は乏しい．そこで，図 3 に示す装置を試作した．この装置は，赤外イメージ炉で熱した試験片をを水中に落下させる形式を取っている．試験片には，一方向強化と 0°/90°積層 C/C 複合材料を短冊形（100×10×3 mm）にしたものを用いたが，試験片の先端は水中落下時に熱伝達の妨げとなる雰囲気ガスの巻き込みを防ぐためにくさび状とした．

一方向強化材に 1000℃の温度差で熱衝撃を与えたときの損傷発生状況を図 4 に示す．図示のように，ごく表面付近に繊維／マトリックス界面剥離を伴うミクロな損傷が現れるが，セラミックスの熱衝撃時に現れるようなマクロなき裂の発生はない．熱衝撃時に現れる応力を有限要素法で調べると，引張り強度より高い

## 6 セラミックス研究開発への応用

応力は現れているが, C/C複合材料成型時に発生する界面剥離などの損傷により緩和されているものと想定される.

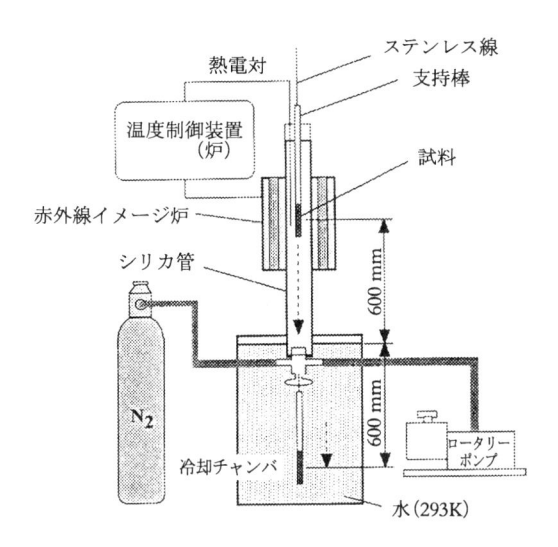

図3 熱衝撃試験装置の概要

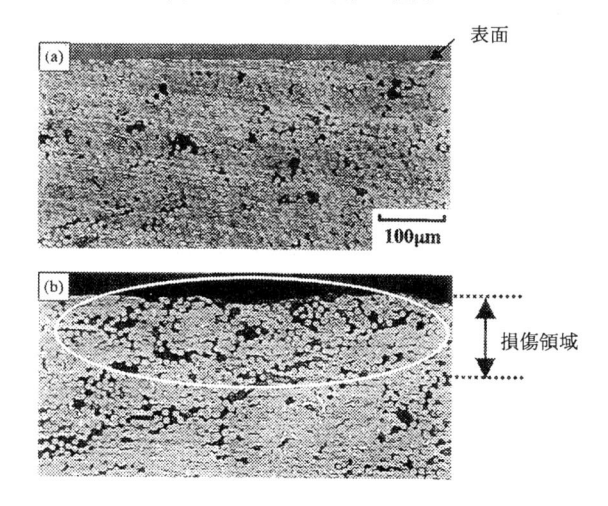

図4 熱衝撃試験前後における一方向強化（UD）C/C複合材料の表面近くの断面
(a) 熱衝撃前, (b) 熱衝撃後 $\Delta T = 1000$ K

## 4 熱伝導率[6]

熱伝導率はレーザフラッシュ法により室温から 2000 ℃の範囲で求めた．装置（真空理工製）は超高温材料研究センター（宇部）のもので，光をオプティカル

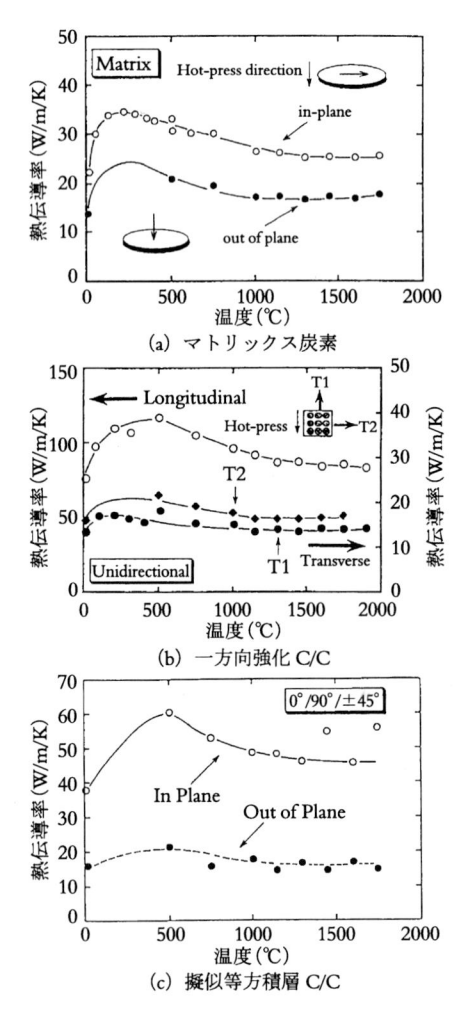

図5 C/C 複合材料の熱伝導率

ファイバで試料近傍まで導き照射レーザ強度の一様性を高めたことを特徴としている．試験片はマトリックス炭素，一方向強化および疑似等方積層 C/C 複合材料の三種類で，強化繊維は東レ M40，繊維含有率はいずれも 50 % である．図5 (a) ～ (c) は，各材料の熱伝導率の測定結果を示したものである．

参考文献
1) G.Savege: Carbon-Carbon Composites, Chapman&Hall, London, (1993) 323.
2) T.L.Dhami, O.P.Bahl and B.R. Awasthy: *Carbon*, **33** [4] (1995) 479-490.
3) 向後保雄，八田博志，大蔵明光，後藤恭博，澤田　豊，清宮義博，鑓居俊雄：日本金属学会誌，**62** [2]（1998）197-206.
4) 青木卓哉，八田博志，向後保雄，福田　博：日本金属学会誌，**62** [4]（1998）404-412.
5) 片桐　功，向後保雄，八田博志：第26回複合材料シンポジウム，(2001) 11月東京, 11.
6) 八田博志，向後保雄他：材料システム，**14**（1995）15-24.

# 6.4 フェライトによるソーラ水素生産技術開発研究

東京工業大学

玉浦　裕

## 1　緒　論

　太陽エネルギーの化学エネルギーに変換による水素発生反応系として金属酸化物を用いた酸化還元反応による水分解反応が注目されている．$Fe_3O_4$(マグネタイト)は鉄イオンの1/3が二価鉄イオンで構成されており，この二価鉄イオンは三価に容易に酸化可能である性質を利用すると，Ni-Mnフェライト系や$Na_2CO_3$/Mnフェライト系など非化学量論性を利用した系と比較して数十倍の水分解能力を持つ反応系を開発できる．またマグネタイトは資源としても豊富にあり，安価であるため，水素エネルギー生産コストを低く抑えることができる利点がある．太陽エネルギーを水素燃料のような化学エネルギーに変換する効率の良い反応系を見出すことを目的として$H_2O$/Zn/$Fe_3O_4$系水分解反応の水素発生反応を検討した．亜鉛とマグネタイトを混合し，600℃で水蒸気と反応させると水素が発生する可能性がある（水素発生段階）．この反応の生成固相は$ZnFe_2O_4$（亜鉛フェライト）となる．この亜鉛フェライトを集光太陽熱で1300℃以上に加熱すると，吸熱反応により熱分解して酸素を放出する（酸素放出段階）．図1に示すように水素発生段階と酸素放出段階を繰り返し行うことで太陽エネルギーを化学エネルギーとして取りこみ，水蒸気を水素と酸素に分解できる．しかし，この亜鉛／マグネタイト混合物を水蒸気気流中で反応させた場合，金属亜鉛が単独で水蒸気と反応し水素を生成する反応が進行する可能性がある．

　酸化亜鉛の生成ギブスエネルギーは亜鉛フェライト生成反応のギブスエネル

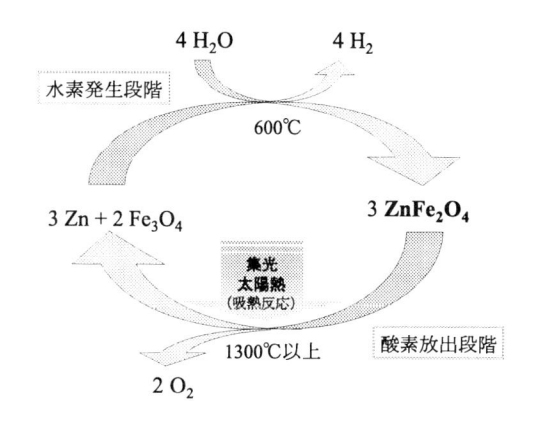

6 セラミックス研究開発への応用

**図1** $H_2O/Zn/Fe_3O_4$ 反応系による水分解反応サイクル

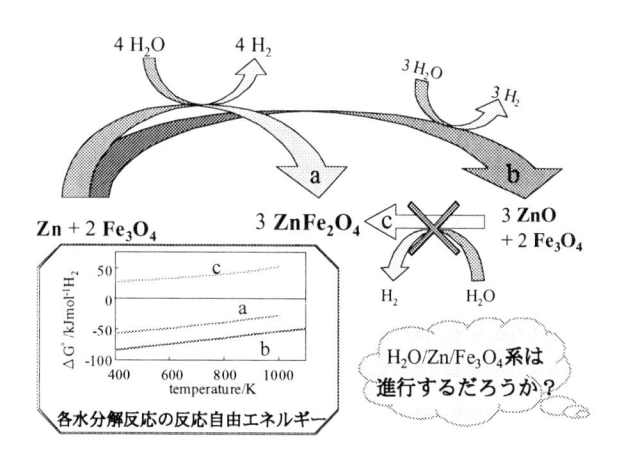

**図2** 各水分解反応系の反応自由エネルギー

ギーと比べ,より負であるため,酸化亜鉛が亜鉛フェライトに比べて優先的に生成する可能性を示唆している(図2b).酸化亜鉛とマグネタイトを水蒸気気流中で反応させること(図2c)も考えられるが,この反応cは生成ギブスエネルギーが正であることから亜鉛フェライトを生成しない.亜鉛フェライト生成反応(図2a)が競争反応である酸化亜鉛生成反応の下でどれだけ進行し得るかを調べ,水素生成収率および生成固体の解析を行った.

## 2 実験方法

　水素発生反応の反応条件および反応装置の概略図を図3に示す．マグネタイト粉末1 mmolと亜鉛粉末1.5 mmolを混合し，石英反応管内の石英ウール上に薄く堆積させることで試料と水蒸気の通気を確保した．赤外線イメージ炉RHL-E45Pを用いて150℃に予備加熱後，600℃（昇温速度200℃/min）に加熱し，水蒸気を流通させることで水素発生反応を行った．生成ガスは質量分析計で測定し，また別に水上置換で捕集し，ガスクロマトグラフィで定量した．また生成固相はX線回折，メスバウア分光法および化学分析で同定した．

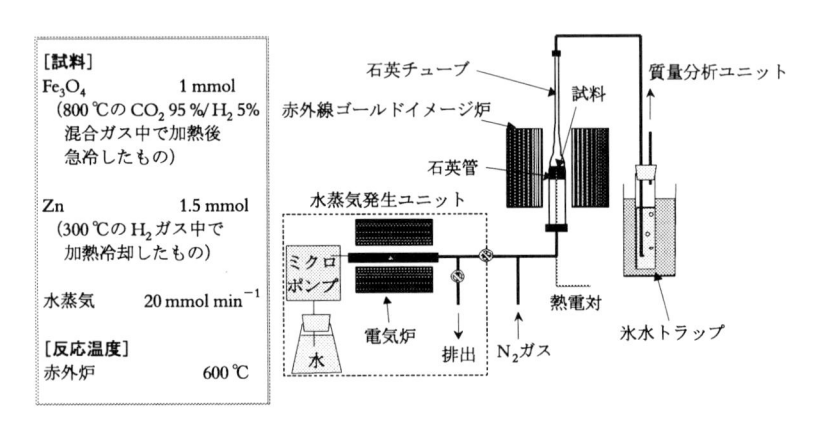

図3　水素発生反応の反応条件および反応装置の概略図

[試料]
$Fe_3O_4$　　1 mmol
（800℃の$CO_2$ 95%/$H_2$ 5%混合ガス中で加熱後急冷したもの）

Zn　　1.5 mmol
（300℃の$H_2$ガス中で加熱冷却したもの）

水蒸気　20 mmol min$^{-1}$

[反応温度]
赤外炉　　　600℃

## 3 実験結果

　水素発生反応前後の固相試料のX線回折図形によると反応前の試料にはスピネル構造であるマグネタイトと金属亜鉛のピークが明瞭に認められるのに対し（図4a），反応後のスペクトルからは金属亜鉛のピークが消失しており，少量の酸化亜鉛のピークがみられる（図4b）．主生成物はスピネル構造を持ち，格子定数がマグネタイトよりも大きく亜鉛フェライトに近いことから，亜鉛フェライトが生成した可能性がある．この固相生成物をさらにメスバウア分光法によりスペクトル測定した結果を図5に示す．図中の点は測定点を示し，実線はスペクトル

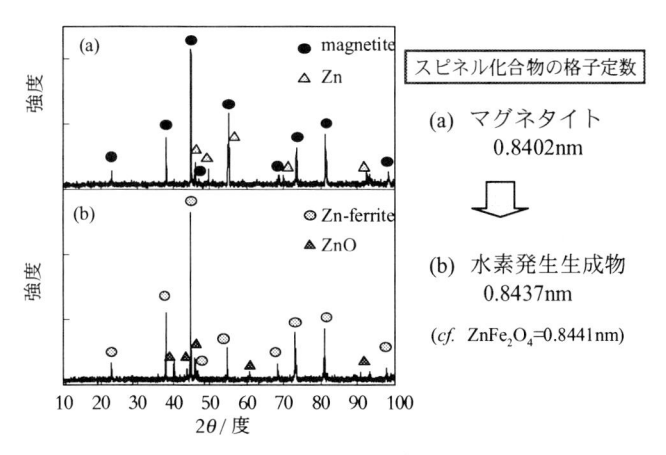

# 6 セラミックス研究開発への応用

**図4** 水素発生反応前後の試料のX線回折図

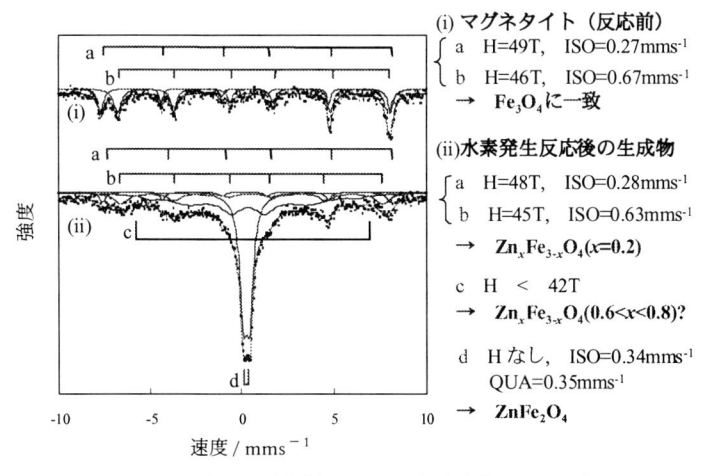

(a) マグネタイト 0.8402nm

(b) 水素発生生成物 0.8437nm
(cf. $ZnFe_2O_4$=0.8441nm)

**図5** メスバウア分光測定による固相生成物のスペクトル

(i) マグネタイト（反応前）
- a H=49T, ISO=0.27mms$^{-1}$
- b H=46T, ISO=0.67mms$^{-1}$
- → $Fe_3O_4$に一致

(ii) 水素発生反応後の生成物
- a H=48T, ISO=0.28mms$^{-1}$
- b H=45T, ISO=0.63mms$^{-1}$
- → $Zn_xFe_{3-x}O_4(x=0.2)$
- c H < 42T
- → $Zn_xFe_{3-x}O_4(0.6<x<0.8)?$
- d Hなし, ISO=0.34mms$^{-1}$
  QUA=0.35mms$^{-1}$
- → $ZnFe_2O_4$

を最小二乗法でフィッティングした計算結果を示している．反応前の混合粉末固相のスペクトル（図5 i）は報告されているマグネタイトの値と一致した．反応後のスペクトル（図5 ii）は四つのスペクトルに分解することができ，それらは内部磁場の大きさ（H）および異性体シフト値（ISO）からそれぞれ亜鉛フェラ

イト，亜鉛量が0.6～0.8および亜鉛量0.2の亜鉛フェライト－マグネタイト固溶体と考えられる．反応後のスペクトルに明瞭なダブレットが認められることからも，亜鉛フェライトが亜鉛／マグネタイト混合物と水蒸気の反応から生成していることが確認され，競争反応である酸化亜鉛生成反応よりも有利に進行することが判明した．

　生成した水素収量を定量的に評価するため，二つの競争反応の反応率をそれぞれ水／亜鉛／マグネタイト系の反応率：$R_N$，水／亜鉛系の反応率：$R_S$とおいて水素収率に及ぼす競争反応の影響を試算した．その結果を表1に示す．亜鉛1.5 mmol当りの理論水素量は競争反応がない場合に48 mlと見積られ，競争反応率の増加とともに減少し競争反応40 %では水素収率90 %となる．亜鉛／マグネタイト混合物を用いた水素発生量は競争反応からの影響は小さく，高水素収率が期待できる．横軸に時間，縦軸に水素発生量を示した今回の反応での質量分析計による水素発生のプロファイルを図6に示す．反応温度600 ℃に到達すると同時に水蒸気を導入したところ，すぐに水素が生成し，総水素収量は44.6 mlとなり競争反応率$R_S$は26 %であった．生成固相に含まれる酸化亜鉛を水酸化ナトリウム水溶液で抽出して原子吸光分析法にて定量したところ，全亜鉛量の29 %が酸化亜鉛であり収率計算による競争反応率と酸化亜鉛生成量との関係が裏付けられた．

　このような高水素収率が得られる反応機構について亜鉛の挙動に注目すること

**表1　水素収率に及ぼす競争反応の影響**

| 競争反応率 | 総水素発生量/ml | 水素収率 |
| --- | --- | --- |
| 0 % | 48.0 | 100.0 % |
| 5 % | 47.4 | 98.8 % |
| 10 % | 46.8 | 97.5 % |
| 20 % | 45.6 | 95.0 % |
| 40 % | 43.2 | 90.0 % |

```
        R_N            +          R_S        =100%
[H₂O/Zn/Fe₃O₄系 反応率]    [H₂O/Zn系 競争反応率]
 （総水素発生量）＝R_N×（H₂O/Zn/Fe₃O₄ 反応系　水素発生量）
[Zn 1.5 mmol 当量]    ＋R_S×（H₂O/Zn 反応発生量）
 （水素収率）＝（水素発生量）÷（R_S 0%の水素発生量：48.0 ml）
```

6 セラミックス研究開発への応用

| | |
|---|---|
| 総水素発生量： | 44.6ml |
| 総水素収率： | 93.4% |

⇩

| | |
|---|---|
| 競争反応率$R_S$： | 26% |
| ≈ | |
| ZnO生成量： | 29% |

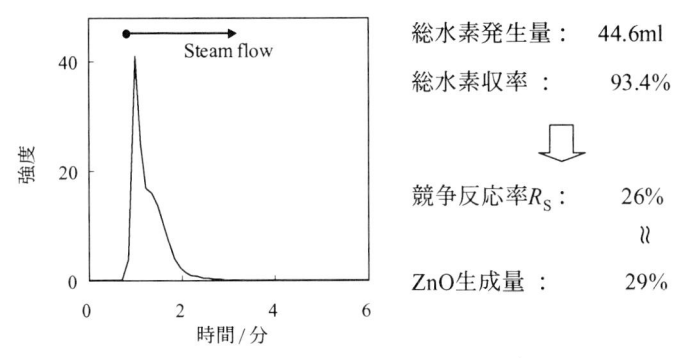

図6 水／亜鉛／マグネタイト反応系の水素発生プロファイル

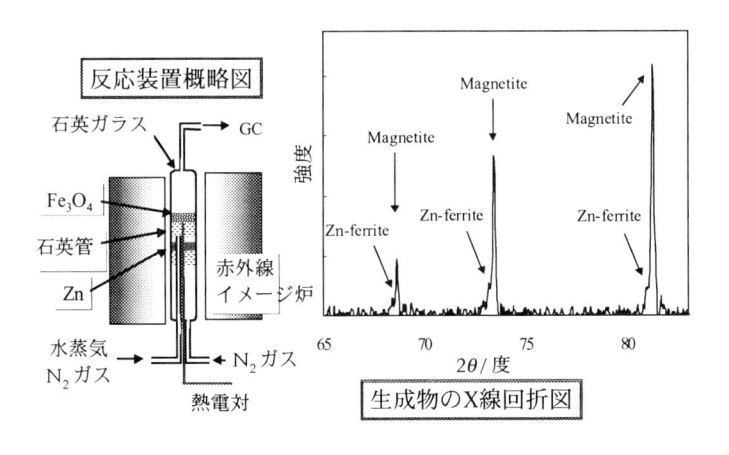

図7 反応装置の概略図と生成固相のX線回折図

で考察を行った．反応温度の 600 ℃では亜鉛の融点を超えていることから，亜鉛は溶融しておりマグネタイト表面にぬれ広がっている可能性がある．しかし亜鉛の蒸気圧は 160 Pa 程度と比較的高い蒸気圧を持つことから，溶融した亜鉛は容易に蒸気となり，固相試料中に拡散することでマグネタイト表面に蒸着することが考えられる．実際に亜鉛蒸気がマグネタイト表面に蒸着して水蒸気と反応できるかを確かめるため，亜鉛粉末試料とマグネタイト粉末試料を石英反応管内に分離して静置することで亜鉛蒸気を発生させて反応を行った．反応装置の概略図

表層Znの蒸気拡散(損失)　　追加Fe₃O₄によるZn蒸気の捕捉

改善

●●：Zn/Fe₃O₄混合物　～：Zn蒸気　●：Fe₃O₄

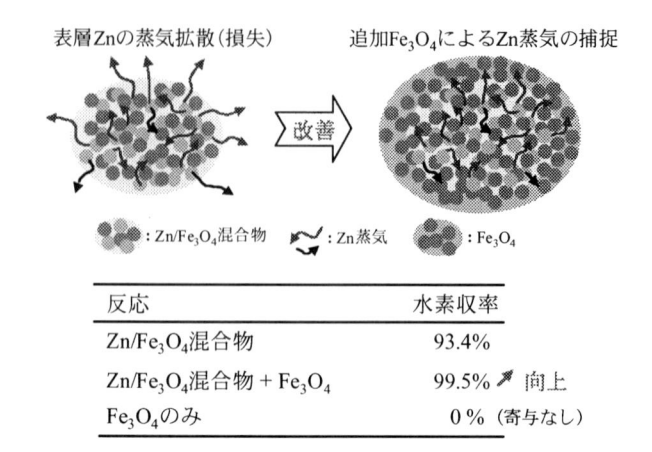

| 反応 | 水素収率 |
|---|---|
| Zn/Fe₃O₄混合物 | 93.4% |
| Zn/Fe₃O₄混合物 + Fe₃O₄ | 99.5% ↗ 向上 |
| Fe₃O₄のみ | 0% (寄与なし) |

図8　マグネタイト追加実験の実験方法の概略図と水素収率

と生成固相のX線回折図を図7に示す．スピネル構造を示すマグネタイトのピーク近くに亜鉛フェライトのピークが認められ，水素発生反応が進行することが確認された．

　高温では金属亜鉛は蒸気となって移動することから，亜鉛／マグネタイト混合試料内の亜鉛は蒸気となって拡散し反応系から失われ収率が減少する可能性がある．新たにマグネタイトを添加して試料全体をマグネタイトで覆うことにより，系外に拡散する亜鉛蒸気を捕捉すれば水素収率がさらに向上すると考えられる．実験方法の概略図を図8に示す．マグネタイト粉末で試料を覆うことで，水素発生量は93.4%から99.5%に向上した．水／亜鉛反応系の水素発生反応では，金属亜鉛の表面に薄い酸化亜鉛膜が生成して酸化反応速度が著しく低下するため未反応の金属亜鉛が大量に残留し，水素収率（反応効率）が大幅に低下する．しかし，今回提案した水／亜鉛／マグネタイト反応系は単純に亜鉛の反応に鉄の酸化分を上乗せしているのではなく，不動態形成により半分程度しか反応できない金属亜鉛を完全に反応させることのできる画期的な反応系である．

## 参考文献

Y.Tamaura, N.Kojima, N.Hasegawa, M.Inoue, R.Uehara, N.Gokon and H.Kaneko, "Stoichiometric studies of $H_2$ generation reaction for $H_2O/Zn/Fe_3O_4$ system", Int. J. Hydrogen Energy, **26** [9], (2001) 917-922.

H.Kaneko, N.Kojima, N.Hasegawa, M.Inoue, R.Uehara, N.Gokon, Y.Tamaura and T.Sano, "Reaction mechanism of $H_2$ generation for $H_2O/Zn/Fe_3O_4$ system", Int. J.Hydrogen Energy, **27** [10] (2002) 1023-1028.

# 6.5　可視光応答型 $TiO_2$ の開発

　　　　　　　　㈱アルバック筑波超材料研究所ナノスケール材料研究部
　　　　　　　　　　　　　　　　　　　村上裕彦

## 1　はじめに

　酸化チタン触媒は高い活性を示すが，約 3.2 eVという比較的大きなバンドギャップをもつため，光触媒として作用するには約 380 nm より短波長の紫外光の照射を必要とする．これは太陽光や室内照明全体からみれば，非常に限られた弱い光である．図1に，太陽エネルギーの分布を示す．太陽光を光源として用いる場合，紫外領域の光は太陽光には約3～4％程度しか含まれておらず，酸化チタンを効率よく利用するには限界がある．すなわち，生活空間の光は可視光がマジョリティであり，可視光応答型酸化チタンへのニーズが強まるのは当然であり，その開発が主流になることは自然である．

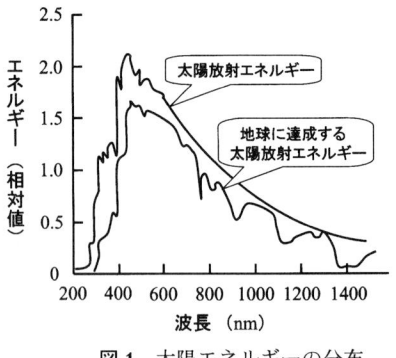

図1　太陽エネルギーの分布

歴史的には可視光応答型酸化チタンの開発は，遷移金属元素ドープ[1-3]，や還元型酸化チタン[4,5]など，種々の有効的な方法が提案されてきた．しかし実用的な観点から，遷移金属のドープに利用する高価なイオン注入装置の必要性や，還元型ではバルク中の電子が局在する結果，移動度が低くなる懸念や再酸化による光触媒機能の劣化といった問題がある．最近，酸化チタンへのアニオンドープを計算と実験の両面から検討した報告がなされた[6,7]．これらの報告では，酸化チタンの酸素原子を窒素原子で置換することにより，可視光応答型酸化チタンを作製している．

ここでは，一般的な酸化チタンの光触媒反応とその原理を紹介した後，赤外線イメージ加熱によるアンモニアガスを利用した可視光応答型酸化チタンの作製方法を紹介する．

## 2 酸化チタンの光触媒反応

酸化チタンに光があたって起きる光固体表面反応や，光固体界面反応である光触媒の反応機構は，かならずしも明確になっていない．一般には，表面での酸化還元反応により，種々の活性酸素が以下の(1)〜(4)のように生成し，それらが反応中間体として作用し，表面に吸着した種々の分子を酸化，または還元すると考えられている（図2）．

$$TiO_2 + h\nu \rightarrow e^- + h^+ \tag{1}$$

$$e^- + O_2 \rightarrow \cdot O_2^- \tag{2}$$

$$\cdot O_2^- + H^+ \Leftrightarrow HO_2 \cdot \tag{3}$$

$$h^+ + H_2O \rightarrow \cdot OH + H^+ \tag{4}$$

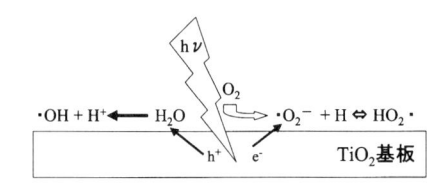

図2 光触媒の反応機構

すなわち，酸化チタンが紫外線を吸収して，電子（$e^-$）と正孔（$h^+$）が酸化チタン内部に生成する（1）．この電子および正孔のうち，表面近くに拡散してきたものが，反応に関与する．電子は，表面吸着酸素と反応して，スーパーオキサイドアニオン（$\cdot O_2^-$）が生成する（2）．この$\cdot O_2^-$は，水が存在するとき，プロトン（$H^+$）と結合したペルオキシラジカル（$HO_2 \cdot$）と平衡になる（3）．一方，正孔は吸着水と反応して，ヒドロキシラジカルを生成する（4）．

## 3 光子エネルギーと有機物分解

前記した光子によるラジカル反応は，原理的には光の強度に依存せず，同じ波長の一つひとつの光子が起こす反応は同じである．このことが，室内のような微弱光条件での光触媒反応を可能にしている．通常の白色蛍光灯に含まれる紫外線強度は，ほぼ $1 \mu W/cm^2$ 程度であり，このような弱い紫外線でも，空気中の浮遊菌が床に付くような低濃度の汚れに対しては有効である．この現象は，見かけ上は弱い光（$1 \mu W/cm^2$）ではあるが，そこに含まれているフォトン数（$10^{12}$ 光子/$cm^2 \cdot$ 秒）は菌数（たかだか 100 個/$cm^2$）よりはるかに多いことに起因する．

## 4 可視光応答型酸化チタンの作製

### 4-1 可視光応答型酸化チタンとバンド構造

可視光応答できる酸化チタンの作製時に注意すべきことは，可視光を吸収できることと，可視光で光触媒効果を発揮することは，まったく別であることを理解しておく必要がある．図3に酸化チタンのバンド構造と酸化還元電位を示す．この図からバンドギャップの狭いルチル型がアナターゼ型に比較して，より多くの光を吸収できるため光触媒には適しているように思えるが，実際にはアナターゼ型の方が高い光活性を発揮する．この理由は両者のエネルギー構造の違いである．

価電子帯の位置は両者とも非常に深い位置にあり，生成した正孔は十分な酸化力を示す．この酸化力は非常に強く，その電位差の違いにあまり影響を受けない．ところが，伝導帯の位置を見ると，水素の酸化還元電位の近くに位置し，この少しの差が還元力の大きな差となって表れ，アナターゼ型の方がより高い光触媒活性を示すことになる．

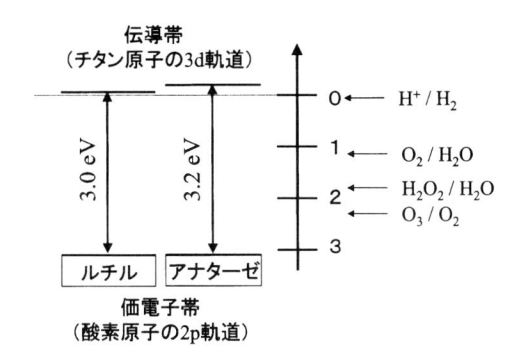

図3 バンド構造と酸化還元電位

すなわち，酸化チタンの可視光化，すなわち，狭バンドギャップ化の方法として，伝導帯の準位を下げること，あるいは，価電子帯のエネルギー準位を上げることになる．しかし，前者の場合，可視光吸収は可能になるが光触媒性能を劣化させることになる．一方，後者の場合，価電子帯の準位は十分に深く，光触媒性能を劣化させることなく，可視光化することができる．図3に示したように酸化チタンの価電子帯は酸素の2p軌道からなることが知られている．それゆえ，酸素原子を窒素原子に置換することにより可視光化が達成される．

### 4-2 可視光応答型酸化チタンの作製方法

前記の議論から，我々はアンモニアガスを利用した酸化チタンの窒化により，酸素原子の位置に窒素置換を試みた．酸化チタンの窒化は，赤外線ランプ炉を用いて，アンモニアガス雰囲気中で400〜600℃の加熱で行った．赤外線ランプ炉を用いる利点は，アンモニアガスの温度を上げることなく，酸化チタンの温度を上昇させることができる点にある．通常の雰囲気炉を用いた場合，アンモニアガスの温度が高くなり，水素ガスと窒素ガスに解離する．その結果，水素化能力と窒化能力が低下する．赤外線ランプ炉を用いた場合は，アンモニアガスの解離が追いつかず，平衡状態よりもはるかに高いアンモニア分圧を維持することができ，気相は高い水素化能力と窒化能力を示す．

図4に石英基板上に電子ビーム蒸着法で作製した酸化チタン（透明であり，基板したの文字が読める）とその酸化チタンを650℃でアンモニア処理したサンプル（可視光を吸収するため，基板下の文字が読めない）を示す．

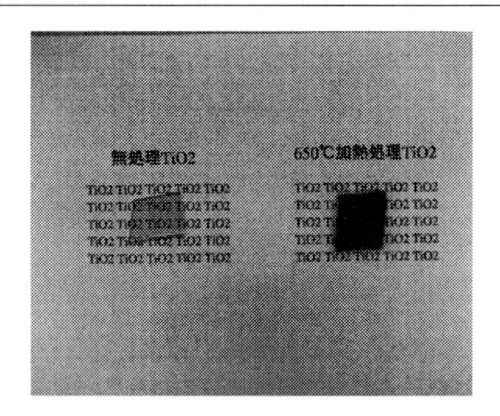

図 4 可視光応答型酸化チタン

## 4-3 可視光応答型酸化チタンの光吸収特性

図 5 に標準の酸化チタンとアンモニアガス (600 ℃) で可視光化処理したサンプルの光吸収スペクトルを示す．明らかに可視光化処理サンプルは，通常の酸化チタンでは吸収できない 400 nm 以上の波長をもつ低エネルギー光を吸収することができる．これは，既に議論したように，価電子帯付近の $N_{2p}$ に起因するギャップ内準位から伝導帯への光学遷移が可視光吸収に寄与していると考えられる．

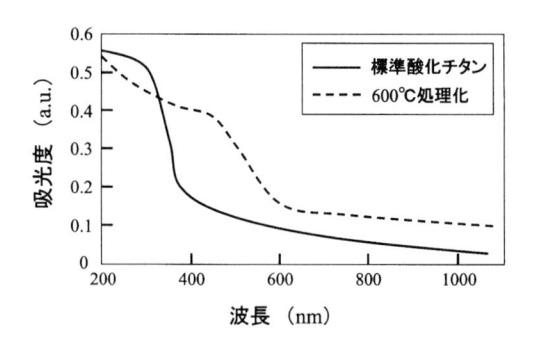

図 5 光吸収スペクトル

## 4 まとめ

 現在,実用化が広まりつつある酸化チタン光触媒は,紫外光が照射される環境が必要である.我々の生活空間では紫外光を利用することはなく,酸化チタンの触媒性能を十分に利用することができない.太陽光や生活空間に満たされている可視光を効率よく利用できる可視光応答型酸化チタン光触媒の開発は,光触媒研究者すべての夢である.

 本稿で紹介した可視光化の方法は,アンモニアガスで加熱するという非常に単純な方法であるが,その光エネルギーの有効利用という点では,インパクトが大きい.今後,酸化チタンの酸素原子への窒素原子置換が種々の方法で試みられ,よりソフトな可視光化の方法が開発されることを期待している.

参考文献
1) A.K.Ghosh and H.P.Maruska: *J. Electrochem. Soc.*, **124** (1997) 1516.
2) W.Choi, A.Termin and M.R.Hoffmann: *J. Phys. Chem.*, **98** (1994) 13669.
3) M.Anpo: *Catal. Surv. Jpn.*, **1** (1997) 169.
4) R.G.Breckenridge and W.R.Hosler: *Phys. Rev.*, **91** (1953) 793.
5) D.C.Cronemeyer: *Phys. Rev.*, **113** (1959) 1222.
6) R.Asahi, T.Morikawa, T.Ohwaki, K.Aoki and Y.Taga: *Science*, **293** (2001) 269.
7) T.Morikawa, R.Asahi, T.Ohwaki, K.Aoki and Y.Taga: *Jpn. J. Appl. Phys.*, **40** (2001) L561.

## 6.6 微小重力による超伝導薄膜実験

産業技術総合研究所
村上　寛

### 1　はじめに

　無重力は，無浮力，無沈降，無対流の環境であることから半導体や合金などの製造では大形で高品質な結晶ができることが期待されている．これらの製造実験はロケット，飛行機による弾道飛行あるいはスペースシャトルなどで研究が行われている．しかし，宇宙実験は簡単に，できないため地上設備を利用した無重力での研究も進められている．地上設備は実験機器を自由落下させることで短時間であるが，微小重力が得られる．アメリカ（NASA）をはじめドイツ（ブレーメン）など世界各国で利用されている．

　日本では落下塔設備として岐阜県土岐市と北海道上砂川町にある．北海道の地下無重力実験センターは世界最大で無重力時間が 10 秒間得られる．この設備は炭坑用の縦坑後を利用したもので，図 1 にその概略を示す．無重力は縦抗の中をカプセルが 490 m 自由落下することで $10^{-4}$ G 以下の微小重力レベルが得られる．自由落下のあとカプセルは機械的なブレーキにより制動されるため，10 G 程度の制動加速度を受ける．

　この設備を利用した材料，バイオ，燃焼などの研究が行われている．著者らはこの微小重力環境で Bi 系超伝導薄膜の溶融・凝固実験を行うことを計画した．期待される効果は薄膜の平坦化および高 Tc 相を選択的に成長させ，超伝導特性の向上化を図ることを目的とした．このための実験機器の開発と実験を行ったのでその結果について報告する．

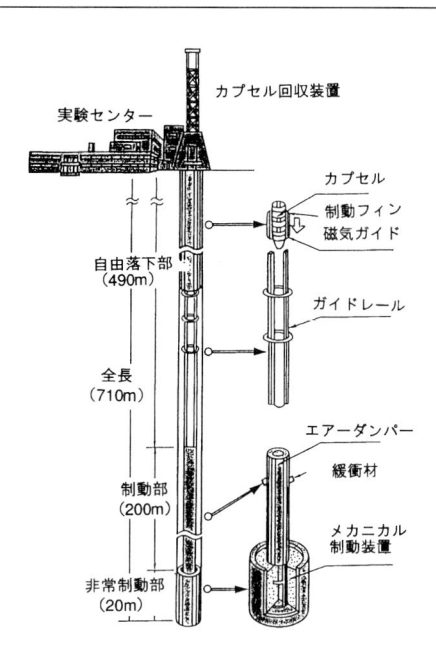

6 セラミックス研究開発への応用　　　　　　　　　　　　　　　　351

図1　地下無重力実験センター施設概略

## 2　実験システム

　落下塔で用いる実験システムは重量，使用電力，形状等の制約条件があることからはじめに装置の開発を行った．システムは外部からの制御や短時間加熱，短時間冷却などを行わせる機能が必要で（1）加熱炉（2）温度コントローラ（3）急冷ガス導入系（4）試料保持部（5）コマンド・テレメインターフェース（6）予備電源および（7）水冷却器から構成されている．図2に実験システムのブロックダイヤグラムを示す．

### 2-1　加　熱　炉
　加熱炉は超伝導材料の短時間加熱で酸素が抜けないように酸素ガスを導入・封入することができるような真空仕様の部品および，シール機構で構成されている．赤外線ランプによって試料を加熱することから窓は赤外線の透過率の高い石英（径100 mm）を用いた．また上下両方向加熱を行うことで短時間に試料を最大

900℃まで昇温させるようにした．使用した赤外線ランプは焦点距離 55 mm 1 KVA（ES-55）を用いた．図3に加熱炉の概略を示す．加熱炉全体は温度上昇を低減するため熱伝導の良い Al 合金を用い，循環水による冷却ができる構造とした．加熱炉本体の重量は 40 kg，形状は縦 415 mm×横 430 mm×高さ 530 mm である．超伝導薄膜試料は加熱炉中心に設置した石英製ホルダに取り付ける．試料

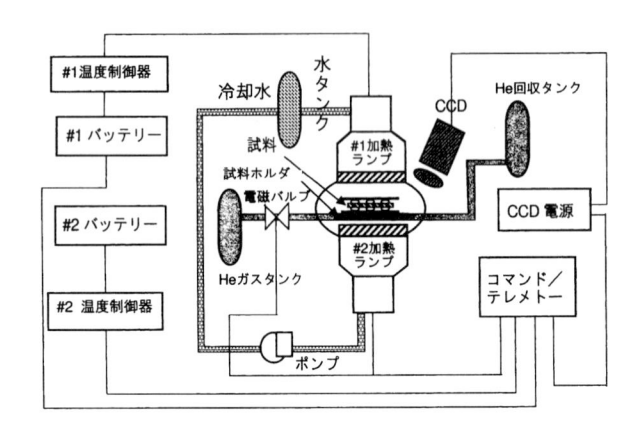

図2　微小重力に用いる実験システムのブロックダイヤグラム

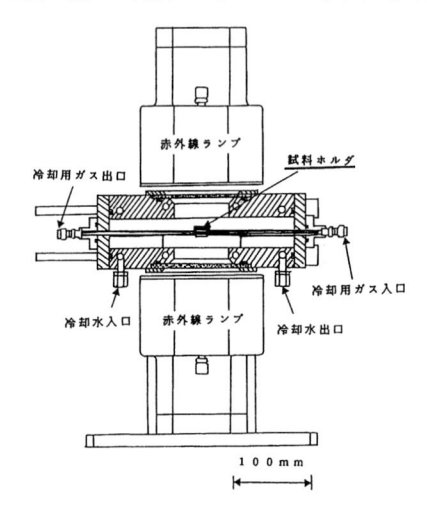

図3　加熱炉の概略

6 セラミックス研究開発への応用　　　　　　　　　　　　　　　353

の温度や温度コントローラ制御用の熱電対は直接超伝導薄膜に取り付けることができなかったので白金箔にスポットウエルドして行った．加熱炉は落下塔の制動時に発生する衝撃に対する対策を施すことによって，10 G レベルの振動試験でも石英ガラス等の破損が生じなかった．これは加熱炉本体と赤外線ランプを両側から挟み込む構造としたことや電気配線，冷却パイプなどを金具で固定を行った効果である．

2-2　温度コントローラ

　温度コントローラは加熱炉用赤外線ランプの電力を最適な動作状態になるように PID 制御させる機能と試料の温度上昇・降温率および保持時間をプログラム制御する機能を有するものを用いた（HPC7000）．赤外線ランプの電力を最大 2 kVA まで制御できる．重量は 12.5 kg，大きさは縦 450 mm 横 430 mm 高さ 155 mm ある．この温度コントローラを 2 台共締めにし，衝撃対策は各々のコントローラとベースプレートの間にシリコンラバを挟んで行った．また，コントローラに接続されている外部配線や内部配線は束線と固定を，重量物に対しては補強を施した．

2-3　急冷ガス導入系

　微小重力実験は 10 秒の間に超伝導薄膜の溶融と凝固を実行させることが必要となる．熱容量が大きい，試料ホルダでは，一度昇温させると急速に温度を下げることが困難になる．このため試料ホルダを空洞化して内部にガスを流して冷却する方式とした．落下塔での制限により，冷却ガス動作用バルブは微小重力に影響を与えない程度の振動の少ない構造にした．これは市販の電磁バルブのバネ部に改良を加えたものである．この改良で動作可能な最低封止圧力はヘリウムガスで最大 3 $kg/cm^2$ となった．このため冷却用ガスをタンクに 2 $kg/cm^2$ 充填した．また，このガスの回収用タンクを別に用意して真空状態で待機させた．この状態で落下開始数秒後に電磁バルブを動作させて冷却ガスを流し，試料の冷却を行わせる．このようにするとガスの流れを速める効果と落下設備への不要なガスの排出をなくすことができる．

## 2-4 試料ホルダ

石英製試料ホルダは石英製の押え板と窒化硼素製のネジで試料を固定する方式である．これは落下終了時に生じる衝撃と加熱中に試料が移動することを防ぐためである．ホルダは透明石英の 6 mm 径のパイプと角形状の試料取り付け部からなる．この内側に前述した冷却ガス流す．試料の冷却は直接表面にガスを吹きかけた方が冷却効果が高くなるが，膜面がこのガスにより影響を受け，均一な表面状態を保てないため間接的な冷却方式にした．冷却特性は冷却しない時より数℃/秒高い値が確認できた．ホルダは全長 270 mm である．ホルダは中央部が重く制動加速度が加わるとストレスが両端に加わり破損の恐れが懸念されたが，ストレスが加わらない防振処置やサポート構造にしたことにより破損を防止した．

## 2-5 コマンド・テレメトリインターフェース部

落下塔での実験装置は実験が開始されると全て外部からの命令で制御が行われる．従って実験装置はカプセルを制御しているモニタ室からのケーブル信号や光伝送による指令で温度コントローラや冷却装置を制御をすることになる．この制御用信号やデータ取得のための制御器がコマンド・テレメトリインターフェース部である．大きさは縦 340 mm ×横 390 mm ×高さ 100 mm 重量 8 kg である．

## 3 実験温度条件

開発した加熱システムを用いて重力環境で Bi 系超伝導薄膜の溶融・凝固実験を行った．これは微小重力での加熱条件を決めると共に比較を行う基準となるものである．落下設備はカプセルを自由落下させるまで 20 分程度必要とする．したがって，この期間内に加熱システムを実験可能な動作状態にすることが必要となることから，10 分間で全ての動作が終了するようにプログラムを設定した．このプログラムに従った，昇温・降温の温度プロファイルの一例を図 4 に示す．プログラムスタート時点で上部赤外線ランプだけを使用し，試料を 300 ℃程度まで予備加熱させる．次に下部赤外線ランプで制御動作をさせる．制御温度は 500 ℃までを 5 ℃/s で，その後，規定の設定温度までを 2 ℃/s の二段階制御を行った．微小重力実験では設定温度よりも 2 ℃低い値になるようにしている．この温度を 2 秒間保持させる．従って無重力環境で薄膜が溶融状態を 3 秒間維持さ

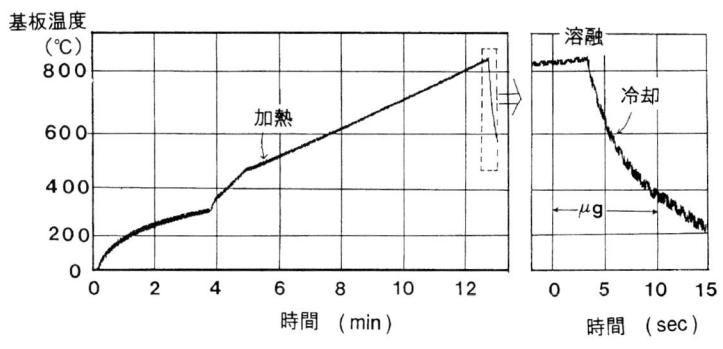

図4 実験で得られた温度プロファイルの一例

れることになる．微小重力環境になってから3秒後に，冷却ガスが試料ホルダの内部に流れ，7秒間以内で試料は溶融状態から固化状態になる．ここで用いた超伝導薄膜はBiSrCaCuで2212の組成を持つアモルファス薄膜である．

## 4 実験結果

実験は膜厚が100 nmと200 nmの二種類を用いた．重力下での実験において100 nmの薄膜は870℃で加熱した場合完全に溶融・凝固が行われた．その結果，表面に細かい粒子状の結晶が不均一に分散した．X線組成分析装置による組成分析はチャージアップにより取得できなかった．

760℃の加熱条件では不完全な溶融であるため，超伝導薄膜を製作したスパッタ装置のターゲットと同様のBiSrCaCu（2212）の組成を持つHiTc相が観察された．830℃と850℃に加熱した組成は2201などの低$T_c$相になっている部分とHiTc相が混在した．

200 nmの薄膜は870,850,820,800℃の4ポイントで溶融・凝固実験を行った．870℃では100 nmの膜と同様に不均一に粒子が分散した．また組成分析でも100 nmの薄膜と同様の2201の組成が認められた．850℃では図5a,bのSEM写真に示すように重力のある場合と微小重力の場合とで表面状態が異なった．重力のある場では針状の結晶の成長が見えなかったが微小重力ではこの針状の結晶の成長が観察された．針状の結晶の組成分析によると超伝導物質の組成が観察されているが分析回数が少ないためその組成比までは明らかにならなかった．また構造，組成に

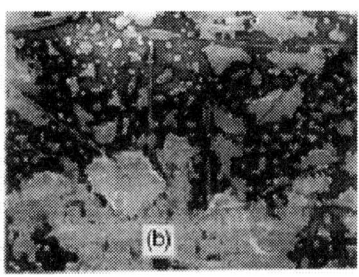

図5 超伝導薄膜の電子顕微鏡による表面状態の比較（a：微小重力環境 b:重力環境）

ついての分析では重力場と微小重力場での結果も 100 nm の膜と同様の傾向が示され，基本的な 2212 組成がメインであった．100, 200 nm とも高温での溶融では膜面の蒸発が起こり薄膜表面が微細な粒子に変化することや，結晶構造の違いが現れ，常伝導相が部分的に析出している．

## 5 ま と め

落下塔による微小重力環境での超伝導薄膜の溶融・凝固実験を実施するための加熱システムを開発し，十分な性能が得られた．またこのシステムを用いた実験では当初の目的が得られなかったが重力のある場合と微少重力とでの針状結晶の析出は興味深い結果である．この針状結晶を何かの方法で成長させれば一方性結晶成長の可能性が考えられる．

参 考 文 献
1) ㈱地下無重力実験センター：USERS GUIDE（1992）．
2)（財）宇宙環境利用推進センター,（財）日本産業技術進行協会：地下無重力実験センターの利用調査報告書（1989）．
3) H.Murakami, S.Hosokawa, K.Endo, I.Kudo, Y.Ichikawa, K.Setsun and A.Teramoto: *Rev. Sci. Instrum*, **64** [6] (1993) 1536-1540.
4) Y.Ichikawa, H.Murakami, K.Misuno, T.Satoh, A.Enokihara, K.Setsune, H.Adachi, S.Hosokawa, K.Endo, S.Misawa, S.Yoshida and I.Kud: *Trans. Mat. Res. Soc. Jpn.*, **16A** (1994) 669-672.
5) 村上　寛，遠藤和弘，細川俊介，工藤　勲，市川　洋，瀬恒謙太郎，中野邦男：日本航空宇宙学会第 22 期年会講演会予稿集，（1991）46-47.
6) 村上　寛，工藤　勲，遠藤和弘，三沢俊司，吉田貞史，市川　洋，瀬恒謙太郎，中野邦男：日本マイクログラビティ応用学会誌，**9** [4]（1992）318-319.

# 6.7 短時間微小重力環境を利用する材料合成

産業技術総合研究所　物質プロセス研究部門
奥谷　猛

## 1　はじめに

微小重力環境（μg）では，対流による物質移動の抑制，表面張力の効果の顕在化，比重の異なる物体の均一分散など，通常不可能なことが可能になる．半導体などの高品質結晶を製造するために，長時間の微小重力環境が得られる宇宙で多くの実験が行われている．その多くはチョクラルスキー法やブリッジマン法による結晶成長に関するものである[1]．現在まで落下塔や落下管などの地上で得られる短時間の微小重力環境を利用して高品質結晶を製造することは不可能と考えられてきた．

非接触あるいは非常にゆっくり冷却して融液を凝固させる場合，核の発生が抑制され，過冷却現象が観察される．金属材料の過冷却融液からの核生成，デンドライト生成，相，熱物性について多くの報告がある[2]．過冷却状態の臨界点を超えた融液は非常に速く凝固する．

過冷却は対流がない場合に得られる均質な融液でも生じやすい．図1には常重力（1g）とμgで考えられる冷却曲線を示した．ここでは"g"は重力の加速度である．熱が対流と伝導により伝わる1gの方が伝導のみのμgよりも冷却速度は速く，冷却曲線の傾きはμgよりも1gの方が大きい．すなわち，μg下では冷却速度は1gより小さいが，凝固速度は大きい．μg下でのInSb融液の冷却において，冷却剤として液体$N_2$を用いた時でさえも過冷却が観察され[3]，融液が均質なμg下では急速冷却した場合でも過冷却が起こることを示している．しか

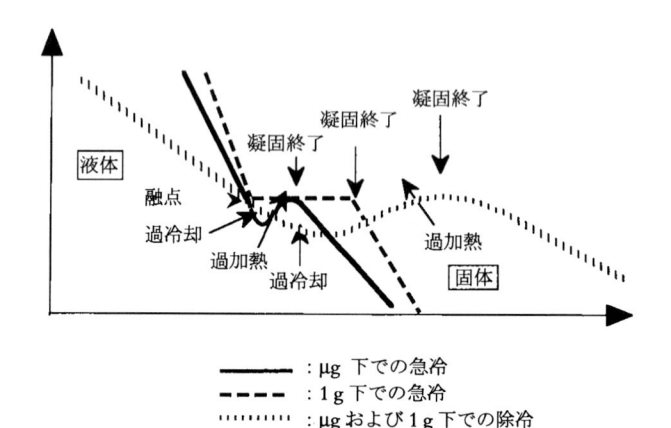

**図1** 微小重力，常重力下での融体からの冷却曲線

— ：μg下での急冷
--- ：1g下での急冷
…… ：μgおよび1g下での除冷

し，融液が不均質な1g下では過冷却は起こらない．均質な融液からの凝固により高品質結晶材料の合成が期待できる．急速冷却においても均質な融液からの凝固が可能なことは，落下塔などで得られる1〜10秒の短時間の微小重力環境が得られる地上での微小重力実験でも高品質結晶の合成が期待できる．

本稿では，落下施設を用いた短時間微小重力環境下での無容器凝固によるGeおよびInSbの高品質結晶の合成について紹介する．

## 2 落 下 施 設

微小重力実験には，当ラボで所有の10m落下塔で得られる$10^{-3}$g 1.43秒[3]，および，2.5mおよび13.67m落下管[4]を用いた．以下に各施設について簡単に紹介する．

### 2-1 （2m+11m長さ）の落下管

液滴などの物体を真空中もしくは低圧ガスを充填した垂直に設置した管中を自由落下した場合，物体は微小重力下にあるといえる．このような管が落下管である．落下管は外径40mm内径30mmのステンレス鋼製管を垂直につないで作製した．図2に示したように管は上部2m，下部11mから成り，管の間はのぞき

窓と二つの真空シャッタが設置されており，管の最下部には凝固した液滴を捕集する受器がおかれ，受器内部にはシリコンオイルや高温の生成物を冷却するためにスズ粉体などが充填されている．管の最上部には 2 m ステンレス管の上部に取り付けられている真空シャッタの上に長さ 0.5 m 内径 30 mm の透明石英管が接続されている．石英管内部には液滴を作るためのノズルなどが設置でき，石英管外部には対角線上に二個の赤外線ゴールドイメージ炉が設置され，ノズル内に充填されている半導体粉末を溶融することができる．落下管は上部 2 m 部のみ，または，上下の管を接続して全長 13 m の落下管として使用することができる．試料の設置場所から受器までの長さは，2.5 m および 13.67 m で，この長さの自由落下で得られる微小重力（μ-g）環境は，1.67 および 0.71s である．

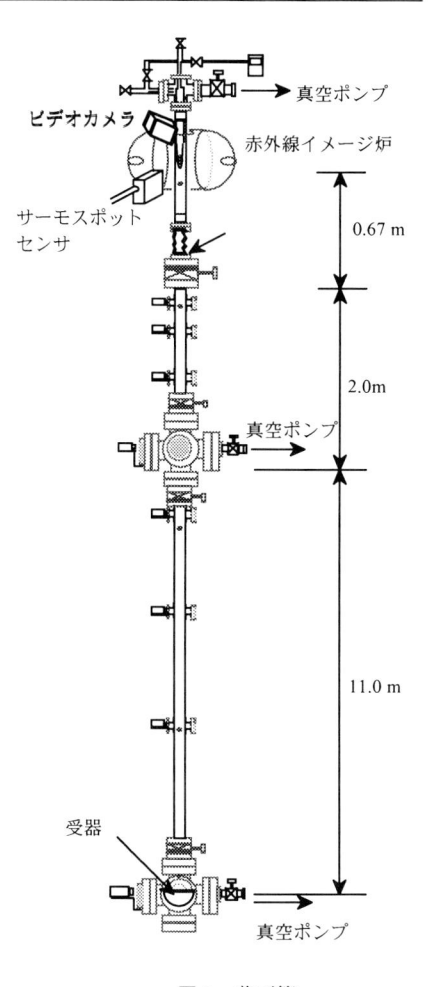

図 2　落下管

## 2-2　リニアモータ制動の 10 m 落下塔

落下塔の外観と概略を図 3 に示す．落下塔には二つの特色がある．それらは二重カプセル構造と制動にリニアモータを利用していることである．特に，制動にリニアモータを利用している点においては世界で唯一の落下塔である．自由落下距離 10 m で得られる微小重力時間はわずかに 1.43 s である．リニアモータ制動では，電磁石に流す電流をコントロールすることにより（制動時連続的に電流

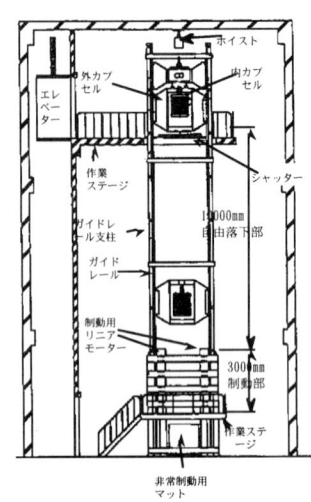

**図3 落下塔の外観と概略**

を増加させる)，スムーズに制動でき，衝撃は4g以下である．微小重力実験は1hに四回可能であるが，1.43sという微小重力時間のために実験可能なテーマに限界がある．自由落下距離が10 mと短く，大気中でカプセルを落下させても二重カプセル方式を採用しているため微小重力レベルは$10^{-3}$gと良好である．実験装置は内カプセル内に設置される．

## 3 落下管を用いる球状 Ge 単結晶の製造 [5]

液滴を自由落下させた場合，その液滴はμg環境下にあると言える．図4に示したような石英ガラス製ノズルを落下管上部の石英管中に設置した．ノズル内のGe片を1100℃に赤外線ゴールドイメージ炉で加熱し，径が2.5 mmの液滴を作製し，2.5 mの管内を40Pa，134Pa，0.1013MPaの冷却用Heガスを充填した管内を自由落下させ，管内を自由落下する0.71s以内に凝固を試みた．径が2.5 mmの1100℃のGe液滴を真空中，40Pa，134Pa，0.1013MPaのHeで充填された2.5 mの落下管中を自由落下した時点の液滴の理論的に計算した温度は，各々1058℃，880℃，870℃，850℃であった．理論的には，径が2.5 mmの1100℃のGe液滴は40 Pa以上の圧のHeガスを充填した2.5 mの自由落下中にGeの凝固点

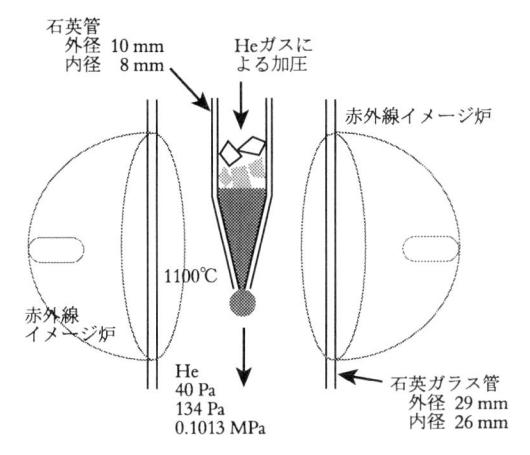

## 6 セラミックス研究開発への応用

**図4** Ge 液滴作製ノズル

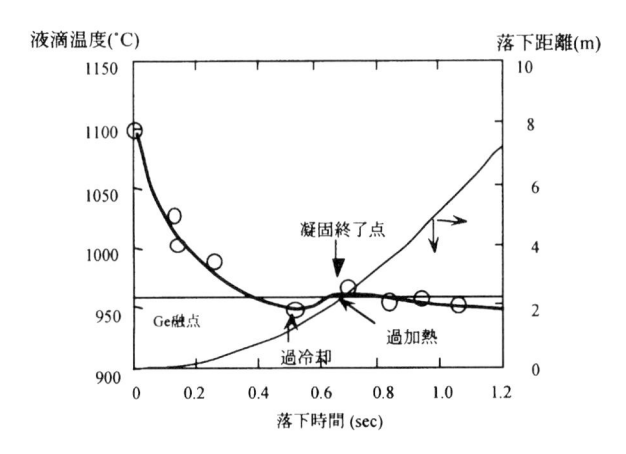

(石英管 外径 10 mm 内径 8 mm / He ガスによる加圧 / 1100℃ / 赤外線イメージ炉 / He 40 Pa, 134 Pa, 0.1013 MPa / 石英ガラス管 外径 29 mm 内径 26 mm)

**図5** 落下時間による自由落下中の Ge 液滴の光放射強度から測定した温度
　　　液滴の初温度：1100 ℃
　　　落下管雰囲気：133 Pa（He）
　　　Ge 液滴径：2.5 mm

(グラフ軸：液滴温度(℃) / 落下距離(m) / 落下時間(sec)、Ge融点、過冷却、凝固終了点、過加熱)

937.4 ℃以下に冷却でき，凝固が完結することが推察される．図5に液滴の自由落下中の発光強度を測定し温度に換算した結果を示した．自由落下中に過冷却，過加熱が観察されているが，これらは融液が均質である時に観察される現象で，

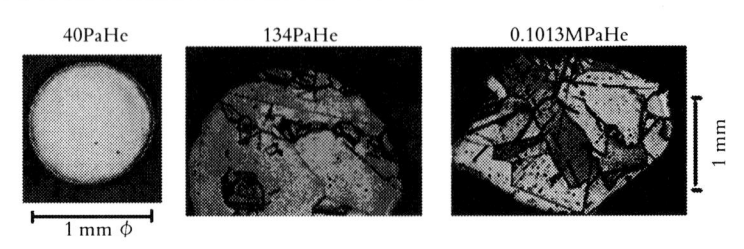

**図6** 各He圧力下の2m落下管の自由落下中に固化したGeの組織
エッチング条件：2％HF＋60％　HNO$_3$ 中10分間

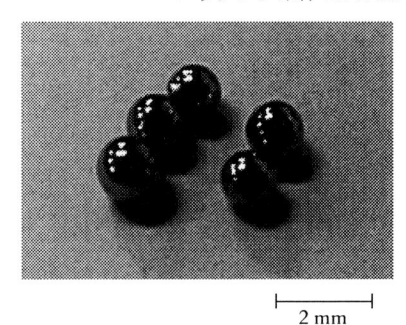

**図7** 球状のゲルマニウム

このことより自由落下中の液滴内には対流がなく，均質な融液であることがわかる．2.5mの自由落下でGeは凝固したことがわかる．2.5m落下管底部で得られたGe凝固物の組織を図6に示した．40Pa（He）で得られたGeは図7に示したような球であったが径は1mmであった．134Pa（He）で得られたGeは球であったが，0.1013Pa（He）で得られたGeは真球ではなく，また，両方のHe圧では単結晶は生成しなかった．40PaのHe中ではGeは凝固の際，体積膨張が起こり，破裂し，その結果，1mm程度の径の真球が得られたと考えられる．管内のHe圧力が高いほど落下する液滴は抵抗を受け，μg環境の質は低くなる．その結果，μg環境の質が悪くなると液滴内に対流が生じ，融液の均質性が損なわれ，単結晶が生成しなかったと思われる．μg環境の質は高品質結晶を製造する上で重要である．

## 4　落下塔を用いる球状InSb単結晶の製造 [5]

InSb合金はInP等と並んで赤外線検出器やホール素子などとして非常に有用な電子材料であり，一般にはIn：Sb＝1：1（原子比）の組成において半導体的性

## 6 セラミックス研究開発への応用

質が発現する.

InSb融液（凝固点525℃）を北工研10m落下塔で得られる$10^{-3}$g 1.43秒のμg下で急速冷却を行い凝固した．図8に示したような装置を用い，In:Sbの原子比が40:60〜60:40のペレット0.5gを700℃に加熱融解し，その後，μg下で液体$N_2$を吹き付けて冷却凝固した．In/Sb=1（原子比）の冷却曲線を図9に示した．過冷却と過加熱が観察され，融液の均一性を示している．

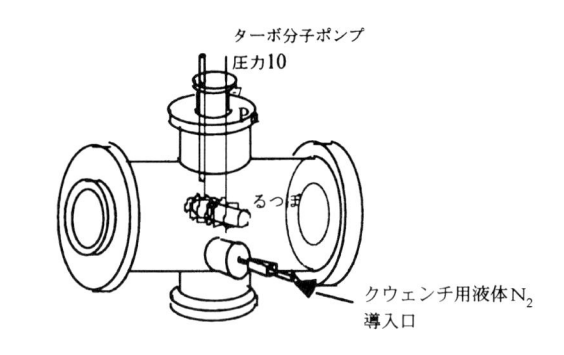

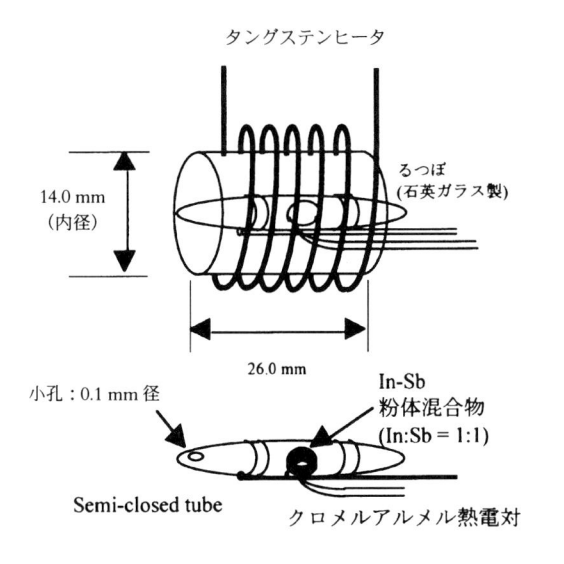

図8 InSb溶融−凝固微小重力実験装置

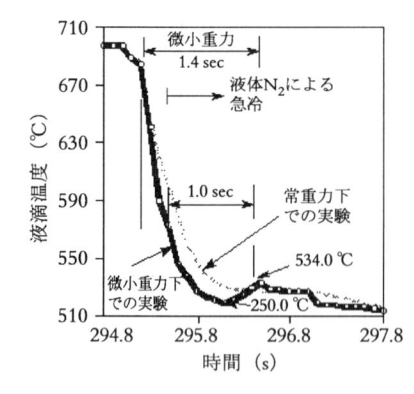

**図9** μgおよび1g下でのInSb（原子比1:1）の凝固冷却曲線

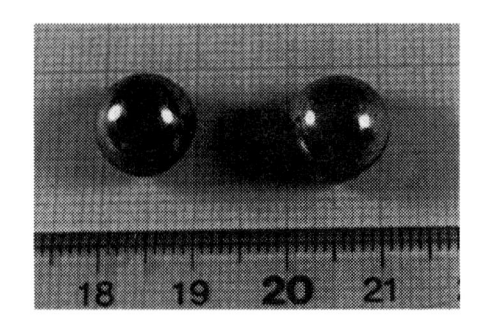

**図10** μg下で製造されたInSb単結晶

　図10はIn/Sb=1（原子比）ペレットをμg下で溶融-凝固により得られた球状InSbである．球の一部は管壁に接触しているが，凝固生成物の形状は球状であり，ほとんど無容器の状態でInSbは微小重力下で凝固したものと考えられる．球状InSb凝固物はX線ラウエ分析結果では単結晶であった．In/Sb=1（原子比）以外のSb濃度48 at.%～54 at.%のInSbでも単結晶であった．一方，1g下で溶融，凝固したInSbは多孔体として得られた．これは重力場での融液の対流による攪乱によるものと考えらる．μg下では，対流の抑制による融液の均質性と管壁にほとんど接触していない状態での無容器凝固により単結晶が生成したものと考えられる．

## 5 結　言

半導体，金属や合金の融体をμg下で冷却する時，μg下では対流が抑制され，融液の組成は均一であるため，容易に過冷却状態が得られる．このような均質な状態の融液を壁に接触しない無容器の状態で凝固すると核が生成しにくく，不均一核生成が起こりにくいために単結晶が生成したものと考えられる．秒程度の短時間微小重力環境下で単結晶などの高品質結晶を製造できることが明らかになった．


参考文献
1) 木下恭一：材料科学, **35** (1998) 60-5.
2) D.M.Herlach: *Mat. Sci. Eng.*, **R12** (1994) 177-272.
3) 森　正人，酒井佳人：日本マイクログラビティ応用学会誌, **11** (1994) 239-40.
4) 奥谷　猛，皆川秀紀，森　正人，酒井佳人：日本マイクログラビティ応用学会誌, **15** (1998) 79-85.
5) T.Okutani, H.Minagawa, H.Nagai, Y.Nakata, Y.Ito, T.Tsurue and K.Ikezawa: *Ceramic Engineering and Science Proceedings*, **20** [4] (1999) 215-226.

## 6.8 原子炉用セラミックスの照射回復挙動
― SiC 温度モニタによる照射温度測定 ―

(財) 若狭湾エネルギー研究センター
丸山忠司

## 1 はじめに

　原子炉や核融合炉の炉心で使用される材料は高速中性子の照射を受けると，スエリング（体積膨張）の発生のほか，熱・機械的特性，化学的特性および電気的特性など各種物性変化が生じる．このため，原子炉および核融合炉の炉心で使用される材料は，中性子照射データの取得が欠かせない．日本原子力研究所の材料試験炉（JMTR）や核燃料サイクル開発機構の高速実験炉「常陽」では，各種金属およびセラミック材料に対して中性子照射試験が行われているが，これら照射データの取得に際しては，材料の照射温度を正確に知ることが特に重要となる．
　原子炉照射試験を実施する際，通常材料の照射温度はそれぞれの照射試験片キャプセルに対して，核熱発生と熱伝達に関するコード解析を行って照射設計温度（予定温度）を計算により求めている．一方，各試験片に対する照射温度を正確に求めるためには熱電対を用いたオンライン計測をするのが一番望ましいことであるが，原子炉炉心に置かれた照射キャプセル内まで熱電対を挿入するには高度なキャプセル設計・製造技術が要求され，また設備的にも非常に高価なものになる．照射試験片の数が多いときにはそれぞれの試験片に対して熱電対を用意することは不可能である．
　そのため，各試験片の傍らに熱電対に代わる温度モニタを設置して，照射終了後それらを取り出して照射中の温度を評価することができれば便利である．このために開発されているオフラインの温度モニタはいくつかあるが，比較的広く用

# 6 セラミックス研究開発への応用

いられているものとして熱膨張差温度モニタ（TED : Thermal Expansion Difference）がある．しかし，この温度モニタは体積が比較的大きく，その結果，計測する試験片温度と温度モニタとの温度差を小さくすることが難しい．より小型で簡便なものとして炭化ケイ素（SiC）温度モニタがある．以下には，SiC 温度モニタの概要と赤外線ゴールドイメージ炉を用いた照射温度評価方法の現状や問題点などについて述べる．

## 2 SiC 温度モニタの概要

### 2-1 SiC 温度モニタの原理

SiC 温度モニタの原理は以下のようである．SiC は高速中性子照射を受けると結晶を構成している原子が格子位置からはじき出され，各種格子欠陥が形成される．この照射による格子欠陥の形成は体積膨張をもたらし，SiC はスエリングする．スエリングは照射初期には中性子の照射量に比例して増大するが概ね $1 \times 10^{24}$ n/m$^2$（E>0.1 MeV）以上になると飽和する．またそのスエリングの飽和値は照射温度に依存しており，温度が高くなるほど小さくなり約 1000 ℃でほぼゼロになる[1,2]．

照射により導入された格子欠陥は高温でアニールすると回復する．そのため，スエリングも照射後アニールにより回復をはじめる．Pravdyuk らは共有結合性の材料，特にダイヤモンドや SiC などはこの回復開始温度が照射温度によく対応することを示し，照射回復挙動を利用して照射温度を推定する方法を提案した[3]．すなわち，SiC のスエリング回復開始温度を知れば，そこから照射温度を推定することができるというものである．

具体的な測定方法としては，粉末 X 線回折による格子定数測定が従来行よく行われてきた．中性子照射した SiC 焼結体を乳鉢を用いて粉末にし，室温から各温度で 1h～2h 等時アニールし室温に戻した後 5 桁の精度で格子定数測定を行い，格子定数の回復挙動を測定する．アニール温度がある温度を超えると格子定数の回復開始が始まり，その回復挙動を図 1 に示すように直線近似して回復開始温度を求め，それを照射温度とするというものである[4-6]．

## 2-2 SiC 温度モニタの問題点

　Pravdyuk らの提案した方法で SiC 温度モニタによる材料の照射温度測定が行われていたが，この方法の難点の一つに放射化した粉末試料の取り扱いに係わる作業性の悪さがある．放射化した SiC 焼結体を乳鉢で粉砕して微粉末にし，その試料を真空炉で加熱アニールした後採取して X 線回折装置にセットして格子定数の精密測定を行うことは，作業者の放射線被曝事故防止の観点からは，かなり緊張の強いられる作業である．また，真空炉にセットして等時アニールを何回も繰り返すため，回復開始温度を求めるまで長時間を要する．この結果，一つの試料に対して照射温度を求めるまで 3 週間から 1 ヵ月程度の作業時間と注意深い測定ならびに粉末の放射性物質の取り扱いに対する緊張した作業が必要とされ，SiC の格子定数の回復挙動から照射温度を求めることは大変な作業となっていた．

　一方，このような粉末を用いる格子定数測定の代わりに，SiC 焼結体のマクロな寸法変化から照射温度を推定する試みも行われた．たとえば，照射試料を連続的に昇温して熱膨張率を測定することにより，寸法の回復開始温度を求める試みが行われた[4, 7]．しかし，この方法では焼結体の寸法回復開始温度は昇温速度に依存してくるため，精度良く回復開始温度を求めるのが困難であり，今では行われていない．

　一方，等時アニールした焼結体の寸法変化をマイクロメータを用いて精密に測定する試みも行われた．この方法では，格子定数測定のときと同様に照射 SiC 焼

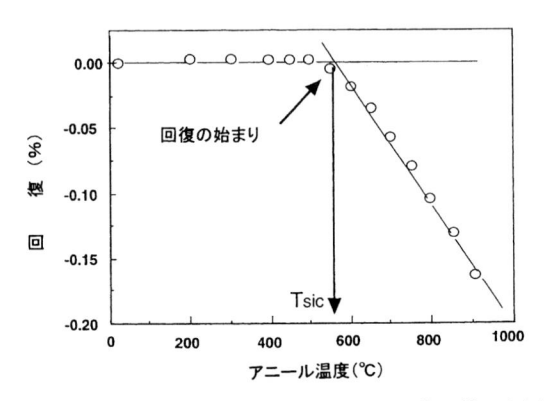

図1　SiC 温度モニタの等時アニールによる回復開始温度測定法

結体試料を真空炉で等時アニールして，寸法変化を測定する．そして，図1に示すように回復開始温度を直線近似から求めるというものである．その結果，格子定数の回復とマクロの寸法変化回復挙動がよく一致することが示され，SiC温度モニタとしてマクロな寸法測定による評価が行われるようになった．この方法の採用により，粉末の放射性物質取り扱い上の難点は避けることができたが，それでも繰り返し電気炉に試料を装填して 30 min から 1h 等時アニールするため，照射温度を求めるまで多くの時間を要していた．

より迅速に照射温度を求める方法として，著者らはステップ加熱による熱膨張測定から SiC の回復開始温度を求める方法を検討し，等時アニールによるマクロな寸法測定と同等な測定が可能であることを示した[8]．また，高速炉照射した SiC 温度モニタに対して赤外線ゴールドイメージ炉を用いて急速ステップ加熱による照射回復挙動の測定を行い，材料照射温度と SiC 温度モニタの評価結果を報告している[9]．以下は，その論文をもとに SiC 温度モニタによる照射温度測定の現状について紹介する．

## 3 赤外線ゴールドイメージ炉を用いる SiC 温度モニタの評価

### 3-1 照射試験と SiC 温度モニタの評価方法

図2に引張り試験片の照射キャプセルならびに SiC 温度モニタ設置状況の一例を示す．温度モニタ用 SiC は反応焼結により製造した β-SiC で，焼結密度は相対密度約 80 % のものである．寸法は $1 \times 1 \times 15$ mm の角柱または直径 1 mm，長さ 15 mm の円柱棒である．図に示すように，引張り試験片と SiC 温度モニタ

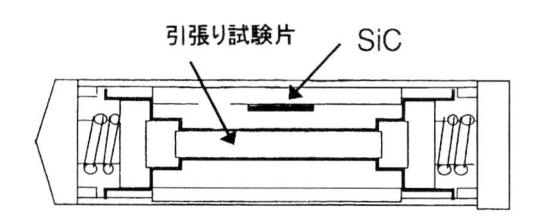

図2  SiC 温度モニタを装荷した引張り試験片照射キャプセル

をできるだけ近接させることにより,照射中両者に温度差が生じないよう配置した．SiC 温度モニタの利点は，誘導放射能が小さく，またサイズが小型であるため,ここに示すように多数の試験片に対して照射キャプセル内に温度モニタをそれぞれ用意できることである．

中性子照射は高速実験炉「常陽」で行った．中性子照射量（フルエンス）は 0.1〜 63 × $10^{25}$ n/$m^2$ (E>0.1MeV) である．熱計算（コンピュータコード HEATING-5）により求めた設計照射温度（予定温度）は 417〜645 ℃である．

照射後, SiC 試料を取り出して図 3 に示す赤外線ゴールドイメージ炉を用いる熱膨張計にセットした．石英製押し棒により室温から 900 ℃までの範囲で SiC モニタの長さ変化を測定するようになっている．熱膨張の測定精度は ± 2 μm である．

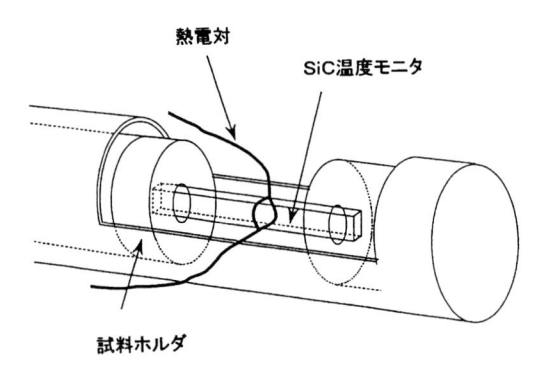

図 3 赤外線ゴールドイメージ炉を用いた熱膨張計と SiC 温度モニタの概略図

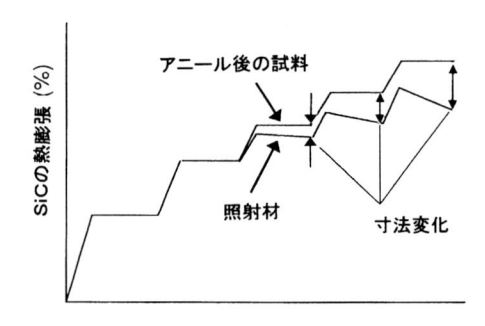

図 4 ステップ加熱熱膨張計の昇温プログラムと SiC の寸法回復温度測定法

この装置を用いて，図4に示すような温度プログラムにしたがって試料を加熱し，長さ変化を測定した．ステップ加熱する際の昇温速度は50℃/minであり，また昇温後の各温度での保持時間は30 minとした．

最初に未照射試料（今回は900℃以上にアニールした照射試料を用いた）に対してステップ加熱で長さ変化を900℃まで求めておく．次に照射試料を同一の温度プログラムで加熱昇温して長さ変化を求める．両者の長さ変化の差を各温度毎にプロットすると，図5に示すような等時アニールと同様な寸法変化回復曲線が得られる．この回復曲線を直線近似して交点を求めることにより，SiCの回復開始温度を求めることができる．加熱の初期，すなわち室温から400℃まではSiCの回復はまだ生じない領域であるため，100℃または200℃と比較的大きな温度上昇幅をとった．一方，400℃以上では回復が始まると思われるため，50℃の温度幅でステップ加熱した．より小さな温度幅でステップ加熱させてもいいのであるが，全体の回復曲線を2本の直線で近似してその交点から回復開始温度を求めるため，高温でのステップ加熱幅は50℃で十分である．

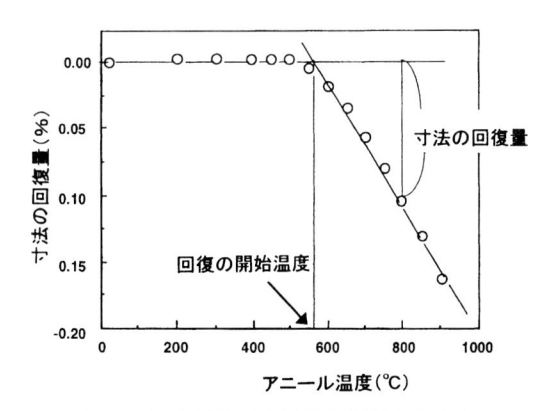

図5 寸法回復量と回復開始温度の求め方

## 3-2 SiC温度モニタによる温度評価結果

このようにして得られた照射温度の測定結果を図6に示す．図6の横軸は設計照射温度，縦軸はSiC温度モニタの回復開始温度から求めた照射温度である．全体的な相関は見られるが，設計照射温度が高温になるとSiCモニタの温度は低めに評価され，一方設計照射温度が低温になるとSiCモニタの温度は逆に高

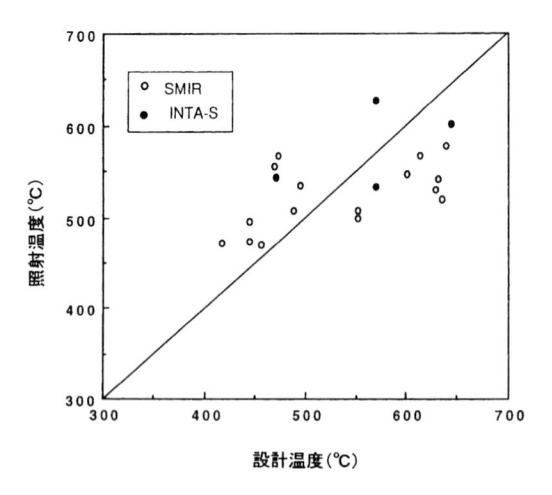

**図6** SiC の回復開始温度から求めた照射温度と設計照射温度の相関. 図中, SMIR は構造材料照射キャプセル, INTA-S は熱電対で温度測定する計装キャプセルのデータである.

めに現れている. 温度差としては, 100℃以上にも達する場合がある.

このような大きな温度差が生じている原因は今のところ明らかではないが, つぎのようなことが言える. Sharp らは設計温度と SiC 温度モニタの温度は±20〜25℃の範囲でよく一致すると言っている[10]. 一方, Palentine は英国ドーンレイ高速炉で照射試験を行い, 熱電対で計測した温度と SiC 温度モニタで測定した温度では大きな差があると報告している[11]. そして, $T_{SiC}$ を SiC の寸法回復開始温度, $T_{irrad}$ は照射温度として, 両者の関係を

$$T_{irrad}=1.0312T_{sic}-44.71 \tag{1}$$

という式で表している. この式によれば±約45℃の精度で照射温度評価が可能であるとしている. また, 熱中性子炉で照射した場合と高速炉で照射した場合, SiC の寸法回復開始温度, $T_{SiC}$ は大きく異なってくると報告している.

今回の照射試験によって得られた, $T_{SiC}$ と $T_{irrad}$ の温度差 $\Delta T$ を中性子フルエンスでプロットしてみたが, 顕著な相関はなかった. 一方, 中性子束(単位時間当たりの中性子照射量)に対してプロットしてみると図7のようになる. Palentine の照射条件を図中に示すと比較的狭い領域での中性子束条件で照射さ

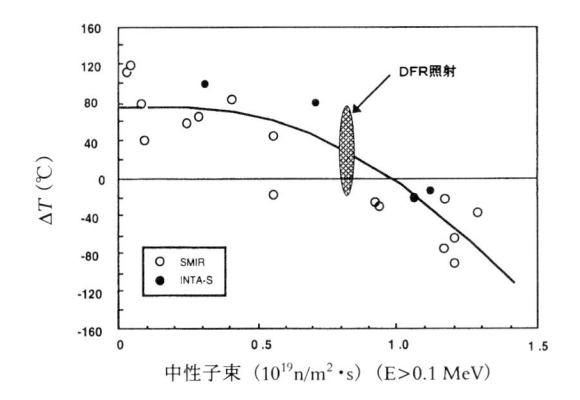

6 セラミックス研究開発への応用

**図7** SiC 温度モニタから求めた照射温度 $T_{SiC}$ と設計温度 $T_{irrad}$ の差 $\Delta T$ に対する中性子束の影響.

れたものと推定される．その結果，彼らのデータは比較的温度差が小さい範囲に収まったように思われるが，本試験では中性子束が広い範囲での照射試験であったため，$T_{SiC}$ と $T_{irrad}$ の間に幅広い温度差が現れたものと思われる．図7の結果は，高速炉で照射したときに得られる $T_{SiC}$ は中性子束の値による温度補正を考慮する必要のあることを示唆している．この点を確認するためにも，今後さらに制御された温度条件下で照射試験を行って，SiC 温度モニタの有効性を確認するための研究を継続していく必要がある．

## 4 まとめ

原子炉の照射温度を評価するのに SiC の回復挙動を測定することは簡便な方法であるが，評価精度の点でまだ不明な点もある．格子定数測定，マクロな寸法測定のほか，熱伝導度や電気伝導度の回復と照射温度との相関の研究も引き続き行われている．正確な照射温度の評価は原子炉材料の開発に欠かせない課題であるため，この方面の研究を継続して行う必要がある．

これらの研究において，照射した SiC を加熱する時の昇温速度が遅いと，昇温途中で部分的に回復が進んでしまい，保持温度における回復が十分に行われなくなる可能性がある．この点，急速加熱が可能となる赤外線ゴールドイメージ炉の

利用は SiC 温度モニタの回復開始温度の測定精度を上げるのに有利であると同時に，一回の測定に要する時間を大幅に短縮させることができ，多数の照射 SiC 温度モニタの解析，評価を可能とするようになる．

参考文献
1) R.P.Thorn, V.C.Howard and B.Hope: *Proc. Brit. Ceram. Soc.*, **7** (1967) 449.
2) R.J.Price: *Nucl. Technol.*, **33** (1969) 17-22.
3) N.F.Pravdyuk, V.A.Nikolaenko, V.I.Karpuchin and V.N.Kuznetsov: Properties of Reactor Materials and the Effect of Radiation Damage, Proceedings, ed. by D.J. Litter, Butterworths, London (1962) 57.
4) J.I.Bramman, A.S.Fraser and W.H.Martin: *J. Nucl. Energy*, **25** (1971) 223.
5) R.J.Price: *Nucl. Technol.*, **16** (1972) 536.
6) J.E.Palentine: *J. Nucl. Mater.*, **61** (1976) 243.
7) H.Suzuki, T.Iseki and M.Ito: *J. Nucl. Mater.*, **48** (1973) 247.
8) T.Yano, K.Sasaki, T.Maruyama, et al.: *Nucl. Technol.*, **93** (1991) 412.
9) T.Maruyama and S.Onose: Proc. 3rd JAERI-KAERI Joint Seminar on the Post Irradiation Examination Technology, Oarai, Japan, (1999) 335.
10) R.M.Sharpe: British Nucl. Soc., London, (1980) 71.
11) J.E.Palentine: *J. Nucl. Mater.*, **92** (1980) 43.

# 索　引

[英数字]

$^{11}$C ················· 261, 262, 263
AEセンサ ······················· 86
AE法 ·························· 85
──による熱疲労試験 ············ 86
$Ba(B_{0.9}Al_{0.1})_2O_4$結晶 ········· 285, 287
Bi2212単結晶 ·················· 276
Bi系超伝導薄膜 ················· 350
Bi層状構造化合物 ················ 139
BOX ·························· 155
BTO ·························· 138
B熱電対 ························ 19
C/C複合材料 ················ 329, 330
CAI ·························· 196
CAPL ························· 67
CCT-HQT ····················· 200
CCT-Y ························ 200
CGI ·························· 201
CMP耐性 ··················· 153, 154
CVD法 ···················· 58, 59, 62
CZ法 ························· 101
DRAM ························ 143
DTA ··························· 97
D動作 ·························· 21
EGA ·························· 248
EGA-MS ·················· 248, 250
EVD法 ······················ 62, 63
FED ······················ 180, 181
FRAM ························ 143

FET ·························· 144
FPD ·························· 180
FZ法 ················ 101, 102, 273, 282
ICTAC ························ 248
IF鋼 ······················ 206, 207
InSb単結晶 ···················· 364
ITRS ······················ 128, 129
I動作 ·························· 21
K熱電対 ························ 19
LaAlO$_3$ ························ 174
LCD ······················ 180, 181
LOCA ·················· 241, 244, 245
MOD ·························· 130
MOSFET ····· 118, 127, 129, 144, 163, 167
NKK-CAL ······················ 67
PB ···························· 20
PDP ······················ 180, 181
PID制御 ················ 20, 23, 274
──値の調整法 ··················· 22
PMN ·························· 140
PZT ·························· 138
P動作 ·························· 20
RCTA ·························· 94
RTA ···················· 30, 49, 140
RTP ·························· 49
R熱電対 ························ 19
SBT ······················ 139, 141, 145
SEM/EBSP法 ··················· 222
SIMOX法 ······················ 155

# 索引

SOFC ･････････････････････････････････ 62
SOG ･･････････････････････････････････ 150
SOI 基板 ･･････････････････････････････ 155
SrTiO$_3$ ･･････････････････････････････ 174
TDS ････････････････････････････ 249, 255, 257
―― 装置 ･･････････････････････････ 257
TED ･･････････････････････････････････ 367
TPD ･･････････････････････････････････ 249
TRIP ･････････････････････････････････ 208
YBCO ･･････････････････････････････ 174, 175
YSZ ･･･････････････････････････････････ 62

## [あ]

アーレニウス ･･････････････････ 91, 330, 331
亜鉛フェライト ･･････････････････････ 336
圧縮試験 ･････････････････････････････ 82
アモルファス ････････････････････････ 131
アルミニウム拡散処理方法 ･･････ 212, 213
イットリア安定化ジルコニア ･････････ 62
埋め込み酸化膜 ･･････････････････････ 155
ウラン ･･････････････････････････････ 240
液晶ディスプレイ ･･････････････････ 180
エピタキシャル膜 ････････････････ 173, 174
円形型 ･･････････････････････････････ 3
―― ランプ ･･････････････････････ 11
円錐形シリコンエミッタ ･･･････････ 164
円筒炉 ･･････････････ 12, 13, 14, 15, 17, 39
応力疲労 ･･･････････････････････････ 324
応力誘起マルテンサイト変態 ･･････････ 226
オーステナイト ･･････････････････････ 207
押出し液滴法 ･･････････････････････ 109, 110
押出し加工 ･････････････････････････ 78
温度制御型昇温脱離質量分析法 ･･････ 249

## [か]

カーボンナノ材料 ････････････････････ 180
カーボンナノチューブ ･･････････ 183, 187
階段状加熱測定 ･････････････････････ 89, 93

化学輸送法 ･･････････････････････ 103, 104
加工硬化指数 ････････････････････････ 214
可視光応答型酸化チタン ･･･････ 345, 346
過時効処理 ･･････････････････････････ 199
活性化エネルギー ･･････････ 91, 92, 98, 99
管状円筒炉 ･･･････････････････････････ 14
管状炉 ･････････････････････････････ 15, 16
缶用極薄鋼板 ････････････････････････ 70
起電力型 ････････････････････････････ 28
吸収率 ･･････････････････････････････ 25
球状のゲルマニウム ･･････････････････ 362
強誘電体薄膜 ･････････････････ 138, 143, 144
―― メモリ ･･････････････････････ 143
局部加熱 ････････････････････････････ 105
キルヒホッフの法則 ･･････････････････ 25
均熱炉(放物反射面の) ･････････････ 16
グラファイトナノファイバ ･････････ 182
軽元素注入法 ････････････････････････ 159
形状記憶合金 ･････････････････････ 187, 224
ゲート絶縁体膜 ････････････････････ 144
結晶化 ･･････････････････････････････ 131
―― 引き上げ法 ･･････････････････ 101
ゲルマニウム(球状の) ･････････････ 362
高温材料試験 ････････････････････････ 81
―― 引張り試験 ･･････････････････ 81, 82
高周波誘導加熱 ･････････････････････ 43
高速アニール ･････････････････ 49, 56, 57
―― 度制御熱分析 ････････････････ 94
―― 度鋼 ････････････････････････ 237
―― 熱処理 ･･････････････････････ 49
後退接触角 ･･････････････････････････ 109
高誘電体薄膜 ････････････････････････ 127
コールドウォール ･･･････････ 56, 58, 64
国際熱分析連合 ･･････････････････････ 248
国際半導体技術ロードマップ
　････････････････････････････････ 128
黒体 ･････････････････････････････ 25, 26
固体電解質燃料電池 ･････････････････ 62

索引

377

## [さ]

サーモパイル型 …………………… 28
酸化チタン ……………………… 345
酸化物 …………………………… 118
────高温超伝導体 ……………… 276
酸素析出過程 …………………… 157
────プロセス ………………… 157
シール部(赤外線ランプの) ………… 4
自動車用薄鋼板 …… 70, 192, 196, 203, 204
────(楕円反射面の) …………… 14
集光炉(超高温用楕円反射面の) …… 17
昇温過程成長酸化膜 …………… 119
昇温脱離分析 …………… 95, 96, 249
────法 ………………… 255, 259
焼結収縮 ………………………… 94
照射温度 ………………… 366, 367
焦電素子型 ……………………… 28
シリコン酸化膜 ………… 118, 121
────単結晶 …………………… 270
ジルカロイ ……… 240, 241, 242, 244
ジルコンチタン酸鉛 ………… 138
真空熱分析 ……………………… 90
スエリング ……………………… 367
スキマーインターフェース … 249, 250, 253
スケーリング係数 ……………… 127
ステファン・ボルツマン定数 ……… 27
スピント型モリブデンエミッタ …… 164
静滴法 …………………… 109, 110
ゼーベック係数 ………………… 318
赤外線吸収率 …………………… 25
────放射計 …………………… 28
赤外線ランプのシール部 ………… 4
────の立ち上がり時間 ………… 6
積分時間 ………………………… 21
積分制御 ………………………… 20
絶縁破壊 ………………… 119, 128
接触角 ……… 107, 108, 290, 298, 301

セラミック材料 ………………… 84
前進接触角 ……………………… 109
選択放射体 ……………………… 26
全放射率 …………………… 26, 28
ソーラシミュレータ …………… 111
速度制御熱分析 ………………… 94
ゾルゲル法 ……………………… 146

## [た]

耐熱衝撃性試験(セラミック材料の) ……………………………… 84
ダイヤモンド基板 ……… 285, 297, 303
帯溶融法 ………………………… 101
楕円円筒炉 ………… 12, 14, 17, 34, 38
立ち上がり時間(赤外線ランプの) …… 6
脱水分解反応 …………………… 92
脱離スペクトル ………………… 255
ダメージピーク ………………… 158
チタン酸ストロンチウム ……… 174
────バリウム ………………… 138
超高温赤外線イメージ炉(円筒型の) … 34
超塑性 ………………………… 219
超伝導膜 ……………………… 172
────酸化物 …………………… 94
直接通電法 ……………………… 43
直管型ランプ ………… 3, 4, 7, 8, 11
定温測定 …………………… 89, 90
低重力実験装置 ………… 112, 113
低誘電率材料 …………………… 149
────多孔質シリカ膜 ………… 149
電界効果型トランジスタ ……… 127, 144
電界放出エミッタアレイ ……… 164
電気化学蒸着法 ………………… 62
点光源 ………………………… 105
────型ランプ ……… 3, 11, 18, 36, 37
電導型 ………………………… 28
透過率 ………………………… 25
塗布熱分解法 …………… 172, 173

トライボロジー ……………………… 231
トレーニング処理 …………………… 224
トンネル電流 ………………………… 124

[な]

ニオブ炭化物 ………………………… 225
濡れ性 …… 107, 109, 289, 290, 295, 296
熱 CVD 法 …………………… 182, 183
熱間圧延 ……………………… 231, 232, 235
熱サイクル試験 ………………………… 87
────── シミュレータ（連続焼鈍の）
 ……………………………………… 194
熱重量測定 ……………………………… 89
熱衝撃 …………………………………… 84
────── 疲労 …………………………… 324
────── 疲労差 ………………………… 328
────── 抵抗 …………………………… 332
熱電素子 ………………………… 318, 321
熱電対 …………………………… 19, 258
熱伝導率 ……………………………… 318
熱天秤 ………………………………… 89
熱疲労 ………………………… 85, 86, 87, 88
熱分解反応 …………………………… 91
熱分析 ………………………………… 89
熱膨張計 ……………………………… 89
────── 差温度モニタ ……………… 367
────── 測定 …………………………… 89

[は]

灰色体 …………………………… 25, 26
ハイス ………………………………… 237
平板加熱 ……………………………… 37
破壊挙動 ……………………………… 214
箱焼鈍 ………………………… 192, 197, 204
発生気体分析 ………………………… 248
バッチ式 ………………………… 50, 56
バッチ式高速アニール ………………… 56
ハロゲン・サイクル ………………… 4, 5

ハロゲンランプ ………………………… 4
半円形ランプ ……………………… 3, 11
反射面体 ………………………………… 9
反射率 ………………………………… 25
パンチスルー ………………………… 128
半導体素子型 ………………………… 28
────── 電界効果トランジスタ …… 118
反応次数 ……………………………… 91
反応速度制御 ………………………… 89
────── 定数 …………………………… 91
────── 論 ……………………………… 99
反応熱 ………………………………… 98
光触媒 ………………………………… 345
微細結晶粒超塑性 ……………………… 219
非時効性 ……………………………… 206
微小重力環境 …………… 285, 350, 357
────── 冷電子源 ……………………… 164
引張りクリープ試験機 ……………… 81
────────── 破断試験 ……………… 82
引張り試験機 ………………………… 81
微分時間 ……………………………… 21
────── 制御 …………………………… 20
表面張力 ……………………………… 108
────── 反射率 ………………………… 10
比例制御 ……………………………… 20
────── 帯 ……………………………… 20
頻度因子 ………………………… 91, 92
フィールドエミッションディスプレイ
 ……………………………………… 180
封じきり（小型ランプの） ………… 105
フェライト …………………………… 207
深絞り性 ……………………………… 205
不揮発性メモリ ……………………… 139
付着の仕事 ………………………… 300, 301
浮遊帯溶融法 …………… 273, 282, 283
プラズマ CVD 法 …………………… 182
プラズマディスプレイ ……………… 180
フラットパネルディスプレイ ……… 180

索　引

プランクの式 …………………………… 27
プルトニウム …………………………… 240
雰囲気ガス制御 ………………………… 313
分光放射率 …………………………… 26, 28
平板炉 ………………………… 11, 13, 16, 38
変態誘起塑性 …………………………… 208
放射温度計 …………………………… 25, 28
── 化分析法 …………………………… 261
── 性炭素 ……………………………… 261
── 率 …………………………………… 25
放物反射面 ………………… 13, 15, 16, 38, 39
放物面赤外線イメージ炉 ……………… 35
ホットプレス装置 ……………………… 319
ボロメータ型 …………………………… 28

[ま]

枚葉式 ……………………………… 50, 51, 55
曲げ試験 ………………………………… 82
マルテンサイト …………………… 207, 224

[ゆ]

有機 Spin-on Glass ……………………… 149
── 金属熱分解 ………………………… 130
誘電損失 ………………………………… 135
── 率 …………………………… 135, 318
溶融炭酸塩型燃料電池 ………………… 212

[ら]

ライン集光炉 ………………… 11, 12, 14, 17
落下管 …………………………… 358, 359, 360
ランタンアルミネート ………………… 174
流動応力 ………………………………… 215
リング集光炉 …………………………… 11
── 状ハロゲンランプ ………………… 283
冷延鋼板 ………………………… 192, 196, 204
冷却喪失事故 …………………………… 241
冷熱衝撃試験 …………………………… 76
レーザ顕微鏡 …………………………… 309

連続焼鈍 ………………… 192, 196, 198, 204
──── プロセス ………… 197, 199, 204
連続溶融亜鉛めっき …………………… 201
露点制御 …………………………… 71, 73

**会社略歴**
アルバック理工株式会社

経　歴
昭和37（1962）年　　新生産業㈱設立（東京都目黒区）．
昭和39（1964）年　　横浜市緑区白山町に移転．
昭和41（1966）年　　㈱アグネ技術センターと業務提携し，熱測定装置の製造・販売を始める．
昭和43（1968）年　　社名を真空理工㈱に変更．
昭和46（1971）年　　従来の真空ポンプ部門を切り離し，熱分析装置などの専門メーカになる．
昭和51（1976）年　　赤外線イメージ炉の拡販部門を新設．
平成12（2000）年　　ISO9001認証を取得．
平成13（2001）年　　アルバック理工㈱に社名変更，現在に至る．

主な製品
(1) 熱分析装置の製造販売
　　マルチ熱分析システム，高速示差熱天秤，示差走査熱量計，熱機械試験機，熱膨張計
(2) 熱物性測定装置の製造販売
　　レーザフラッシュ法熱定数測定装置，光交流法熱定数測定装置，内部摩擦測定装置，電気抵抗測定装置，定常法熱伝導率測定装置，熱電特性評価装置
(3) 赤外線加熱炉およびその応用システム装置の製造販売
　　赤外線ゴールドイメージ炉，赤外線ランプ加熱装置，イメージ加熱高温観察装置，半導体用ランプ加熱装置，薄板鋼板用高速熱処理試験装置，高温濡れ性試験・固液間接触角測定装置，赤外線加熱単結晶生成／ゾーンメルティング試験装置

事業所
本 社 工 場　　〒226-0006　横浜市緑区白山1-9-19
　　　　　　　　　　　　　TEL 045-931-2221
大阪営業所　　〒532-0003　大阪市淀川区宮原3-3-31　上村ニッセイビル
　　　　　　　　　　　　　TEL 06-6397-2770
ホームページ　http://www.ulvac-riko.co.jp


**40周年記念出版委員**
高崎洋一，前田幸男，津田勝美，中山道喜男，笠川直美，前園明一，主山政雄

**監修者略歴**

小岩　昌宏（こいわ　まさひろ）

最終学歴

昭和 34（1959）年　　東京大学工学部冶金学科卒業
昭和 39（1964）年　　東京大学大学院博士課程修了　工学博士

職　　歴

昭和 39（1964）年　　東北大学講師　金属材料研究所
昭和 54（1979）年　　東北大学教授
昭和 60（1985）年　　京都大学教授　工学部
平成 12（2000）年　　京都大学名誉教授

専　　門　　材料物性，格子欠陥，拡散，内部摩擦

---

赤外線加熱工学ハンドブック

2003 年 11 月 25 日　初版 1 刷発行

監　　修　　小岩　昌宏
編　　集　　アルバック理工 株式会社©

発 行 者　　比留間柏子
発 行 所　　株式会社 アグネ技術センター
　　　　　　〒107-0062　東京都港区南青山 5-1-25
　　　　　　TEL 03（3409）5329　FAX 03（3409）8237

印刷・製本　　日経印刷株式会社

printed in Japan, 2003

落丁本・乱丁本はお取り替えいたします。
定価の表示は表紙カバーにしてあります。

ISBN4-901496-10-7